省级精品课程配套教材

高等职业教育应用型人才
培养工程改革创新教材

机械制图

▶▶ 第二版

双色印刷

王彦华　主编
史万庆　蒋永旗　张　庆　副主编

JIXIE
ZHITU

化学工业出版社
·北京·

内 容 简 介

本书采用新的国家标准和有关的技术规定，按照学生的认知规律规划教材内容，注意把握教材的科学性、系统性、实用性。本书内容共11章，包括制图的基本知识、几何作图、正投影法与三视图、基本几何体的三视图、轴测图、组合体、机件图样画法、标准件及常用件、零件图、装配图、计算机绘图等，着重阐明了绘制图样和识图的基本理论和方法步骤，突出以识图为主，学以致用的特点。本书有《机械制图习题集》配套出版，并有配套电子课件，方便教学。

本书可作为工科院校相关专业学生的教材，并可供自学者学习机械制图时使用。

图书在版编目（CIP）数据

机械制图/王彦华主编．—2版．—北京：化学工业出版社，2022.6
ISBN 978-7-122-41176-1

Ⅰ.①机… Ⅱ.①王… Ⅲ.①机械制图-高等学校-教材 Ⅳ.①TH126

中国版本图书馆CIP数据核字（2022）第059536号

责任编辑：韩庆利　　　　　　　　　　　　　装帧设计：史利平
责任校对：李雨晴

出版发行：化学工业出版社（北京市东城区青年湖南街13号　邮政编码100011）
印　　刷：三河市航远印刷有限公司
装　　订：三河市宇新装订厂
787mm×1092mm　1/16　印张15½　字数396千字　2022年7月北京第2版第1次印刷

购书咨询：010-64518888　　　　　　　　　　售后服务：010-64518899
网　　址：http://www.cip.com.cn
凡购买本书，如有缺损质量问题，本社销售中心负责调换。

定　　价：49.00元　　　　　　　　　　　　　　　　　　　版权所有　违者必究

第二版前言

本书根据机械制图课程教学基本要求，参照相关行业职业技能鉴定规范标准，并结合多年的教学改革经验及企业对机械类专业学生的制图基本知识和绘图能力的需求进行编写。编写过程中，坚持以国家新时期教育方针为指导，坚持"质量第一，服务教学"的方针，坚持理论联系实际，突出创新意识，以期提升学生的综合素质。

本书着重阐明了绘制图样和识图读图的基本理论和方法步骤，突出以识图为主，学以致用，实用性强的特点，采用国家标准和有关的技术标准最新规定，按照学生的认知规律规划教材内容，力求做到内容通俗易懂，由浅入深，由简到繁，突出重点，阐明难点，理论结合实际，注重培养学生的动手能力和空间想象能力。

本书内容共11章，注意把握教材的科学性、系统性、实用性，把一些相关的内容有机结合起来，例如画图与读图相结合，画图与尺寸标注相结合，三视图与轴测图相结合，等等。根据制图需要，提供足够的投影理论基础知识。对组合体的画图和读图，以及常用视图、剖视图、断面图等投影制图内容，给予了高度重视。把截交线的画法和相贯线的画法与相应组合体的作图方法结合起来，以利于培养学生分析问题和解决问题的能力。为了满足部分学校的实际教学需要，增加了计算机绘图内容，重点介绍 AutoCAD 软件的基础知识和基本操作方法，符合初学者的实际水平，便于学生接受。学生通过本章的学习，能够运用 AutoCAD 绘制简单的图形。

本书可供各类工科院校、企业职工培训及自学者学习机械制图时使用。

本书有《机械制图习题集》配套出版。为方便教学，本书有配套电子课件，可赠送给用本书作为授课教材的院校和老师。

本书由王彦华主编，史万庆、蒋永旗、张庆副主编，参加编写工作的还有张毛焕、刘芳伟、王国际、盖苗苗、张伟杰。全书由陈哲主审。

由于编者水平有限，书中难免存在不足之处，恳请使用本书的师生和读者批评指正。

编　者

目录

绪论 1

第1章　制图的基本知识 3

1.1　图纸幅面与格式 .... 3　　1.4　图线 8
1.2　比例 .... 6　　1.5　尺寸注法 9
1.3　字体 6

第2章　几何作图 13

2.1　绘图工具及使用方法 .... 13　　2.5　椭圆的画法 20
2.2　线段等分法 .... 15　　2.6　斜度和锥度 21
2.3　圆的等分法 .... 16　　2.7　平面图形的画法 24
2.4　圆弧连接 .... 18　　2.8　徒手画图 26

第3章　正投影法与三视图 28

3.1　投影原理 .... 28　　3.4　平面投影 39
3.2　点的投影 .... 31　　3.5　换面法 43
3.3　直线的投影 34

第4章　基本几何体的三视图 49

4.1　平面立体 .... 49　　4.3　基本几何体的尺寸标注 57
4.2　曲面立体 .... 52　　4.4　截交线与相贯线 59

第5章　轴测图 70

5.1　轴测图的基本概念 .... 70　　5.3　斜二轴测图 77
5.2　正等轴测图 71

第6章　组合体 80

6.1　组合体的形体分析 .... 80　　6.3　组合体视图的尺寸标注 84
6.2　组合体三视图的画法 .... 82　　6.4　组合体视图的读图方法 89

第7章　机件图样画法 96

7.1　视图 .... 96　　7.4　简化画法及局部放大图 ... 109
7.2　剖视图 .... 98　　7.5　第三角投影法简介 113
7.3　断面图 107

第 8 章 标准件及常用件 —————————————————— 116

- 8.1 螺纹及其紧固件 ……………………… 116
- 8.2 键和销 …………………………………… 126
- 8.3 齿轮 ……………………………………… 129
- 8.4 滚动轴承 ………………………………… 133
- 8.5 弹簧 ……………………………………… 136

第 9 章 零件图 ——————————————————————— 139

- 9.1 零件图的内容与基本要求 …………… 139
- 9.2 零件图的视图表达方案 ……………… 140
- 9.3 零件图的尺寸标注 …………………… 141
- 9.4 零件图的技术要求 …………………… 146
- 9.5 零件的工艺结构 ……………………… 157
- 9.6 几种典型零件图例分析 ……………… 160
- 9.7 零件的测绘 …………………………… 165
- 9.8 读零件图 ……………………………… 167

第 10 章 装配图 —————————————————————— 170

- 10.1 装配图的内容 ………………………… 170
- 10.2 装配图视图的选择及画法规定 ……… 171
- 10.3 装配图上的尺寸标注和技术要求 …… 174
- 10.4 装配图中的零部件序号、明细表 …… 175
- 10.5 装配体的工艺结构 …………………… 176
- 10.6 测绘装配图的方法和步骤 …………… 178
- 10.7 读装配图和拆画零件图 ……………… 183

第 11 章 计算机绘图 ———————————————————— 187

- 11.1 AutoCAD 2020 的绘图基础 ………… 187
- 11.2 尺寸标注概述与设置 ………………… 189
- 11.3 尺寸标注 ……………………………… 195
- 11.4 绘制机械图样应用实例 ……………… 211

附录 ————————————————————————————— 218

- 附录 1 螺纹 ………………………………… 218
- 附录 2 螺纹紧固件 ………………………… 221
- 附录 3 键与销 ……………………………… 227
- 附录 4 滚动轴承 …………………………… 228
- 附录 5 极限与配合 ………………………… 232
- 附录 6 常用材料 …………………………… 239

参考文献 ——————————————————————————— 242

绪 论

1. 课程的性质和任务

《机械制图》是机械类，电子、电气工程类专业学生必修的一门专业技术基础课，是培养学生正确识读和绘制工程图样，增强学生工程基础能力，实践性较强的应用型课程。

根据《教育部关于加强高等教育人才培养工作的意见》，以及现代企业技术进步和发展需求，本着"突出应用，服务于专业"的主旨，课程精化教学内容，改革课程体系，完善教学手段，以培养学生建立"二维、三维"的空间想象和思维能力为核心，在理论知识适当的基础上，突出识读和绘制工程图样能力，为今后的学习和工作实践运用打下坚实基础。

本课程主要包括以下内容：

（1）制图的基本规定；

（2）几何作图；

（3）正投影法与三视图；

（4）基本几何体；

（5）轴测图；

（6）组合体；

（7）图样的画法；

（8）标准件与常用件；

（9）零件图；

（10）装配图。

2. 课程的基本要求

（1）能够正确使用常用的绘图工具。

（2）掌握正投影的基本原理和作图方法。

（3）能够识读和绘制简单的零件图，并能够识读简单的装配图。所绘制的图样做到：投影正确、视图选择和配置比较合理、尺寸完整；图面整洁，符合国家标准《技术制图》《机械制图》的规定。

（4）掌握绘制轴测图的基本方法。

（5）掌握仪器绘图、徒手绘图的基本方法与技能。

（6）了解机械零件和部件的结构知识、技术要求和构型设计方法。

（7）培养认真负责的工作态度和一丝不苟的工作作风。

3. 课程的学习方法

（1）在学习课程的理论基础部分时，必须掌握投影的原理、基本作图方法和图解方法。

（2）为了培养空间形体的图示表达能力，必须注意对物体进行几何分析以及掌握不同形体在各种相对位置时物体形状的图示特点。只有"从空间到平面，再从平面到空间"进行反复思考和练习，才是学好本课程的有效方法。

（3）绘图能力和读图能力的培养主要通过一系列的绘图和读图实践。

（4）对于国家标准的有关规定要严格遵守，学会查阅手册。

（5）要注意培养自学能力。

第1章 制图的基本知识

图样是设计和生产中的重要技术资料，是工程技术人员进行技术交流的一种工程语言。为了便于生产管理和交流，在设计和绘制图样时，必须严格遵守国家标准《技术制图》《机械制图》和有关的技术标准。本章主要介绍图纸幅面和格式、比例、字体、图线以及尺寸标注法等。

1.1 图纸幅面与格式

1.1.1 图纸幅面和尺寸

1. 基本幅面

图纸幅面是指图纸宽度与长度组成的图面。

为了便于进行图样管理，用于绘制图样的图纸，其幅面的大小和格式必须遵循《技术制图 图纸幅面和格式》（GB/T 14689—2008）中的规定。

绘制技术图样时，优先采用表 1-1 中规定的基本幅面（第一选择）。

表 1-1 基本幅面及图框尺寸   mm

幅面代号	A0	A1	A2	A3	A4
$B \times L$	841×1189	594×841	420×594	297×420	210×297
e	20			10	
c	10			5	
a	25				

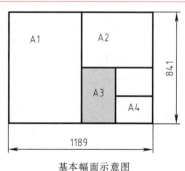

基本幅面示意图

注：表 1-1 中 A1 号图纸幅面是 A0 号图纸幅面沿长边对开，其余图纸幅面类推。

2. 加长幅面

必要时长边可以加长，以利于图纸的折叠和保管，加长时，由基本幅面的短边成整数倍增加得到，短边不得加长，如表 1-2、表 1-3。

表 1-2　加长幅面尺寸（第二选择）　　　　　　　　　　　　　　　mm

幅面代号	A3×3	A3×4	A4×3	A4×4	A4×5
B×L	429×891	420×1189	297×630	297×841	297×1051

表 1-3　加长幅面尺寸（第三选择）　　　　　　　　　　　　　　　mm

幅面代号	A4×9	A4×8	A4×7	A4×6	A3×7	A3×6	A3×5
B×L	297×1892	297×1682	297×1472	297×1261	420×2080	420×1783	420×1486
幅面代号	A2×5	A2×4	A2×3	A1×4	A1×3	A0×3	A0×2
B×L	594×2102	594×1682	594×1261	841×2378	841×1783	841×2523	1189×1682

1.1.2　图框格式和尺寸

1. 图框格式

每张图纸在绘图之前必须用粗实线先画出边框。图框有两种格式：一种是留装订边，另一种是不留装订边。同一种产品中所有图样均应采用一种格式。

（1）不留装订边的图纸，其图框格式如图 1-1（a）、（b）所示。

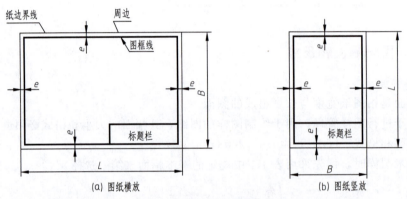

图 1-1　不留装订边的图纸格式

（2）留装订边的图纸，其边框格式如图 1-2（a）、（b）所示。

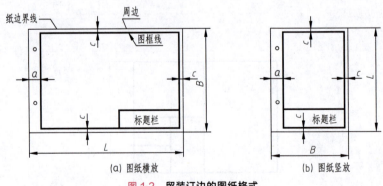

图 1-2　留装订边的图纸格式

注：1. 无论是否留有装订边，都应在图幅内画出图框，图框用粗实线绘制。
　　2. 细框是幅面。
　　3. 粗框是有效绘图面积。

2. 图框尺寸

不留装订边的图纸，其四周边框的宽度相同，均为 e，宽度 e 值根据图纸幅面的大小而定；留装订边的图纸，其装订宽度 a，一律为 25mm，其他三种边一致，均为 e，宽度 e 值根据图纸幅面的大小而定，具体尺寸见表1-1。

1.1.3 标题栏

国家标准《技术制图 图纸幅面和格式》（GB/T 14689—2008），对标题栏的基本要求、内容、尺寸与格式作了明确规定，制图作业的标题栏格式如图1-3（a）所示。标题栏一般应位于图纸的右下角。学习期间使用的标题栏格式如图1-3（b）所示。特殊情况下标题栏放在其他位置，如图1-4所示。

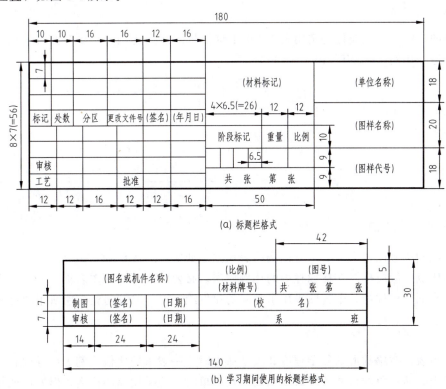

图 1-3 标题栏

1.1.4 对中符号

对中符号是从图纸四边的中点画入图框内约5mm的粗实线段，通常作为缩微摄影和复制的定位基准标记。当对中符号处在标题栏范围内时，伸入标题栏部分省略不画。如图1-5所示。

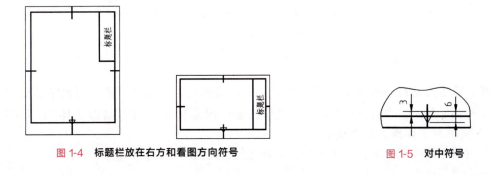

图 1-4 标题栏放在右方和看图方向符号　　　图 1-5 对中符号

1.2 比例

1.2.1 比例的概念

图样及技术文件中的比例是指图形与其实物相应要素的线性尺寸之比。

1.2.2 比例系数

绘制图样时,一般应优先选用表 1-2 中不带括号的适当比例,必要时亦可选用表 1-4 中带括号的适当比例(GB/T 14690—1993)。

表 1-4　比例系列

原值比例	1∶1
缩小比例	(1∶1.5)　1∶2　(1∶2.5)　(1∶3)　(1∶4)　1∶5　(1∶6)　(1∶1×10^n)　(1∶1.5×10^n)　1∶2×10^n　(1∶2.5×10^n)　(1∶3×10^n)　(1∶4×10^n)　1∶5×10^n　(1∶6×10^n)
放大比例	2∶1　(2.5∶1)　(4∶1)　5∶1　1∶10^n　2×10^n∶1　(2.5×10^n∶1)　(4×10^n∶1)　5×10^n

注:n 为正整数。

1.2.3 标注方法

(1) 比例符号以"∶"表示。比例的表示方法如 1∶1、1∶500、20∶1 等。
(2) 比例一般应标注在标题栏中的比例栏内。必要时,可在视图名称下方标注比例。
(3) 当同一机件的某个视图采用了不同的比例绘制时,必须另行标明所用的比例。

1.2.4 选择比例的原则

(1) 当表达对象的形状复杂程度和尺寸适中时,一般采用原值比例 1∶1 绘制。
(2) 当表达对象的尺寸比较大,结构比较简单时,应采用缩小比例,但要保证复杂部位清晰可读。
(3) 尽量优先选用表 1-2 中不带括号的比例。
(4) 选择比例时,应结合幅面尺寸选择,综合考虑其最佳表达效果和图面的审美价值。

1.3 字体

1.3.1 基本要求

图样上除了绘制机件的图形外,还要用文字填写标题栏、技术要求,用数字标注尺寸等。为了易读、统一、便于缩微摄影及照相复制,国家标准《技术制图字体》(GB/T 14691—1993)对字体作了如下规定:

(1) 书写字体必须做到:字体工整、笔画清楚、间隔均匀、排列整齐。

(2) 字体高度（用 h 表示）的公称尺寸系列为：1.8，2.5，3.5，5，7，10，14，20（mm）。如需要书写更大的字，其字体高度应按 2 的平方根比率递增。字体高度代表字体的号数。

(3) 汉字应写成长仿宋体字，并应采用中华人民共和国国务院正式公布推行的《汉字简化方案》中规定的简化字。汉字的高度 h 不应小于 3.5mm，其字宽一般为字高 h 的 $1/\sqrt{2}$。

(4) 字母和数字分 A 型和 B 型。A 型字体的笔画宽度（d）为字高（h）的 1/14，B 型字体的笔画宽度（d）为字高（h）的 1/10。一般采用 B 型字体。在同一图样上，只允许选用一种型式的字体。

(5) 字母和数字可写成斜体或直体。斜体字字头向右倾斜 15°，与水平基准线成 75°。

(6) 用作指数、分数、极限偏差、注脚等的数字及字母，一般采用小一号的字体。

1.3.2 字体示例

1. 长仿宋体汉字示例

10 号字

字体工整笔画清楚间隔均匀排列整齐

7 号字

横平竖直注意起落间隔均匀

5 号字

技术制图国家标准作业号比例建筑汉字第一章数学阿拉伯罗马斜体长仿宋体均布

3.5 号字

螺纹齿轮弹簧极限偏差中华人民共和国国务院正式公布推行效果和图面审美价值

2. 字母示例（图 1-6）

图 1-6　字母示例

1.4 图线

1.4.1 线型及图线的尺寸（GB/T 4457.4—2002）

所有线型的图线宽度（d）应按图样的类型和尺寸大小在下列数系中选择：0.13mm；0.18mm；0.25mm；0.35mm；0.5mm；0.7mm；1.0mm；1.4mm；2.0mm。绘制机械图样的图线分粗、细两种。粗线的宽度 d 可在 0.5～2mm 之间（练习时一般用 0.7mm），细线的宽度为 $d/2$。

1.4.2 图线的应用

表 1-5 中列出了机械图样中的线型及其应用，各种图线的应用示例如图 1-7 所示。

表 1-5 图线及其应用

图线名称	图线型式	代号	图线宽度	主要用途
粗实线	———————	A	粗线	可见轮廓线、可见过渡线
细实线	———————	B	细线	尺寸线、尺寸界线、剖面线、引出线、辅助线
波浪线	～～～～～	C	细线	断裂处的边界线、视图与剖视的分界线
双折线	⟋⟋⟋⟋	D	细线	断裂处的边界线
虚线	- - - - - -	F	细线	不可见轮廓线、不可见过渡线
细点画线	— · — · —	G	细线	轴线、对称中心线、节圆及节线、轨迹线
粗点画线	— · — · —	J	粗线	有特殊要求的线或表面的表示线
双点画线	— · · — · · —	K	细线	假想轮廓线、相邻辅助零件的轮廓线、中断线

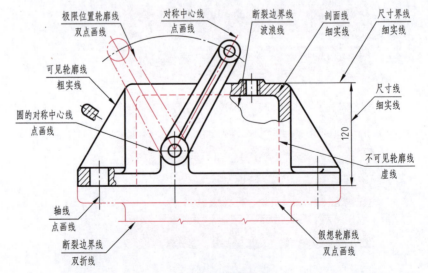

图 1-7 图线的应用示例

1.4.3 图线的画法

(1) 在同一图样中,同类图线的宽度应基本一致。虚线、点画线及双点画线的画长及间隔应用大致相同。点画线、双点画线的首、末端只能是线而不能是点。

(2) 两条平行线之间的最小间隙不得小于 7mm,除非另有规定。

(3) 画图时,在线条交、接、切处应以表 1-6 中的举例画法进行。

(4) 图线重叠时的画法。

当两种或两种以上图线重叠时,应按以下顺序优先画出所需的图线:

可见轮廓线→不可见轮廓线→轴线和对称中心线→双点画线。

表 1-6 图线交、接、切的举例画法

图线间关系	图例 正	图例 误	图线画法
虚线与粗实线相接			虚线为粗实线的延长线时,粗实线应画到分界点,留空隙后再画虚线
图线相交			虚线或点画线与其他图线相交时,应在线段处相交,而不应在空隙处相交
图线相交			虚线与虚线或点画线与点画线相交时,应在线段处相交,不应在空隙处相交。画圆的对称中心线时,圆心应为点画线的线段交点,而不是点画线的点(短画)

1.5 尺寸注法

在图样上,图形只表示物体的形状。物体的大小及各部分相互位置关系,则需要用标注尺寸来确定。国家标准《机械制图尺寸注法》(GB/T 4458.4—2003)、《技术制图简化表示法第 2 部分:尺寸注法》(GB 16675.2—2012)规定了图样中尺寸的注法。

1.5.1 基本原则

(1) 机件的真实大小应以图样上所注尺寸数值为依据,与图形的大小及绘图的准确度无关。

（2）图样中（包括技术要求和其他说明）的尺寸，以 mm（毫米）为单位时，不需标注计量单位的符号或名称。如采用其他单位，则必须注明相应的计量单位的符号或名称。

（3）图样中所标注的尺寸，为该图样所示机件的最后完工尺寸，否则应另加说明。

（4）机件的每一尺寸，一般只标注一次，并应标注在反应该结构最清晰的图形上。

1.5.2 尺寸数字、尺寸线和尺寸界线

一个标注完整的尺寸应标注出尺寸数字、尺寸线和尺寸界线。尺寸数字表示尺寸的大小，尺寸线表示尺寸的方向，而尺寸界线则表示尺寸的范围。

1. 尺寸数字

用以表示所注机件尺寸的实际大小。

线性尺寸的数字一般应注写在尺寸线的上方，也允许注写在尺寸线的中断处，同一张图样上的注写方法应一致。通常采用的方法是：

① 水平方向的尺寸，字头向上；

② 垂直方向的尺寸，字头垂直朝左；

③ 倾斜方向的尺寸，适中使字头有向上的趋势。

2. 尺寸线（包括细竖线+箭头）

用以表示所注尺寸的方向，尺寸线用细实线绘制。尺寸线不能用其他图线代替，一般也不得与其他图线重合或画在其延长线上。尺寸线的终端结构形式主要有以下三种形式：

（1）箭头。箭头的形式如图 1-8（a）所示，适用于各种类型的图样。

（2）斜线。斜线用细实线绘制，其方向和画法如图 1-8（b）所示，当尺寸线的终端采用斜线形式时，尺寸线界线必须互相垂直。这种形式适用于建筑图样。

（3）圆点。用来标注狭小部分的尺寸。同一张图样一般只采用一种尺寸线终端形式。

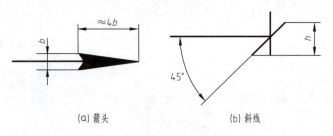

(a) 箭头　　　　(b) 斜线

图 1-8　尺寸线的两种终端形式

3. 尺寸界线（规定较宽松）

用以表示所注尺寸的范围。

（1）尺寸界线用细实线绘制，并应由图形的轮廓线、轴线或对称中心线处引出，也可利用轮廓线、轴线或对称中心线作尺寸界线。

（2）尺寸界线一般应与尺寸线垂直并略超过尺寸线（通常以 3～4mm 为宜）；在特殊情况下也可以不相垂直，但两尺寸界线必须相互平行。如图 1-9 所示。

1.5.3 常见的尺寸注法

下面以表格的形式进一步说明常见尺寸的标注方法，如表 1-7、表 1-8 所示。

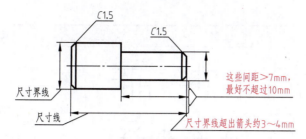

图 1-9　尺寸的标注示例

表 1-7　标注尺寸时常用的符号

名　称	符号或缩写词	名　称	符号或缩写词
直径	ϕ	均布	EQS
半径	R	正方形	□
圆球直径	$S\phi$	深度	↧
圆球半径	SR	沉孔或锪平	⌴
厚度	t	埋头孔	⌵
45°倒角	C		

表 1-8　常见的尺寸注法

项目	图　例	尺寸注法
圆	φ17　　φ30　φ22	标注整圆或大于半圆的圆弧直径尺寸时,以圆周为尺寸界线,尺寸线通过圆心,并在尺寸数字前加注直径符号"ϕ"。圆弧直径尺寸线应画至略超过圆心,只在尺寸线一端画箭头指向圆弧
圆弧	R20　　R16	标注小于或等于半圆的圆弧半径尺寸时,尺寸线应从圆心出发引向圆弧,只画一个箭头,并在尺寸数字前加注半径符号"R"
圆弧	R100 (a)　　R65 (b)	当圆弧的半径过大或在图纸范围内无法标出圆心位置时,可按图(a)的折线形式标注。当不需标出圆心位置时,则尺寸线只画靠近箭头的一段,如图(b)
球面	Sφ40　　SR33	标注球面直径或半径尺寸时,应在尺寸数字前加注符号"$S\phi$"或"SR"

续表

项目	图 例	尺 寸 注 法
小尺寸		在尺寸界线之间没有足够位置画箭头或注写尺寸数字的小尺寸,可按图示形式进行标注。标注连续尺寸时,代替箭头的圆点大小应与箭头尾部宽度相同
角度		标注角度的尺寸界线应沿径向引出;尺寸线画成圆弧,其圆心为该角的顶点,半径取适当大小,如图(a);角度数字一律写成水平方向,一般注写在尺寸线的中断处或尺寸线的上方或外边,也可引出标注,如图(b)

小　　结

本章主要介绍了国家标准《技术制图》《机械制图》中的图纸幅面及格式、比例、字体、图线、尺寸注法等内容。在学习过程中,对于这些内容,无需死记硬背,在看图和绘图时只要多查阅、多参考,经过一定的时间后便可掌握。机械图样是设计和制造机械的重要技术文件,是工程界的共同语言,因此在绘图过程中必须遵守上述国家标准。

第 2 章
几 何 作 图

机器零件的轮廓形状虽然各不相同,但分析起来,都是由直线、圆弧和其他一些非圆曲线组成的几何图形。熟练掌握和运用绘图工具进行几何作图,将会提高绘制图样的速度和质量。本章主要介绍常用绘图工具的使用及几何作图方法。

2.1 绘图工具及使用方法

图板、丁字尺、三角板、圆规和分规、曲线板是手工绘图的主要工具,正确、熟练地使用绘图工具,并采用正确的绘图方法,才能保证绘图质量,提高绘图速度。

2.1.1 图板

图板是用来铺放和固定图纸的,一般由胶合板制成,四周镶嵌有硬木边 [图 2-1 (a)]。图板的工作面必须平坦、光洁,左右导边必须光滑、平直。图板的短边是工作边,使用时不得使图板受潮,不要在图板上按图钉,更不能在图板上切纸。常用的图板规格有 0 号 (900mm×1200mm)、1 号 (600mm×900mm)、2 号 (450mm×600mm),绘图时应根据图纸幅面的大小选择图板。

2.1.2 丁字尺

丁字尺主要用来画水平线,它是用木材或有机玻璃等制成,由尺头和尺身两部分垂直相交构成丁字形 [图 2-1 (a)]。尺头的内边缘为丁字尺导边,尺身的上边缘为工作边,都必须要求平直光滑。尺头与尺身结合处必须牢固不松动。

使用丁字尺画水平线时,可用左手紧握住尺头推动丁字尺沿左面的导边上下滑动 [图 2-1 (a)];待移到要画水平线的位置后,用左手使尺头内侧导边靠近图板左侧导边,把丁字尺调整到准确的位置,随即用左手将移到画线部位将尺身压住,以免画线时丁字尺位置变动。然后用右手执笔沿尺身工作边自左向右画线,笔尖应仅靠尺身,笔杆略向右倾斜 [图 2-1 (a)]。将丁字尺沿图板导边上下滑动,可作得一系列相互平行的水平线。

2.1.3 三角板

一副三角板包括 45°×45°×90°和 30°×60°×90°各一块,一般为透明塑料或用有机玻璃制成。

三角板与丁字尺配合可以画出一系列不同位置的铅垂线,如图 2-1 (a) 所示;还可画出与水平线成 30°、45°、60°以及 15°倍数角的各种倾斜线,如图 2-1 (b) 所示。

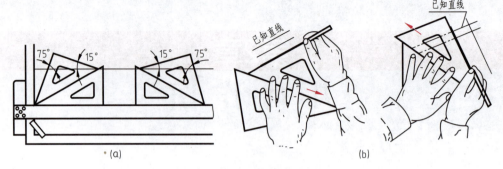

图 2-1　三角板的使用方法

2.1.4　圆规和分规

1. 圆规

圆规主要是用来画圆和圆弧（图 2-2）。圆规的一条腿上装有带台阶的小钢针，用来定圆心，并防止针孔扩大；另一条腿上可安装铅芯，用来画圆和圆弧或安装钢针代替分规。使用时应使两条腿垂直于纸面，用力要均匀，且朝运动方向倾斜一定角度。

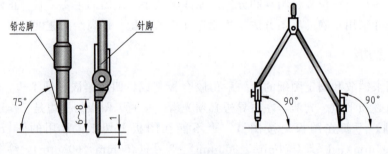

图 2-2　圆规的使用方法

2. 分规

分规主要是用来量取线段和等分线段［图 2-3（a）、（b）］。

2.1.5　曲线板

曲线板是用来画非圆曲线的工具，曲线板的轮廓是由多段不同曲率半径的曲线所组成，常用的曲线板如图 2-4 所示。

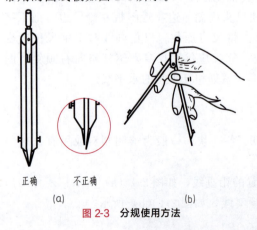

图 2-3　分规使用方法

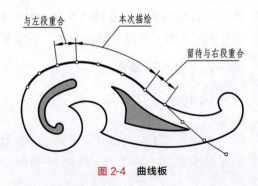

图 2-4　曲线板

使用曲线板时，必须分几次完成。画曲线的步骤如下：

（1）将需要连接的各点求出来，徒手用细线顺次连接起来，如图 2-5（a）所示。

（2）由曲线上曲率半径较小的部分开始，选择曲线板上曲率适当的部分，逐段描绘。每次连接应至少通过四个点。

（3）描下一段时，其前面应有一段与上次所描的线段重复，后面应留一段待第三次再描，如图 2-5（b）所示。

（4）按照上述方法逐段描绘，直到描完曲线为止。

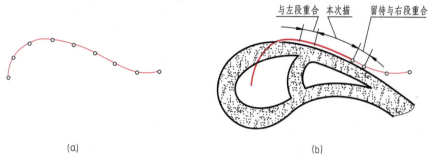

图 2-5　曲线板的使用方法

2.1.6　铅笔

绘图铅笔的铅芯有软硬之分，用标号 B 或 H 表示，B 前的数字越大，铅芯越软，H 前数字越大，铅芯越硬，HB 铅芯软硬适中。绘图时，一般用 H 或 2H 铅笔画底稿线，用 HB 或 B 铅笔加深粗线，用 H 铅笔加深细线；圆规用铅芯相应地选用软一号；用 HB 铅笔写字、画箭头。

铅笔应从没有标号的一端开始削起，铅芯的修磨，可在砂纸上进行，如图 2-6（a）所示；用于画底稿线、细线和写字的铅笔，其铅芯宜磨成圆锥形，如图 2-6（b）所示；用于画粗线的铅笔，其铅芯可磨成扁四棱台形，如图 2-6（c）所示。

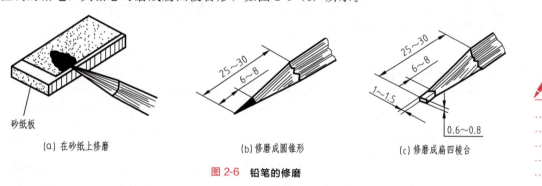

图 2-6　铅笔的修磨

2.2　线段等分法

分割一直线段为几等分的方法，称为等分线段法，常采用的方法有平行线法和分规试分法。

2.2.1 平行线法

已知线段 AB，分为 n 等分（如九等分）作法如图 2-7 所示。

作图步骤：

(1) 过端点 A 任作一条射线 AC，与已知线段 AB 成任意锐角；

(2) 用分规在 AC 上以任意长度截取九等分。

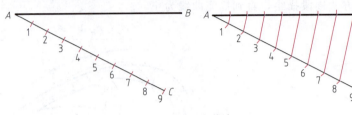

图 2-7　平行线法

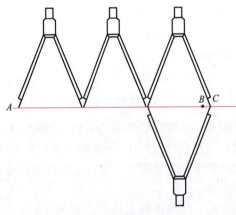

图 2-8　分规试分法

(3) 连接 $9B$，并通过射线上各等分点作 $9B$ 的平行线与已知直线相交。交点即为所求。

2.2.2 分规试分法

用分规将已知线段 AB 三等分的作法如图 2-8 所示。

作图步骤：

(1) 将分规两针张开约线段 AB 的三分之一长，在线段 AB 上连续量取三次；

(2) 若分规的终点 C 落在 B 点之外，应该将张开的两针间距缩短线段 BC 的三分之一，若终点 C 落在 B 点之内，则将张开的两针间距增大线段 BC 的三分之一；

(3) 按照上述方法，直到三等分为止。

2.3　圆的等分法

2.3.1　圆的六等分

圆的六等分有两种方法，一种方法是以画圆的半径从圆的某一点开始依次等分圆周，即可把圆周六等分，另一种方法是利用三角板与丁字尺配合，亦可很方便地作出圆的六等分，如图 2-9 所示。

2.3.2　圆的五等分

圆的五等分及正五边形的作图步骤如下：

(1) 如图 2-10（a）所示，作 ob 的垂直平分线交 ob 于点 e；

(2) 如图 2-10（b）所示，以 e 点为圆心，ec 长为半径画弧交直径 ab 于点 f；

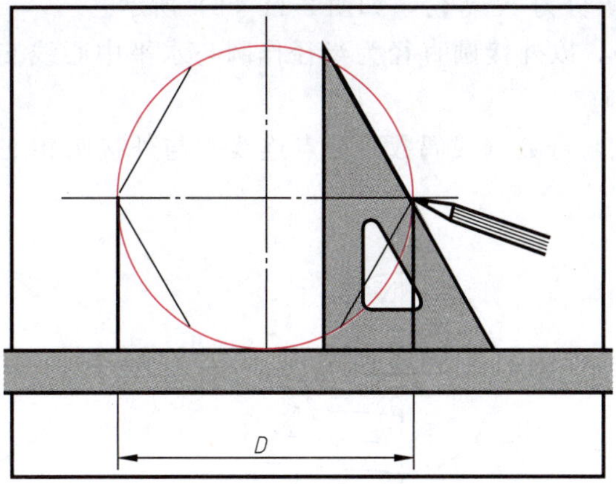

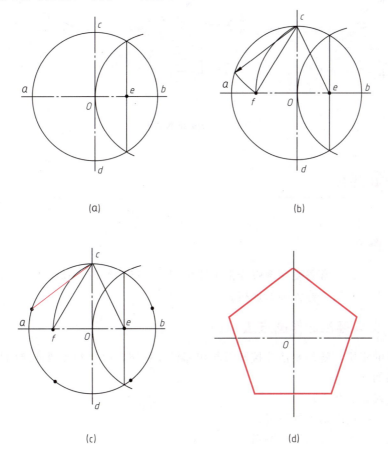

图 2-9 利用三角板与丁字尺作正六边形

(3) 如图 2-10 (c) 所示，cf 即为五边形的边长，等分圆周得五等分，如图 2-10 (d) 所示，连接圆周各等分点，即为正五边形。

图 2-10 圆的五等分

2.3.3 圆的正 N 边形（以正 7 边形为例）

(1) 画外接圆，如图 2-11 (a) 所示。

(2) 将外接圆直径等分为 N 等份，如图 2-11（b）所示。

(3) 以 N 点为圆心，以外接圆直径为半径作圆与水平中心线交于点 A、B，如图 2-11（c）所示。

(4) 由 A 和 B 分别与奇数（或偶数）分点连线并与外接圆相交，依次连接各交点。如图 2-11（d）～（f）所示。

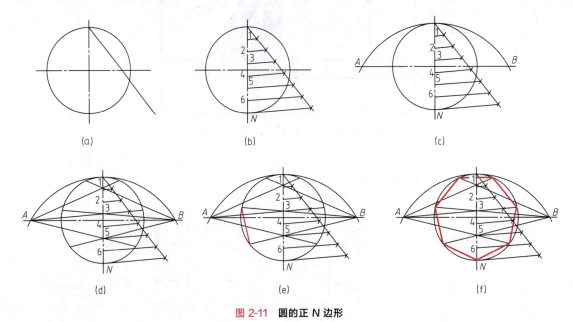

图 2-11　圆的正 N 边形

2.4　圆弧连接

2.4.1　概念

在绘制图样时，经常需要一圆弧光滑地连接相邻两已知线段。这种用一圆弧光滑地连接相邻两线段的作图方法，称为圆弧连接。

2.4.2　圆弧连接的作图方法

圆弧连接的实质，就是要使连接圆弧与相邻线段相切，以达到光滑连接的目的。圆弧连接的作图步骤如下：

(1) 求连接弧的圆心；
(2) 找出连接点即切点的位置；
(3) 在两切点之间画出连接圆弧。

1. 两直线被圆弧连接

两直线相交，其交角有锐角、钝角、直角三种情况。

【例 2-1】　用半径为 R 的圆弧连接两相交直线 AB、BC 的作图方法如图 2-12 所示。

作图步骤：

(1) 求圆心：分别作与已知直线 AB、BC 相距为 R 的平行线，其交点 O 即为所求连接

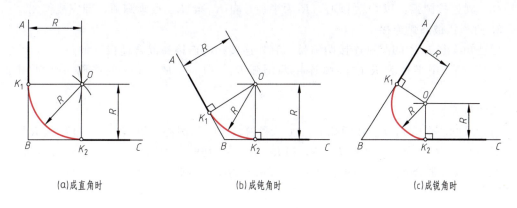

(a) 成直角时　　　　　　　　(b) 成钝角时　　　　　　　　(c) 成锐角时

图 2-12　用圆弧连接两直线间

圆弧 R 的圆心。

（2）找切点：自点 O 分别向直线 AB、BC 作垂线，得到的垂足 K_1、K_2 即为所求的切点。

（3）画连接圆弧：以 O 为圆心，R 为半径，自 K_1 至 K_2 点画圆弧，即完成作图。

2. 直线与圆弧被圆弧连接

用已知半径 R 的圆弧连接一已知直线和圆弧，有外连接和内连接两种。

【例 2-2】　用半径为 R 的圆弧连接已知直径 AB 和圆弧 R_1、O_1 的作图方法如图 2-13 (a)、(b) 所示。

作图方法：

（1）求圆心：分别作与已知直线 AB 相距为 R 的平行线，再以已知圆弧 R_1 的圆心 O_1 为圆心，以 $R+R_1$〔外切时，如图 2-13（a）所示〕或以 $R-R_1$〔内切时，如图 2-13（b）所示〕为半径画弧，此弧与所作平行线的交点 O 即所求连接弧 R 的圆心。

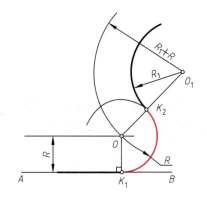　　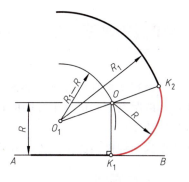

(a) 用圆弧连接已知直线和圆弧（外切）　　　(b) 用圆弧连接已知直线和圆弧（内切）

图 2-13　直线与圆弧被圆弧连接

（2）求切点：自点 O 向直线 AB 作垂线，得到的垂足 K_1，再作两圆心的连线 O_1、O（外切时）或两圆心的连接线 O_1、O 的延长线（内切时），与已知圆弧相交于 K_2，即 K_1、K_2 为所求切点。

(3) 画连接圆弧：以 O 为圆心，R 为半径，自 K_1 至 K_2 点画圆弧，即完成作图。

3．两圆弧被圆弧连接

用已知半径为 R 的圆弧连接两圆弧，有外连接、内连接和混合连接三种。

【例 2-3】 用半径为 R 的圆弧连接两圆弧 R_1、O_1 和 R_2、O_2 的作图方法如图 2-14 所示。

作图步骤：

(1) 求圆心：分别以已知圆弧 R_1、O_1 和 R_2、O_2 的圆心，以 R_1+R 和 R_2+R [外切时，如图 2-14（a）所示] 或以 $R-R_1$ 和 $R-R_2$ [内切时，如图 2-14（b）所示] 或以 $R-R_1$ 和 R_2+R [混合相切，如图 2-14（c）所示] 为半径画弧，得交点 O 即为所求连接圆弧 R 的圆心。

(2) 求切点：作两同心圆连线 O_1O、O_2O 或 O_1O、O_2O 的延长线，与已知圆弧相交于 K_1、K_2，即 K_1、K_2 为所求切点。

(3) 画连接圆弧：以 O 为圆心，R 为半径，自 K_1、K_2 点画圆弧，即完成作图。

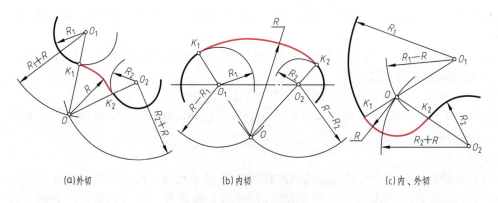

图 2-14 两圆弧被圆弧连接

2.5 椭圆的画法

椭圆有两条相互垂直而且对称的轴，即长轴和短轴。它的几何性质是：自椭圆上任意两定点（焦点）的距离之和恒等于椭圆的长轴。椭圆的画法很多，常见的椭圆画法有同心圆法和四心近似法。

下面介绍这两种椭圆的作图方法和步骤。

2.5.1 同心圆法

同心圆法画椭圆的方法，是先求出曲线上一定数量的点，再用曲线板光滑地连接起来。

已知椭圆长轴 AB 和短轴 CD，用同心圆法作椭圆的步骤如下：

(1) 以长轴 AB 和短轴 CD 为直径画两同心圆，然后过圆心作一系列直线与两圆相交，如图 2-15（a）所示；

(2) 自大圆交点作垂线，小圆交点作水平线，得到的交点就是椭圆上的点，如图 2-15（b）所示。

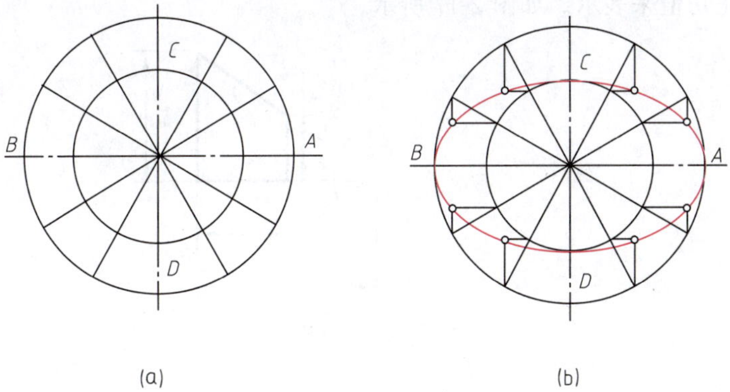

图 2-15 用同心圆法画椭圆

2.5.2 四心近似法

四心近似法画椭圆的方法，是先求出所画椭圆的四个圆心和半径，再用四段圆弧近似地代替椭圆。

已知椭圆长轴 AB 和短轴 CD，用四心近似画法作椭圆的步骤如下：

（1）画出互相垂直且平分的长轴 AB 与短轴 CD，如图 2-16（a）所示；

（2）连接 AC，并且在 AC 上取 $CE=OA-OC$，如图 2-16（b）所示；

（3）作 AE 的中垂线，与长、短轴分别交于 O_1、O_2，再作对称点 O_3、O_4；

（4）分别用 O_1A、O_2C、O_3B、O_4D 为半径，分别画弧，即得近似椭圆，如图 2-16（c）所示。

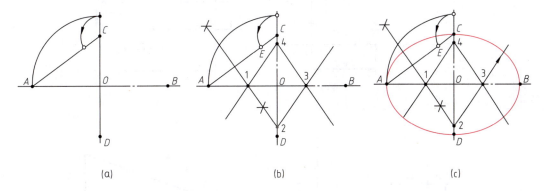

图 2-16 用四心近似法画椭圆

2.6 斜度和锥度

2.6.1 斜度

1. 斜度的概念

斜度是指一直线（或平面）对另一直线（或平面）的倾斜程度。斜度的大小用该直线（或平面）间夹角的正切值来表示。如图 2-17 所示。

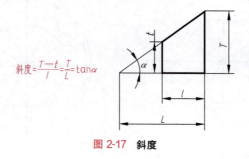

$$斜度 = \frac{T-t}{l} = \frac{T}{L} = \tan\alpha$$

图 2-17 斜度

2. 斜度的画法

例如根据图 2-18（a）所示尺寸作图，作图步骤如图 2-18（b）～（e）所示。

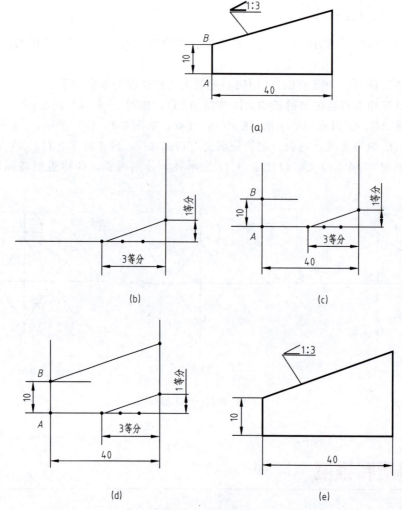

图 2-18 斜度的画法

3. 斜度的标注

斜度的符号如图 2-19（a）所示。符号的方向应与斜度的方向一致。

标注斜度时，可按图 2-19（b）所示的方法标注。

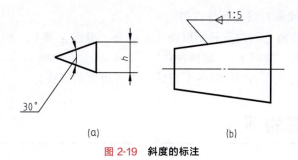

图 2-19　斜度的标注

2.6.2　锥度

1. 锥度的概念

锥度指正圆锥的底圆直径与其高度之比，对于圆台锥度则为两底圆直径之差与圆台高度之比。锥度大小的表示：

$$锥度 = D/L = (D-d)/l$$

表示锥度时将比例前项化成 1，即写成 1：n 的形式，如图 2-20 所示。

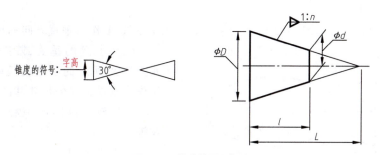

图 2-20　锥度符号及标注

注：符号的方向应与锥度的方向一致

2. 锥度的画法

作图步骤（见图 2-21）：

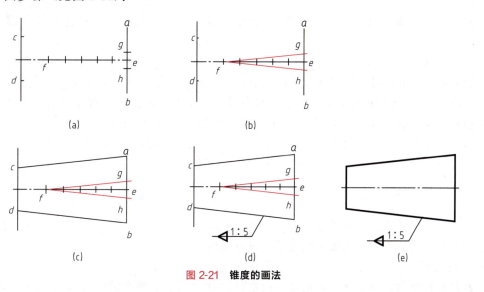

图 2-21　锥度的画法

(1) 自点 f 沿轴线向右取五等分点得点 e；
(2) 由点 e 沿垂线向上和向下分别取得 1/2 等分，得点 g 和 h；
(3) 连接 fg 和 fh，即得 1∶5 的锥度；
(4) 过点 c 和 d 分别作 fg 和 fh 的平行线，即得所求的锥度。

2.7　平面图形的画法

平面图形中的尺寸，根据所起的作用不同，分为定形尺寸和定位尺寸两类。而且在标注和分析尺寸时，必须首先确定基准。

2.7.1　尺寸分析

1. 基准

所谓基准就是标注尺寸的起点。平面图形的尺寸有水平和垂直两个方向，因而就有水平和垂直两个方向的基准。图形中有很多尺寸都是以基准点为出发点的。一般的平面图形常用以下的线为基准线。

(1) 对称中心线。如图 2-22 所示的手柄是以水平轴线 A 作为垂直方向的尺寸基准的。

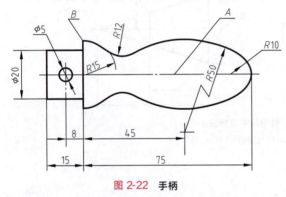

图 2-22　手柄

(2) 主要的垂直或水平轮廓直线。如图 2-22 所示的手柄就是以中间铅垂线 B 作为水平方向的尺寸基准。

(3) 较大的圆的中心线，较长的直线等。

2. 定形尺寸

用来确定图形中各部分几何图形大小的尺寸，称为定形尺寸。如直线段的长度、倾斜线的角度、圆或圆弧的直径和半径等。在图 2-22 中，$\phi 20$ 和 15 确定矩形的大小；$\phi 5$ 确定小圆的大小；$R10$ 和 $R15$ 确定圆弧半径的大小；这些尺寸都是定形尺寸。

3. 定位尺寸

用来确定图形中各个组成部分之间相对位置关系的尺寸，称为定位尺寸。在图 2-22 中，尺寸 8 确定了 $\phi 5$ 小圆的位置；$\phi 30$ 是以水平对称轴线为基准定 $R50$ 圆弧的位置；75 是以中间的铅垂线为基准定 $R10$ 圆弧的中心位置；这些尺寸都是定位尺寸。

分析尺寸时，常会见到同一尺寸既是定形尺寸又是定位尺寸，如图 2-22 中尺寸 75 既是确定手柄长度的定形尺寸，也是间接确定 $R10$ 圆弧圆心的定位尺寸。

2.7.2　线段分析

平面图形中的线段（直线或圆弧）按所给的尺寸齐全与否可分为三类：已知线段、中间线段和连接线段。下面就圆弧的连接情况进行线段分析。

1. 已知弧

凡具有完整的定形尺寸（ϕ 及 R）和定位尺寸（圆心的两个定位尺寸），能直接画出的圆弧，称为已知弧。如图 2-22 中 $R15$ 是已知弧，圆心定位尺寸为（65，0）（水平方向 75mm－10mm＝65mm）。

2. 中间弧

仅知道圆弧的定形尺寸（ϕ 及 R）和圆心的一个定位尺寸，需借助与其一端相切的已知线段，求出圆心的另一个定位尺寸，然后才能画出的圆弧，称为中间弧。如图 2-22 中，$R50$ 是中间弧，其中的一个圆心定位尺寸即铅垂方向的定位尺寸 35（铅垂方向 50mm－15mm＝35mm）是已知的，而圆心的另一个定位尺寸则需借助与其相切的已知圆弧（$R10$ 圆弧）才能定出。

3. 连接弧

只有定形尺寸（ϕ 及 R）而无定位尺寸，需借助与其两端相切的线段方能求出圆心而画出的圆弧，称为连接弧。如图 2-21 中，$R12$ 是连接弧，圆心的两个定位尺寸都没有注出，需借助与其两端相切的线段（$R15$ 圆弧和 $R50$ 圆弧），求出圆心后才能画出。

2.7.3 画图步骤

根据上述分析，画平面图形时，必须首先进行尺寸分析，按先画已知线段，再画连接线段的顺序依次进行，才能顺利进行制图。

1. 绘图前的准备工作

（1）准备工具。准备好画图的仪器和工具，用软布把图板、丁字尺、三角板等擦拭干净，以保持图纸纸面整洁。按线型要求削好铅笔：粗实线用 B 的铅笔，按宽度削成扁平状或圆锥状；虚线、细实线和点画线用 H 或 2H 的铅笔，按宽度削成扁平状或圆锥状；写字用 HB 的铅笔，削成圆锥状。

（2）整理工作地点。将暂不用的物品从工作地点移开，需要使用的工具用品放在取用方便的地方。

（3）固定图纸。先分析图形的尺寸和线段，按图样的大小选择比例和图纸的幅面，然后将图纸固定。

2. 底稿的画法和步骤

（1）画出图框和标题栏。

（2）画出主要基准线、轴线、中心线和主要轮廓线；按先画已知线段，再画中间线段和连接线段的顺序依次进行绘制工作，直至完成图形。

（3）画尺寸界线和尺寸线。

（4）仔细检查底稿，更正图上的错误，轻轻擦去多余的线条。

3. 描深底稿的方法和步骤

底稿描深应做到线型正确，粗细分明，连接光滑，图面整洁。描深底稿的一般步骤是：

（1）描深图形。描深图形应遵循如下顺序：

① 先曲后直，保证连接平滑；

② 先细后粗，保证图面清洁，提高画图效率；

③ 先水平（从上至下）后垂、斜（从左至右先画垂直线，后画倾斜线），保证图面整洁；

④ 先小（指圆弧半径）后大，保证图形准确。

（2）描深图框和标题栏

① 画箭头、标注尺寸和填写标题栏。

② 修饰校对,完成全图。

例如要画图 2-21 所示手柄的平面图形,应按下列步骤进行:

(1) 画出基准线,并根据定位尺寸画出定位线,如图 2-23(a)所示;
(2) 画出已知线段,如图 2-23(b)所示;
(3) 画出中间线段,如图 2-23(c)所示;
(4) 画出连接线段,如图 2-23(d)所示;
(5) 校对修改图形,画尺寸线、尺寸界线、并将图形加深描粗。

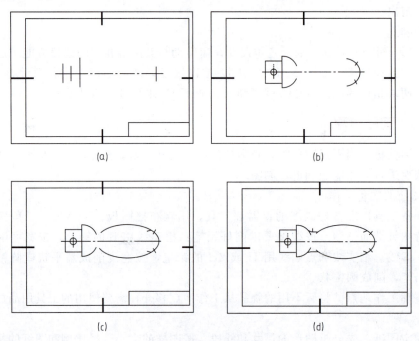

图 2-23　画平面图形的步骤

2.8　徒手画图

以目测估计图形与物体的比例,按一定的画法,徒手绘制出的图称为草图。草图中的线条也要粗细分明,长短大致符合比例,线型符合国家标准。

在设计或维修机器时,经常需要绘制草图。草图是工程操作人员交谈、记录、创作、构思的资料。徒手画图是工程操作人员必备的一种基本技能。

2.8.1　直线的徒手画法

画直线时,可先标出直线段的两端点,然后执笔悬空沿直线方向比画一下,掌握好方向和走势后再落笔画线。在画水平线和斜线时,为了运笔方便,可将图纸斜放。画直线的运笔方向如图 2-24 所示。

2.8.2　圆的徒手画法

画圆时,应过圆心先画中心线,再根据半径大小用目测在中心线上定出 4 点,然后过这

4 点画圆，如图 2-25（a）所示。对较大的圆，可过圆心加画两条 45°斜线，按半径目测定出 8 点或更多点，然后过这 8 点或更多点画圆，如图 2-25（b）所示。

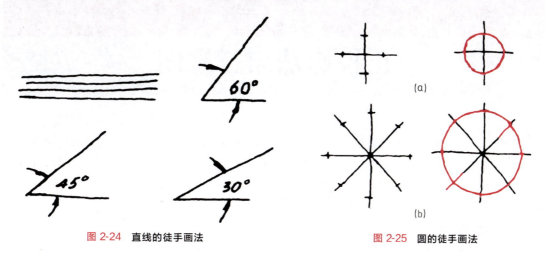

图 2-24　直线的徒手画法　　　　　图 2-25　圆的徒手画法

小　　结

本章主要介绍了绘图工具及使用；线段及圆的等分；圆弧连接的作图方法；椭圆的画法；斜度、锥度的画法与标记；平面图形的画法及徒手画图的方法。几何图形的绘制是画机械图样的基础，绘图速度的快慢、图面质量的高低，在很大程度上决定于是否能采用正确的绘图方法和按正确的工作程序，自如地选用各种绘图工具绘制几何图形。

第3章
正投影法与三视图

投影作图是机械制图的理论基础。本章介绍投影的原理和点、线、面的投影规律和作图方法。应重点掌握正投影的三个基本性质，各种位置直线、平面的投影特性。学习时应注意在头脑中建立点、线、面投影的空间模型，培养空间想象及思维能力。

3.1 投影原理

3.1.1 投影法的概念

在日常生活中，投影现象随处可见。用日光或灯光照射物体，在地面或墙面上就会产生影子，这种现象就是投影。经过人们的科学总结，找出了物体、影子之间的关系。

如图 3-1 所示，在光源 S 的照射下，三角形薄板 ABC 在地面 P 上得到了影子。经过人们科学地进行抽象，S 称为投射中心，SAa、SBb、SCc 称为投射线，P 称为投影面，三角形 abc 即为薄板 ABC 在投影面上的投影（即所看到的影子）。

这种投射线通过物体向选定的面投射，并在该面上得到图形的方法，称为投影法。根据投影法所得到的图形，称为投影。投影法中得到投影的面，称为投影面。

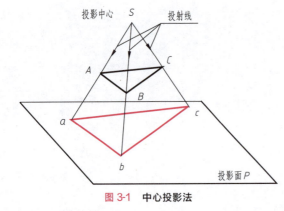

图 3-1 中心投影法

3.1.2 投影法的分类

根据投射线的类型，投影法可分为两大类。

1. 中心投影法

投射线汇交于一点的投影法，称为中心投影法，如图 3-1 所示。

中心投影法绘制的图样具有较强的立体感，在建筑工程的外形设计中经常使用。

分析图 3-1 可知，若改变投影面、投射中心、物体三者之间的距离，物体的投影大小就会发生变化，也就是说，中心投影法不反应物体的真实大小，而且作图较为复杂，因而机械图样中很少采用。

2. 平行投影法

投射线相互平行的投影法，称为平行投影法，如图 3-2 所示。

根据投射线是否垂直于投影面，平行投影法又可分为两类。

（1）斜投影法：投射线与投影面相倾斜的平行投影法，如图3-2（a）所示。

（2）正投影法：投射线与投影面相垂直的平行投影法。根据正投影法所得到的图形，称为正投影图或正投影，如图3-2（b）所示。

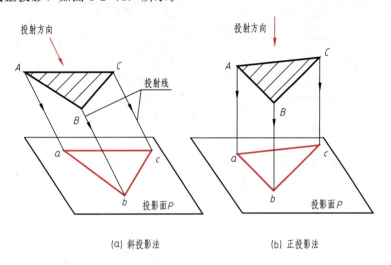

图 3-2　平行投影法

分析图3-2（b）可知，当平面图形平行于投影面时，无论怎样改变它与投影面之间的距离，其投影的形状和大小均不会发生变化，即正投影能反应物体的真实形状和大小，而且作图简便，因此，机械图样主要采用正投影法绘制。但缺点是立体感差，需要一定的空间想象和分析能力，这也是本课程应解决的问题。本教材图样主要是正投影，斜投影法只在轴测图中的斜二测中使用。

3.1.3　正投影的基本性质

1. 真实性

平面图形（或线段）平行于投影面时，正投影反映实形（或实长）的性质称为真实性，如图3-3所示。

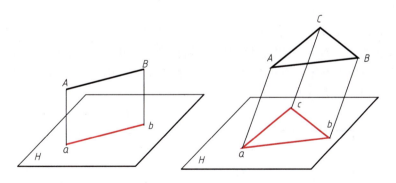

图 3-3　正投影的真实性

2. 积聚性

平面图形（或线段）垂直于投影面时，正投影积聚为一条线段（或一个点）的性质称为积聚性，如图3-4所示。

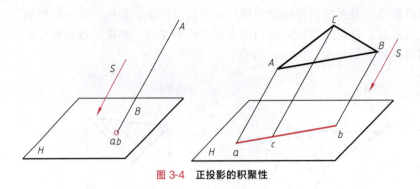

图 3-4　正投影的积聚性

3. 类似性

平面图形（或线段）倾斜于投影面时，正投影变小（或变短），但投影形状与原来形状类似的性质称为类似性，如图 3-5 所示。

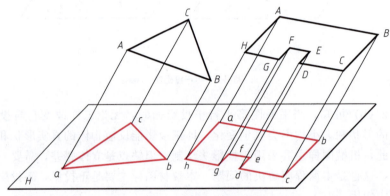

图 3-5　正投影的类似性

3.1.4　三投影面体系

由于一个投影面只能反映物体一个方向的投影，不能确定物体的形状和大小，所以工程上常用多面正投影表达物体的整体形状，最常用的是三面正投影。这就需要建立三投影面体系。

三个相互垂直的投影面构成三投影面体系，如图 3-6 所示，三个投影面分别用 V、H、W 表示：水平投影面（H）；正投影面（V）；侧投影面（W）。相互垂直的投影面之间的交线称为投影轴，三投影面体系中相互垂直的三个投影轴分别用 OX、OY、OZ 表示。三个投影轴相交于一点 O，称为原点。

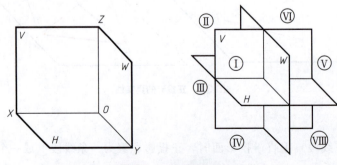

图 3-6　三投影面体系

3.2 点的投影

3.2.1 点的投影及其规律

如图 3-7（a）所示，由空间点 A 分别向 H、V、W 面作垂线，得垂足 a、a'、a''，即为点 A 的三面投影。其中，V 面上的投影 a' 称为正面投影，H 面上的投影 a 称为水平投影，W 面上的投影 a'' 称为侧面投影。移去空间点 A，保持 V 面不动，将 H 面绕 OX 轴向下旋转 $90°$，W 面绕 OZ 轴向右旋转 $90°$，旋转到与 V 面处于同一平面，便得到点 A 的三面投影图，如图 3-7（b）所示。投影面展开后，OY 轴分别随 H 面旋转到 OY_H 的位置，随 W 面旋转到 OY_W 的位置。投影图中不必画出投影面的边界，通常只画出三个投影轴的展开图即可，如图 3-7（c）所示。

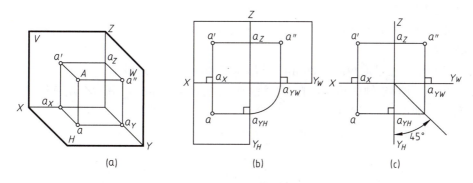

图 3-7 点的三面投影

通过点的三面投影图的形成过程，可以总结出点的投影规律：

（1）点的两面投影连线，必定垂直于相应的投影轴，即 $a'a \perp OX$、$a'a'' \perp OZ$、$aa_{YH} \perp OY_H$、$a''a_{YW} \perp OY_W$。

（2）点的水平投影到 OX 轴的距离等于该点的侧面投影到 OZ 轴的距离，即 $aa_X = a''a_Z$。

根据点的投影规律，可以由点的两面投影求第三面投影。

【例 3-1】 如图 3-8（a）所示，已知点 A 的 V 面投影 a' 和 H 面投影 a，求其 W 面投影。

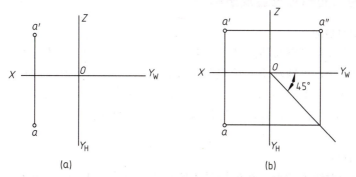

图 3-8 由点的两面投影求第三面投影

作图步骤：

（1）过 a' 作 $a'a_Z \perp OZ$，并延长。

（2）量取 $a''a_Z = aa_X$，即得点 a''。

作图时，也可利用 45°辅助线。即从点 a 作 OY_H 轴的垂直线与 45°辅助线相交，过交点作 OY_W 轴的垂直线与 $a'a_Z$ 的延长线相交，即得 a''，如图 3-8（b）所示。

3.2.2　点的投影与直角坐标

点的空间位置可用直角坐标来表示，如图 3-7（a）所示。即将投影面当做坐标面，投影轴当做坐标轴，O 即为坐标原点。则点 A 的三面投影与其坐标有如下关系：

A 点的 X 坐标＝A 到 W 面的距离 $Aa'' = aa_Y = a'a_Z$；

A 点的 Y 坐标＝A 到 V 面的距离 $Aa' = aa_X = a''a_Z$；

A 点的 Z 坐标＝A 到 H 面的距离 $Aa = a'a_X = a''a_Y$。

也就是说，若已知点的坐标（X，Y，Z），就能唯一确定该点的空间位置，准确地画出点的三面投影图。

【例 3-2】　已知 A 点（30，20，40）画出点的三面投影。

作图步骤：

（1）在 OX 轴上量取 $Oa_X = 30$mm，得 a_X，如图 3-9（a）所示。

（2）过 a_X 作 OX 轴的垂线，自 a_X 沿 OY 方向量取 20mm，沿 OZ 方向量取 40mm 分别得 a 和 a'，如图 3-9（b）所示。

（3）再根据 a、a' 求出 a''，如图 3-9（c）所示。

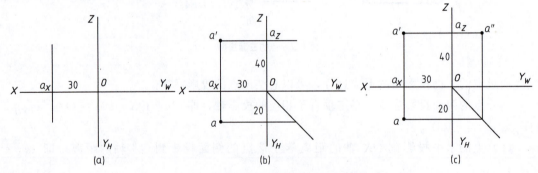

图 3-9　由点的直角坐标画它的三面投影图

3.2.3　两点的相对位置及重影点

1. 两点的相对位置

两点的相对位置是指空间两点之间上下、左右、前后的位置关系。

根据两点的坐标，可判断空间两点间的相对位置。X 坐标值大的在左；Y 坐标值大的在前；Z 坐标值大的在上。如图 3-10（a）所示，由于 $X_B > X_A$，$Y_B > Y_A$，$Z_A > Z_B$，因此点 A 在点 B 的右、后、上方，也可以说点 B 在点 A 的左、前、下方，如图 3-10（b）所示。

2. 重影点的投影

处于同一条投射线上的点，在该投射线所垂直的投影面上的投影重合为一点，称为该投影面的重影点。如图 3-11 所示，空间两点 A、B 的水平面投影重合为一点 a（b），称为 H

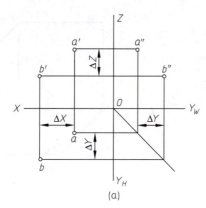 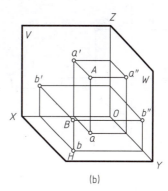

图 3-10 两点的相对位置

面的重影点；C、D 的正面投影重合为一点 c'（d'）。

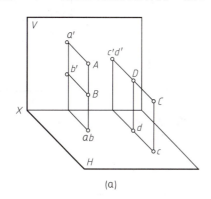 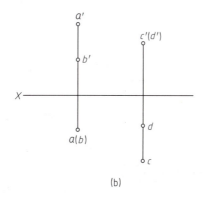

图 3-11 重影点和可见性

当空间两点在某投影面上的投影重合时，必然是一个点的投影遮挡着另一点的投影，这就出现了重影点的可见性问题，如图 3-11（a）所示，由于点 A 在点 B 的上方，因此点 A 在 H 面上的投影是可见的，点 B 的投影是不可见的；同理，在 V 面上 C 点投影是可见的，D 点的投影是不可见的。标记时，通常规定不可见的投影加小括号"（ ）"。

显然，两个点为某投影面的重影点时，必然是有两个坐标值相等，第三个坐标值不等的空间点。因此，判断重影点的可见性，是根据不相等的那个坐标值来确定的，即坐标值大的可见，坐标值小的不可见。

3.2.4 点的轴测图

根据图 3-12（a）所示点 A 的三面投影，作点 A 的轴测图。

（1）作 X、Y、Z 轴的轴测图，如图 3-12（b）所示。
（2）作 V、H、W 面的轴测图，如图 3-12（c）所示。
（3）根据点 A 的坐标，分别在三个投影轴上自原点 O 按 1∶1 截取，得 a_X、a_Y、a_Z，如图 3-12（d）所示。
（4）过点 a_X、a_Y、a_Z 作相应投影轴的平行线，得点 a'、a、a''，如图 3-12（e）所示。
（5）过点 a'、a、a'' 分别作 V、H、W 面的垂线，交点即为点 A 的轴测图，如图 3-12（f）所示。

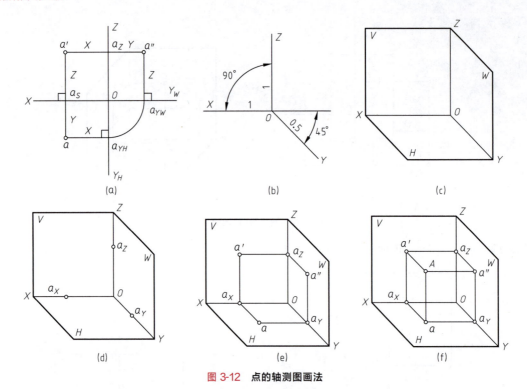

图 3-12 点的轴测图画法

3.3 直线的投影

3.3.1 直线的三面投影

(1) 直线的投影一般仍为直线 如图 3-13（a）所示，直线 AB 的三面投影 ab、$a'b'$、$a''b''$ 均为直线。

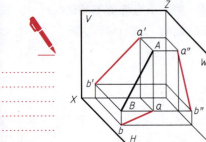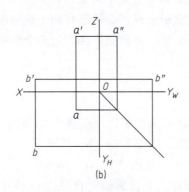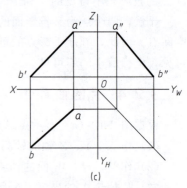

图 3-13 直线的三面投影

(2) 直线的投影可由直线上任意两点的投影来确定 作出线段两端点的投影，这两个点的同面投影（同一投影面上的投影）连线即为直线的投影。如图 3-13（b）所示为线段的两端点 A、B 的三面投影，连接两点的同面投影，得到 ab、$a'b'$ 和 $a''b''$，即为直线 AB 的三面投影，如图 3-13（c）所示。

（3）直线的轴测图在点的轴测图的基础上完成　先作出线段两端点的轴测图，然后连接这两个点的同面投影，并引直线将两空间点相连，即为直线的轴测图，如图 3-13（a）所示。

3.3.2　各种位置直线的投影特性

根据直线在三投影面体系中对三个投影面所处的位置不同，可将直线分为一般位置直线、投影面平行线和投影面垂直线三种，后两种属于特殊位置直线。

1. 一般位置直线的投影特性

与三个投影面都倾斜的直线称为一般位置直线。如图 3-14 所示的直线为一般位置直线。直线与投影面的夹角称为直线对投影面倾角。空间直线对 H、V、W 三投影面的倾角，分别用 α、β、γ 表示，如图 3-14（a）所示。一般位置直线的投影特性为：

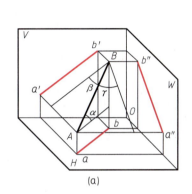 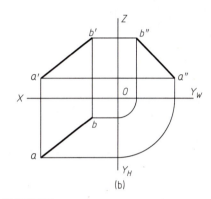

图 3-14　一般位置直线

（1）三面投影都倾斜于投影轴，它们与投影轴的夹角，均不反映直线对投影面的倾角。

（2）三面投影的长度均小于实长。

2. 投影面平行线的投影特性

平行于一个投影面而与其他两个投影面倾斜的直线称为投影面平行线。

投影面平行线有三种情况：平行于 H 面，而与 V、W 面倾斜的直线称为水平线；平行于 V 面，而与 H、W 面倾斜的直线称为正平线；平行于 W 面，而与 H、V 面倾斜的直线称为侧平线。

从表 3-1 中可概括出投影面平行线的投影特性：

（1）在所平行的投影面上的投影反映实长，它与投影轴的夹角分别反映直线对其他两投影面的倾角。

（2）其他两投影面上的投影，分别平行于相应的投影轴，均不反映实长。

3. 投影面垂直线的投影特性

垂直于一个投影面，而与其他两个投影面平行的直线，称为投影面垂直线。

投影面垂直线也有三种情况：垂直于 H 面，而与 V、W 面平行的直线称为铅垂线；垂直于 V 面，而与 H、W 面平行的直线称为正垂线；垂直于 W 面，而与 H、V 面平行的直线称为侧垂线。

从表 3-2 中可概括出投影面垂直线的投影特性：

（1）在所垂直的投影面上的投影积聚为一点。

（2）其他两投影面上的投影，分别垂直于相应的投影轴，且均反映实长。

表 3-1　投影面平行线的投影特性

名称	水平线（AB∥H 面）	正平线（AC∥V 面）	侧平线（AD∥W 面）
轴测图			
投影图			
投影规律	(1) ab 与投影轴倾斜，$ab=AB$；反映倾角 β、γ 的大小 (2) $a'b'$∥OX 　　$a''b''$∥OY_W	(1) $a'c'$ 与投影轴倾斜，$a'c'=AC$；反映倾角 α、γ 的大小 (2) ac∥OX；$a''c''$∥OZ	(1) $a''d''$ 与投影轴倾斜，$a''d''=AD$；反映倾角 α、β 的大小 (2) ad∥OY_H；$a'd'$∥OZ

表 3-2　投影面垂直线的投影特性

名称	铅垂线（AB⊥H 面）	正垂线（AC⊥V 面）	侧垂线（AD⊥W 面）
轴测图			
投影图			
投影规律	(1) ab 积聚为一点 (2) $a'b'$⊥OX； 　　$a''b''$⊥OY_W (3) $a'b'=a''b''=AB$	(2) $a'c'$ 积聚为一点 (2) ac⊥OX；$a''c''$⊥OZ (3) $ac=a''c''=AC$	(1) $a''d''$ 积聚为一点 (2) ad⊥OY_H； 　　$a'd'$⊥OZ (3) $ad=a'd'=AD$

3.3.3 求一般位置直线的实长及对投影面的倾角

特殊位置直线中都有反映实长及对投影面倾角的投影，而一般位置直线的三面投影均不反映实长及对投影面的倾角。下面介绍直角三角形法求作一般位置直线的实长及对投影面的倾角。

如图 3-15 所示 AB 为一般位置直线，过 A 作平行于 ab 的直线，得直角三角形。即两端点的 Z 坐标差为 ΔZ；斜边 aB_1 即为实长；ab 与 aB_1 的夹角即为直线 AB 对 H 面的倾角 α。

在直线的 V、W 面投影中求实长及对 V、W 面倾角 β、γ 的作图方法类似。

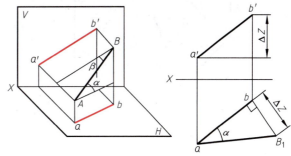

图 3-15　直角三角形法求实长及对投影的倾角

注意：在直线的投影图中作出的直角三角形中，斜边与直线在该投影面投影的夹角为空间直线对该投影面的倾角。

【例 3-3】　如图 3-16（a），一直 ab 和 a'，且线段 AB 长 30mm，B 点在 A 点上方，求作 $a'b'$。

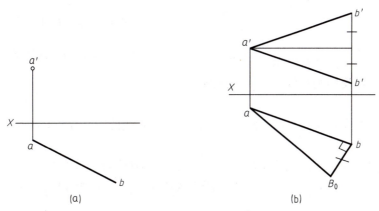

图 3-16　直角三角形法的应用

如图 3-16（b），作图过程如下：
（1）过 b 作 ab 的垂线。
（2）以 a 为圆心、30mm 为半径作圆弧，交 ab 的垂线于 B_0。
（3）连接 aB_0，得到直角三角形 abB_0，则 bB_0，则 $bB_0 = ZB - ZA$。
（4）根据 B、A 两点的 Z 坐标，在 V 面投影中作出 $a'b'$。

3.3.4 直线上点的投影特性

1. 从属性

点在直线上，则点的投影在直线的同面投影上，如图 3-17 所示，且点的投影符合点的投影规律。

2. 定比性

点分线段之比投影后不变。$AK/KB = ak/ka = a'k'/k'b' = a''k''/k''b''$。

例：如图 3-18（a）所示，判断点 C 是否在 AB 直线上。

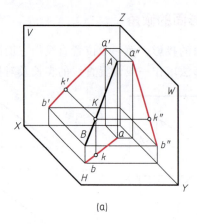
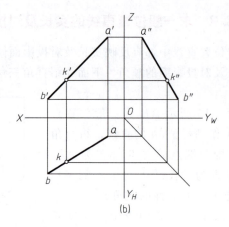

图 3-17 直线上的点

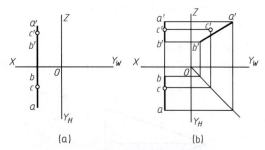

两种判断方法：

（1）从属性——作侧投影，如图 3-18 (b) 所示；

（2）定比性——分析比例关系。

$$ac/cb \neq a'c'/c'b'$$

点 c 不在直线 AB 上。

图 3-18 点不属于直线

3.3.5 两直线的相对位置

空间两直线相交的相对位置有三种情况：相交、平行、交叉。

1. 线相交

空间两直线相交，交点为两直线的共有点，则两直线的同面投影必相交，且交点符合点的投影规律。

如图 3-19 所示，直线 AB 与 CD 交于 E，则它们的同面投影 ab 与 cd、$a'b'$ 与 $c'd'$、$a''b''$ 与 $c''d''$ 均相交，且交点 e、e'、e'' 符合点的投影规律，为同一点的投影。

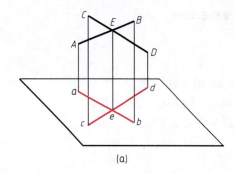
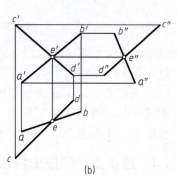

图 3-19 两直线相交

反之，如果两直线的各组同面投影都相交，且交点符合点的投影规律，则此两直线在空间必定相交。

2. 两直线平行

空间两直线平行，它们的同面投影必定平行。如图 3-20 所示，$AB//CD$，$a'b'//c'd'$，

$ab//cd$,$a''b''//c''d''$。

反之,如果两直线的各组同面投影都平行,则此两直线在空间必定平行。

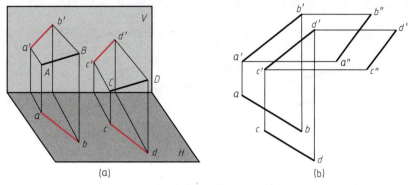

图 3-20　两直线平行

3. 两直线交叉

在空间既不相交也不平行的两直线称为两直线交叉,它们既没有相交两直线的投影特性,也没有平行两直线的投影特性,如图 3-21 所示。

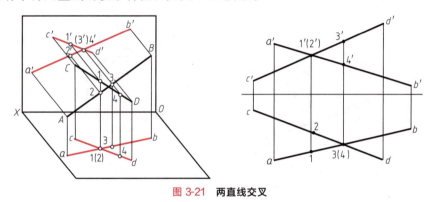

图 3-21　两直线交叉

反之,如果两直线的投影不符合相交两直线或平行直线的投影特性,则此两直线在空间必定交叉。

交叉两直线的投影,也可能出现相交的情况,但是该交点在空间是共处同一条投影线上的两个点,它们分别从属于两条不同的直线,只是该投影方向的重影点。

如图 3-21 所示,交点 $1'(2')$ 是 CD 上 Ⅰ 点和 AB 上的 Ⅱ 点在正面投影上的重影点;交点 3(4) 是 AB 上 Ⅲ 点和 CD 上的 Ⅳ 点在水平投影上的重影点。

Ⅰ 和 Ⅱ、Ⅲ 和 Ⅳ 的可见性可按重影点的可见性判断。正面投影中交点 $1'$ 可见,交点 $2'$ 不可见;水平投影中,交点 3 可见,交点 4 不可见。

3.4　平面投影

3.4.1　平面的投影表示方法

平面的投影表示方法有两种:几何元素表示法和迹线表示法。

1. 几何元素表示法

空间平面可以用确定该平面的几何元素的投影来表示。最常见的有五种形式，如图 3-22 所示。

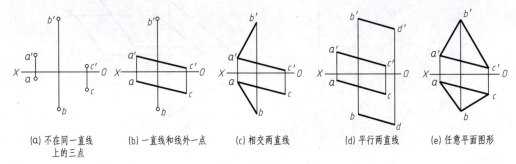

(a) 不在同一直线上的三点　(b) 一直线和线外一点　(c) 相交两直线　(d) 平行两直线　(e) 任意平面图形

图 3-22　用几何元素表示平面

2. 迹线表示方法

平面与投影面的交线，称为平面的迹线。用迹线表示的平面，如图 3-23 所示的平面 P，它与 V 面、H 面、W 面的交线，分别称为正迹线、水平迹线、侧面迹线，分别用 P_V、P_H、P_W 表示。

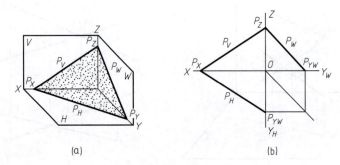

(a)　(b)

图 3-23　用迹线表示平面

3.4.2　各种位置平面的投影特性

根据平面在三投影面体系中对三个投影面所处位置的不同，可将平面分为一般位置平面、投影面垂直面和投影平行面三种，后两种属于特殊位置平面。

1. 一般位置平面的投影特性

与三个投影面都倾斜的平面称为一般位置平面。

如图 3-24（a）所示，$\triangle ABC$ 倾斜于 V、H、W 面，因此三面投影都具有类似性。用迹线表示时，各迹线都与相应的投影轴相交。

一般位置平面的投影特性：三面投影均为空间图形的类似形，面积缩小，且均不能直接反映平面对投影面的倾角。

2. 投影面垂直面

垂直于一个投影面，而与其他两个投影面倾斜的平面，称为投影面垂直面。

投影面垂直面有三种情况：垂直于 H 面，而与 V、W 面倾斜的平面称为铅垂面；垂直于 V 面，与 H、W 面倾斜的平面称为正垂面；垂直于 W 面，与 H、V 面倾斜的平面称为侧垂面。

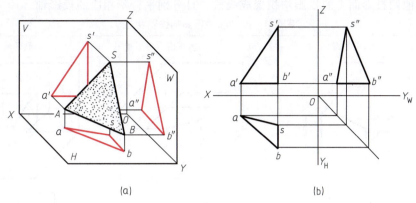

(a)　　　　　　　　　　　(b)

图 3-24　一般位置平面

从表 3-3 中可概括出投影面垂直面的投影特性：

（1）在所垂直的投影面上的投影，积聚成线段，它与投影轴的夹角分别反映该平面对其他两投影面的倾角。

（2）其他两投影面上的投影均为原空间图形的类似形，面积缩小。

表 3-3　列出了投影面垂直面的投影特性

名称	铅垂面($A \perp H$)	正垂面($B \perp V$)	侧垂面($C \perp W$)
立体图			
投影图			
投影规律	(1)H 面投影 a 积聚为一条斜线且反映 β、γ 的大小 (2)V 面投影 a' 和 W 面投影 a'' 小于实形，是类似形	(1)V 面投影 b' 积聚为一条斜线且反映 α、γ 的大小 (2)H 面投影 b 和 W 面投影 b'' 小于实形，是类似形	(1)W 面投影 c'' 积聚为一斜线，且反映 α、β 的大小 (2)H 面投影 c 和 V 面投影 c' 小于实形，是类似形

3. 投影面平行面

平行于一个投影面，而与其他两个投影面垂直的平面，称为投影面平行面。

投影面平行面有三种情况：平行于 H 面，而与 V、W 面垂直的平面称为水平面；平行于 V 面，而与 H、W 面垂直的平面称为正平面；平行于 W 面，而与 H、V 面垂直的平面称为侧平面。

表 3-4 列出了投影面平行面的投影特性。

（1）在所平行的投影面上的投影反映实形。

(2) 其他两投影面上的投影均积聚成线段,且分别平行于相应的投影轴。

表 3-4 投影面平行面的投影特性

项目	正平面	水平面	侧平面
空间情况			
投影图			
投影特性	在与平面平行的投影面上,该平面的投影反映实形。 其余两个投影分别平行于相应的投影轴,且都具有积聚性。		

3.4.3 平面上的点和直线

1. 在平面上取点和直线

点和直线在平面上的几何条件是:

(1) 若点属于平面上的某一直线,则该点属于该平面。

(2) 若直线通过平面上的两个点,或通过平面上的一个点,且平行于平面上的任一直线,则直线属于该平面。

如图 3-25 所示,点 M 和直线 MN 在△ABC 所确定的平面 ABC 上。

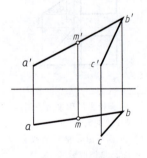 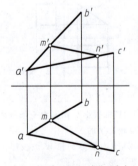 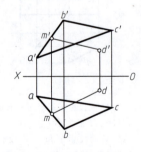

(a) 点K在平面ABC的直线上　　(b) 直线MN通过平面ABC上的两个点M、N　　(c) 直线MN通过平面ABC上的点M,且平行于直线BC

图 3-25 平面上的点和直线

【例 3-4】 如图 3-26 所示,判断点 K 是否在相交两直线 AB、BC 所确定的平面 ABC 上。

分析:若点 K 在平面 ABC 的某一直线上,则点 K 在平面上;否则,点 K 不在平面上。

作图步骤：
(1) 连接点 $a'k'$ 并延长，与 $b'c'$ 交于 d'。
(2) 由 d' 作出 d。
(3) 连接 ad，则 AD 为平面 ABC 上的一直线。

由于 k 不在 ab 上，即点 K 不在直线 AD 上，于是判断出点 K 不在平面 ABC 上。

2. 平面上的投影面平行线

平面上的投影面平行线，满足以下两个条件：
(1) 具体平面上的直线的投影特性。
(2) 具体投影面平行线的投影特性。

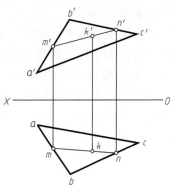

图 3-26　判断点是否在平面上

3.5　换面法

3.5.1　换面法的基本概念

当求解几何元素的定位和度量问题时，用垂直于一个投影面的新投影面去替换两投影面体系中的另一投影面，使几何元素对新投影面处于有利于解题的特殊位置，从而做出求解结果的方法，称为变换投影面法，简称换面法。

3.5.2　换面法的作图方法

(1) 将一般位置直线变为投影面平行线　图 3-27（a）表示将一般位置直线 AB 变为投影面平行线的情况。在这里，新投影面 H_1 平行于直线 AB，且垂直于原有投影面 V，直线 AB 在新投影面体系 V/H_1 中为水平线，图 3-27（b）为投影图。作图时，先在适当位置画出与不变投影 $a'b'$ 平行的新投影轴 X_1，然后运用投影变换规律求出 A、B 两点的新投影 a_1 和 b_1，再连成直线 a_1b_1。

如果是无轴投影图，则可利用坐标差来作图。与图 3-27（b）对应的无轴投影图的作法如图 3-28 所示。作图时，根据 $a'b'$ 应与新投影轴平行这一几何关系，可知新体系 V/H_1 中点的两个投影之间的连线 $a'a_1$ 和 $b'b_1$ 都应与 $a'b'$ 垂直，据此，首先分别过 a'、b' 两点作投影连线，在这些投影连线上，一般是先将 y 坐标较小的 a_1 点确定在适当位置，然后利用 y

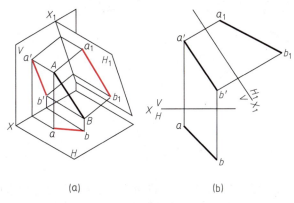

图 3-27　将一般位置直线变为投影面平行线

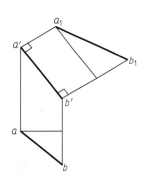

图 3-28　无轴时的作图方法

坐标差求得 b_1 点。

(2) 将投影面平行线变为投影面垂直线　图 3-29 (a) 表示将水平线 CD 变为投影面直线的情况。为了使水平线变为投影面垂直线，必须更换 V 面，建立 V_1 面，只有这样才能使新投影面满足应具备的两个条件，直线 CD 在新投影面体系 V_1/H 中为正垂线。图 3-29 (b) 为它的投影图。作图时，先在适当位置作出与水平投影 cd 垂直的新投影轴 X_1，再应用投影变换规律作出直线的新投影 $c_1'd_1'$。$c_1'd_1'$ 应积聚为一点。

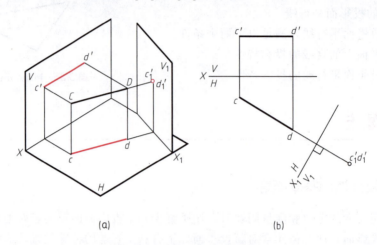

图 3-29　将投影面平行线变为投影面垂直线

(3) 将一般位置平面变为投影面垂直面　图 3-30 (a) 表示将一般位置平面△ABC 变为新投影面体系中的铅垂面的情况。由于新投影面 H_1 既要垂直于△ABC 平面，又要垂直于原有投影面 V，因此，它必须垂直于△ABC 平面内的正平线。图 3-30 (b) 为它的投影图。作图时，先在△ABC 平面内取一条正平线 AD 作为辅助线，再将 AD 变为新投影面体系 V/H_1 中的铅垂线，就可使△ABC 平面变为 V/H_1 中的铅垂面。

同理，也可以将△ABC 平面变为新投影面体系 V_1/H 中的正垂面。

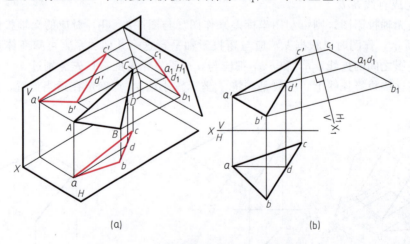

图 3-30　将一般位置平面变为投影面垂直面

(4) 将投影面垂直面变为投影面平行面　图 3-31 (a) 表示将铅垂面△ABC 变为投影面平行面的情况。由于新投影面 V_1 平行于△ABC，因此它必定也垂直于投影面 H，并与 H

面组成 V_1/H 新投影面体系。△ABC 在新体系中是正平面。图 3-31（b）为它的投影图。作图时，先画出与△ABC 的有积聚性的水平投影平行的新投影轴 X_1，再运用投影变换规律求出△ABC 各顶点的新投影 $a_1'b_1'c_1'$，连接成△$a_1'b_1'c_1'$。

应用换面法解题时，离不开上述四个基本作图问题，因此必须熟练掌握它们。

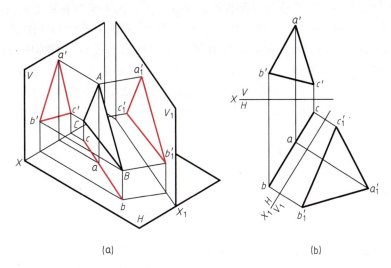

图 3-31 将投影面垂直面变为投影面平行面

3.5.3 换面法的应用

求解空间问题时，通常需要通过两次投影面的变换才能解决。

【例 3-5】 试求图 3-32（b）所示立体上的正垂面 P 的实型。

分析：

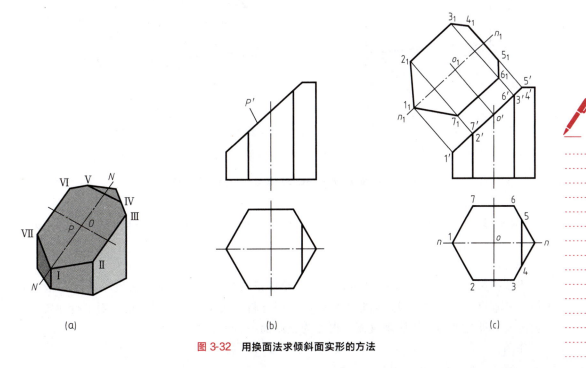

图 3-32 用换面法求倾斜面实形的方法

该立体的形状如图 3-32（a）所示，正垂面 P 为七边形，要求出它的实形，必须更换水平投影面，新投影面应与平面 P 平行，即新投影轴应与其正面投影 P' 平行。

作图 [图 3-32（c）]：

从投影图中可以看出，平面 P 是前后对称的，其对称线 NN 就是过正六棱柱轴线与平面 P 的交点 O 的正平线，这条线的水平投影就是正六边形的水平对称中心线 nn。反映平面 P 实形的新的水平投影的对称中心线 $n_1 n_1$ 应和 P' 平行。利用对称中心线作图，既快速，又准确。作图方法如图 3-32（c）所示：首先在适当位置画出新投影的对称中心线 $n_1 n_1$ 平行于 P'，然后根据点的变换规律，将水平投影上七边形的各顶点至对称中心线 nn 的距离（y 坐标差）转移到新投影中，以确定各顶点的新投影，图中表示了根据水平投影上的 2 点与对称中心线的 y 坐标差，求得新投影 2_1 和 7_1 两点的方法。

【例 3-6】 图 3-33（a）表示，已知一般位置平面 $\triangle ABC$ 和一般位置直线 EF 的两个投影，它们是相交关系，试求交点的投影。

分析：

从前面的有关投影知识可知，当平面垂直于投影面时，在该投影面上就能直接显示直线与平面的交点的投影。因此，将 $\triangle ABC$ 平面变为投影面垂直面就很容易求得解答。

作图：

图 3-33（b）所示，以过 C 点的水平线作为辅助线，将 $\triangle ABC$ 平面变为正垂面（$\perp V_1$）来求解的。得到交点 K 的新投影 K_1' 以后，应用直线上点的投影特性返回去，在直线 EF 的相应投影上，先后求得交点 K 在原体系中的投影 K 和 K'。

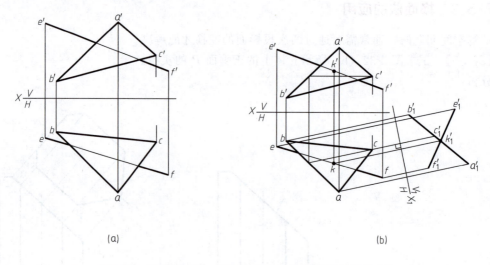

图 3-33　用换面法求作一般位置直线与一般位置平面交点的方法

【例 3-7】 图 3-34（a）表示，已知一般位置平面 $\triangle ABC$ 的两个投影 $\triangle a'b'c'$ 和 $\triangle abc$，试求出 $\triangle ABC$ 的实形。

分析：

当新投影面平行于 $\triangle ABC$ 平面时，其新投影反映实形。要使新投影既平行于一般位置平面，又垂直于一个原有投影面是不可能的，因此将一般位置平面变为投影面平行面要连续变换两次，即先变为投影面垂直面，再变为投影面平行面。

作图：

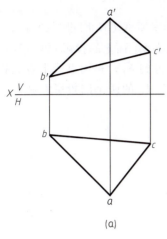
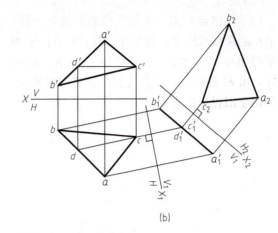

(a) (b)

图 3-34 用换面法求一般位置平面实形的方法

图 3-34（b）所示的作图方法，是先将△ABC 变为正垂面（$\perp V_1$），再将此正垂面变为水平面（$// H_2$）。当然也可以将△ABC 变为新的正平面（$// V_2$）来得到它的实形。

【例 3-8】 图 3-35（a）表示，已知线段 AB 和线外一点 C 的两个投影，试求点 C 至直线 AB 的距离，并作出过点 C 对 AB 的垂线的投影。

分析：

要使新投影直接反映点 C 到 AB 的距离，过点 C 对 AB 的垂线必须平行于新投影面。这时，直线 AB 或者垂直于新投影面或者它与点 C 所决定的平面平行于新投影面。

要将一般位置直线变为投影面垂直线，经过一次变换是不能达到的。因为垂直于一般位置直线的平面不可能又垂直于投影面，但连续进行二次变换则可达到，即先将一般位置直线变为投影面平行线，再由投影面平行线变为投影面垂直线。

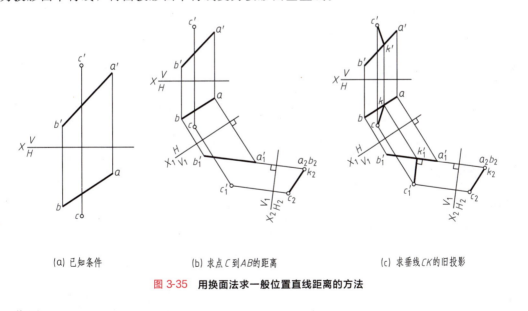

(a) 已知条件　　　(b) 求点 C 到 AB 的距离　　　(c) 求垂线 CK 的旧投影

图 3-35 用换面法求一般位置直线距离的方法

作图：

（1）求点 C 到 AB 的距离　在图 3-35（b）中，先将 AB 变为正平线（$// V_1$），然后将此正平线变为铅垂线（$\perp H_2$），点 C 的投影也随着变换过去，线段 $c_2 k_2$ 即等于点 C 至直线

AB 的距离。

（2）作出点 C 对 AB 的垂线的旧投影　图 3-35（c）表示求垂线 CK 旧投影的方法。由于 AB 的垂线 CK 在新体系 V_1/H_2 中平行于 H_2 面，因此它在 V_1 面上的投影 $c_1'k_1'$ 应与 X_2 轴平行而与 $a_1'b_1'$ 垂直。据此，过 c_1' 作 X_2 轴的平行线，就可得到 k_1'，利用直线上点的投影特性，由 k_1' 返回去，在直线 AB 的相应投影上，先后求得垂足 K 的两个旧投影 k 和 k'，垂线的两个旧投影即可画出。

小　结

通过本章的学习，掌握了投影的原理，了解了正投影的有关知识，这也是本章学习的核心内容。点、线、面是组成物体的基本组成元素，只有掌握它们的投影规律和作图方法，初步建立空间概念，才能为进一步学习物体的三视图打下基础。

第4章
基本几何体的三视图

　　由若干个平面或曲面所构成的形体称为立体。如棱柱、棱锥、圆柱、圆锥、球体、圆环等,如图4-1所示。根据这些几何体的表面几何性质,基本几何体可分为平面几何体和曲面几何体两大类。平面立体表面都是由平面所构成的形体。曲面立体表面是由曲面和平面或者曲面和曲面构成的形体。熟练地掌握基本几何体视图的绘制和阅读,能为今后用视图表达复杂几何体的形状,以及识读机械零件图打下一个良好的基础。

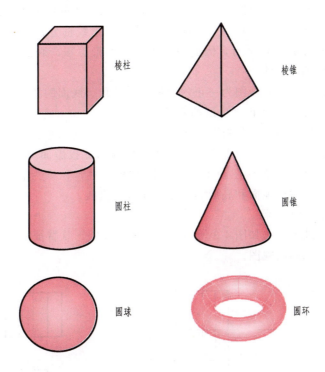

图 4-1　基本几何体

4.1　平面立体

4.1.1　棱柱

1. 棱柱的三视图分析

图 4-2（a）所示为一六棱柱,顶面和底面是互相平行的正六边形,六个侧面都是相同的

长方形并与底、顶面垂直。图 4-2（b）为六棱柱的三视图。

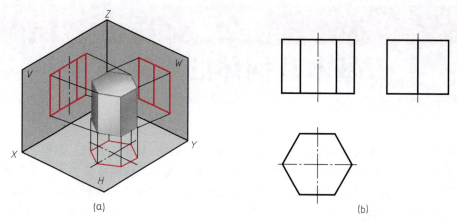

图 4-2　六棱柱的三视图

（1）主视图。六棱柱的主视图由三个长方形线框组成。中间的长方形线框反映前、后面的实形（前、后面平行于平面 V）；左、右两个窄的长方形线框分别为六棱柱其余四个侧面的投影，由于它们不与正面 V 平行，因此投影不反映实形。顶、底面在主视图上的投影积聚为两条平行于 OX 轴的直线。

（2）俯视图。六棱柱的俯视图为一正六边形，反映顶、底面的实形。六个侧面垂直于水平面 H，它们的投影都积聚在正六边形的六条边上。

（3）左视图。六棱柱的左视图由两个长方形线框组成。这两个长方形线框是六棱柱左边两个侧面的投影，且遮住了右边两个侧面。由于两侧面与侧投影面 W 面倾斜，因此投影不反映实形。六棱柱的前、后面在左视图上的投影有积聚性，积聚为右边和左边两条直线；上、下两条水平线是六棱柱顶面和底面的投影，积聚为直线。

2. 棱柱三视图的画图步骤

六棱柱三视图的画图方法如图 4-3 所示，一般先从反映形状特征的视图画起；然后按视图间投影关系完成其他两面视图。

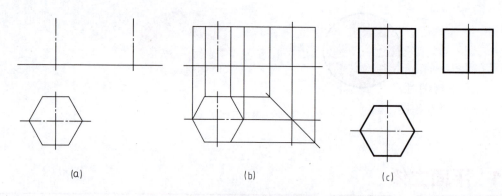

图 4-3　六棱柱的画图方法及其表面上点的投影

画图步骤：

（1）先画出三个视图的对称线作为基准线，然后画出六棱柱的俯视图，如图 4-3（a）所示。

（2）根据"长对正"和棱柱的高度画主视图，并根据"高平齐"作视图的高度线，如

图 4-3（b）所示。

（3）根据"宽相等"完成左视图，如图 4-3（c）所示。

4.1.2 棱锥

1. 棱锥的三视图分析

图 4-4（a）所示为一三棱锥，底面是多边形，各棱面均为有一个公共顶点的三角形，这样的平面立体称为棱锥。这个公共顶点称为锥顶。

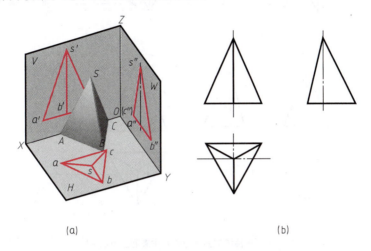

图 4-4　三棱柱的三视图

（1）棱锥的形体特征分析　如图 4-4 所示，正三棱锥底面为等边三角形，三个棱面均为过锥顶的等腰三角形。

（2）棱锥的投影分析　图 4-4（a）中，正三棱锥的底面△ABC 为水平面，其水平投影△abc 为等边三角形，反映实形，正面和侧面投影都积聚为一水平线段。棱面 SAC 垂直 W 面，与 H、V 面倾斜，是侧垂面。所以侧面投影积聚为一直线段，水平面和正面投影都是类似形。棱面△SBS 和△SBC 与各投影面都倾斜，是一般位置平面，三面投影均为类似形，如图 4-4（b）所示。棱线的投影，可以按同样的方法进行分析。

（3）棱锥的投影　棱锥的投影特点：当棱锥的底面平行于某一个投影面时，在底面所平行的投影面上的投影为多边形，反映底面实形，它由数个具有公共焦点的三角形组合而成；另两面投影为一个或多个、可见与不可见的具有公共顶点的三角形的组合。

画棱锥三视图时，一般先画底面各投影（先画底面反映实形的投影，后画底面积聚性投影），再画出顶点各投影，然后连接各棱线并判断可见性。

2. 棱锥三视图的作图步骤

（1）先画出三个视图的基准线，然后画出三棱锥的俯视图，如图 4-5（a）所示。

（2）根据"长对正"和棱锥的高度画主视图的锥顶和底面，并根据"高平齐，宽相等"完成左视图。如图 4-5（b）所示。

（3）连棱线，完成全图，如图 4-5（c）所示。

3. 求棱锥表面上点的投影

【例 4-1】　已知在图 4-5（d）中，三棱锥前侧面上 A 点的正面投影 a'，求其余的两面投影 a 和 a''。

分析：凡属于特殊位置表面上的点，可利用投影的积聚性直接求得；而属于一般位置表

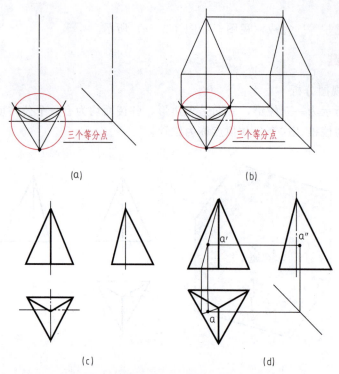

图 4-5 三棱锥的画图方法及求表面上点的投影

面上的点,可通过在该面上作辅助线的方法求得。

作图步骤:

(1) 过锥顶点及表面点 A 作一条辅助线,A 点的 H 面投影 a 必在辅助线的 H 面投影上,如图 4-5(d)所示;

(2) 根据"长对正"由 a' 求出 a,如图 4-5(d)所示;

(3) 由 a' 和 a 可求出 a''。

通过对棱柱和棱锥的分析可知,画平面立体的三视图,实际上就是画出组成平面立体的各表面的投影。画图时,首先确定物体对投影面的相对位置;然后分析立体表面对投影面的相对位置——是平行于投影面,还是垂直于投影面,或是倾斜于投影面;最后根据平面的投影特点弄清各视图的形状,并按照视图之间的投影规律,逐步画出三视图。

在平面立体表面上取点的作图方法是:若立体表面是特殊位置面,可利用积聚性这一投影特点;若表面是一般位置面,则要先作一辅助线,然后在此辅助线上取点。

4.2 曲面立体

4.2.1 圆柱

1. 圆柱的形成

如图 4-6(a)所示,圆柱可以看作是一条与轴线平行的直母线绕轴线旋转而成。圆柱面上任意一条平行轴线的直线,称为圆柱面的素线。在投影图中处于轮廓位置的素线,称为轮廓素线（或称为转向轮廓线），如图 4-6（b）所示。

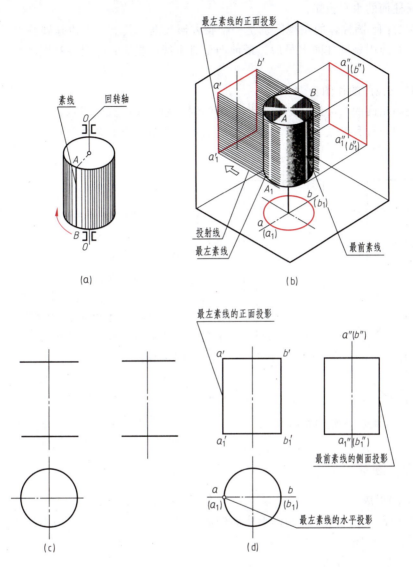

图 4-6　圆柱的结构特征及投影作图过程

2. 圆柱的三视图分析

图 4-6（b）所示，将如图 4-6（a）所示的圆柱体分别向 V、H、W 三投影面进行投影，便可得到圆柱的三视图，如图 4-6（d）所示。从图 4-6（b）可知：

（1）主视图 。圆柱体的主视图是一个长方形线框。线框的上、下两条直线是圆柱体的上底面和下底面在正面上的投影，这是因为圆柱体的上底面和下底面都垂直于正面。线框的左、右两轮廓线是圆柱面上最左、最右素线的投影。最左、最右素线把圆柱面分为前、后两半，前半看得见，后半看不见，因而这两条素线是主视图圆柱表面看得见和看不见的分界线。

（2）俯视图 。如图 4-6（b）所示，当圆柱体的轴线垂直于水平面时，形成圆柱面的每根直素线也垂直于水平面，每根直素线在水平面的投影积聚为一点，整个圆柱面的水平投影则积聚为一圆周。由于上、下底面垂直于轴线，即平行于水平面，所以它们的水平投影反映实形——圆形。这样，圆柱的俯视图就是一个圆，这个圆的圆平面是上、下底面的投影，而圆周又是圆柱面的水平投影。

(3) 左视图。圆柱体的左视图也是一个长方形线框，其上、下边是圆柱上、下底面的投影；其左、右边则是圆柱面上最后、最前两根直素线的投影；也是左视图圆柱表面可见性分界线。

3. 圆柱三视图的作图步骤

(1) 先画出圆的中心线，然后画出积聚的圆，如图 4-6 (c) 所示；

(2) 以中心线和轴线为基准，根据投影的对应关系画出其余两个投影面，即两个全等矩形，如图 4-6 (d) 所示；

(3) 完成全图，如图 4-6 (d) 所示。

4. 求圆柱表面上点的投影

【例 4-2】 如图 4-7 所示，已知圆柱面上 M 点的 V 面投影 m' 及 N 点的 W 面投影 n''，求作 M、N 两点另外两面的面投影。

分析：如图中投影所示，从 M 点的 V 面投影 m' 为可见可知，M 点位于圆柱体的前、左偏下位置，从 N 点的 W 面投影 n'' 为可见可知，N 点位于圆柱体的最后素线偏上位置。

作图步骤：

(1) 根据圆柱面在 H 面的投影具有积聚性，按长对正由 m'、n'' 作出 m、n，如图 4-7 所示。

(2) 根据高平齐、宽相等，由 m'、m 和 n''、n 作出 m'' 和 (n')，如图 4-7 所示。

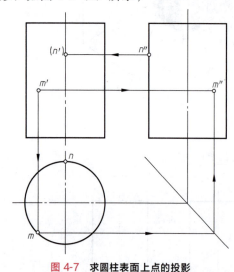

图 4-7 求圆柱表面上点的投影

4.2.2 圆锥

1. 圆锥的形成

圆锥体的表面是由圆锥面和圆形底面围成，而圆锥面则可看作是由直母线绕与它斜交的轴线旋转而成，如图 4-8 (a) 所示。

2. 圆锥的三视图分析

图 4-8 (b) 所示为一圆锥，其轴线为铅垂线。

(1) 主视图。圆锥的主视图是一个等腰三角形，其底边为圆形底面的积聚性投影，两腰是最左、最右直素线的投影。

(2) 俯视图。因圆锥的轴线垂直于水平面，底面平行于水平面，故水平面投影是一个圆，它没有积聚性。这个圆也是圆锥面的水平面投影。凡是在圆锥面上的点、线的水平面投影都应在俯视图圆平面的范围内。

(3) 左视图。圆锥的左视图与它的主视图一样，也是一个等腰三角形，但其两腰所表示锥面的部位不同，试自行分析。

3. 圆锥三视图的作图步骤

作图步骤：

(1) 先画出中心线，如图 4-8 (c) 所示；

(2) 画出圆锥底面，画出主视图、左视图的底部，如图 4-8 (d) 所示；

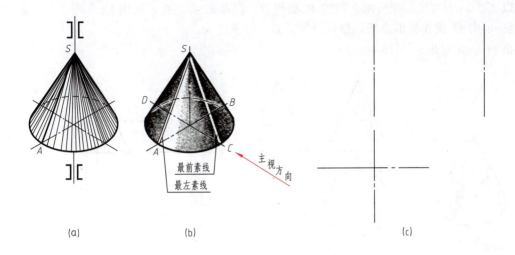

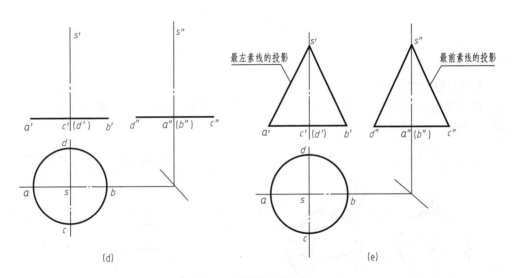

图 4-8 圆锥的形成

(3) 根据圆锥的高,画出顶点,如图 4-8(d)所示;
(4) 连轮廓线,完成全图,如图 4-8(e)所示;
4. 求圆锥表面上点的投影

【例 4-3】 已知 M 属于圆锥体表面,并知 M 点的 V 投影面上的投影为 m',分别用辅助素线法和辅助平面法求作 m 和 m'',如图 4-9 所示。

(1) 辅助素线法 如图 4-9(a)所示,作图步骤如下:
① 在 V 面上过 s'、m' 作辅助线 $S1$ 交底圆,其交点的投影为 $1'$;
② 将 $1'$ 向 H 面投影得 1,连 $s1$;
③ 将 m' 向 H 面投影,交 $s1$ 于 m;
④ 根据 m' 和 m,求出 m''[图 4-9(b)]。
(2) 辅助平面法 如图 4-9(a)所示,作图步骤如下:
① 过空间 M 点作一垂直于轴线的辅助平面与圆锥相交;辅助平面与圆锥表面的交线是一个水平圆,该圆的 V 面投影为过 m' 并且平行于底面投影的直线(即 $2'$、$3'$)。

② 以 $2'$、$3'$ 为直径，作出水平圆的 H 面投影，投影 m 必定在该圆周上。
③ 将 m' 向 H 面作投影连线，根据投影关系，可求出 m。
④ 由 m'、m 求出 m'' [图 4-9 (c)]。

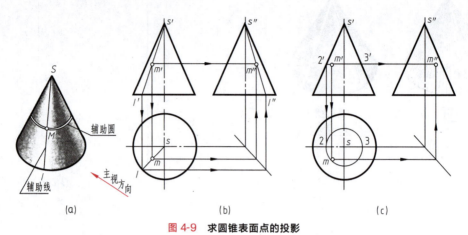

图 4-9　求圆锥表面点的投影

4.2.3　圆球

1. 圆球的形成

球面是由一曲母线（半圆）ABC 绕过圆心且在同一平面上的轴线 OO 回转一周而成的表面，如图 4-10 (a) 所示。

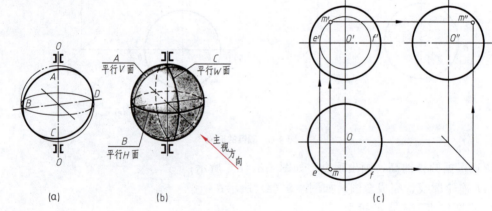

图 4-10　球的形成及三视图分析

2. 圆球的投影

如图 4-10 (b) 所示为一圆球及其三面投影。圆球的三个投影均为圆，且直径与球直径相等，但三个投影面上的轮廓圆是不同的分界圆的投影。正面投影上的圆是平行于 V 面的最大圆的投影（区分圆球前、后表面的分解圆），其水平投影与圆球水平投影的水平中心线重合，侧面投影与圆球侧面的垂直中心线重合，但均不画出；水平投影上的圆是平行于 H 面的最大圆的投影（区分圆球上、下表面的分界圆），其正面投影与圆球正面投影的水平中心线重合，侧面投影与圆球侧面投影的水平中心线重合，但均不画出；侧面投影上的圆是平行于 W 面的最大圆的投影（区别圆球左、右表面的分界圆），其正面投影与圆球正面投影的垂直中心线重合，水平投影与圆球水平投影的垂直中心线重合，但均不画出。作图时可先确定球心的三个投影,再画出三个与圆球等直径的圆。另外,还应画出各投影上的中心线,如图 4-10(c)所示。

3. 球面上取点

如图 4-10(c)所示,已知球面上点 M 的水平投影 m,要求出其 m' 和 m''。可过点 m 作一平行于 V 面的辅助圆,它的水平投影为 ef,正面投影为直径等于 ef 的圆。M 必定在该圆上,由 m 可求得 m'',由 m 和 m' 可求出 m''。因此,点 M 在前半球面上,因此从前垂直向后看是可见的,同理,点 M 在左半球面上也是可见的。当然,也可作平行 H 面或平行 W 面的辅助圆来作图,可以自行分析。

4.3 基本几何体的尺寸标注

无论绘制的图样多么准确,都不能用它的大小作为加工的尺寸依据,只有标注在图纸上的尺寸才是可靠的依据。对形体的尺寸标注,应遵守第 1 章所述尺寸标注的基本规则,并注意以下几点:

(1)形体的尺寸应标注在反映形体特征最明显的视图中,半径尺寸一定要标注在反映圆弧的视图中。

(2)直径尺寸可以标注在非圆视图中,标注时在尺寸数字前加字符"ϕ"。

(3)标注尺寸不能重复。

4.3.1 平面立体的尺寸标注

平面立体可标注长、宽、高三个方向上的尺寸(图 4-11)。

正棱柱除标注高度外,还可标注正多边形的外接圆直径(图 4-12),对于偶数边的正多

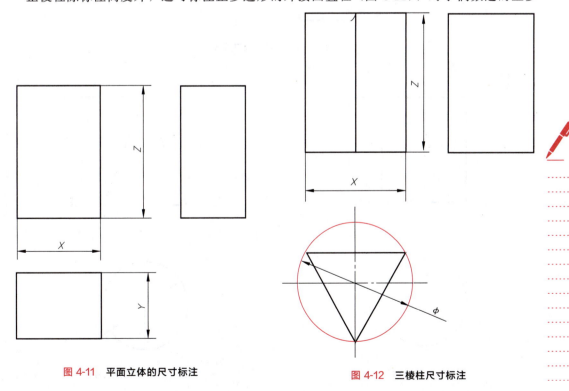

图 4-11 平面立体的尺寸标注   图 4-12 三棱柱尺寸标注

边形也可标注其对边尺寸（图 4-13），外接圆直径或对边尺寸二者只能标注一个。

4.3.2 回转体的尺寸标注

圆柱应标注其高度和直径（图 4-14）。

圆锥应标注其高度和底圆直径（图 4-15）。

圆台应标注高度、底圆直径和顶圆直径（图 4-16）。

圆球只需要标注直径即可，尺寸数字前应加字符"$S\phi$"（图 4-17）。

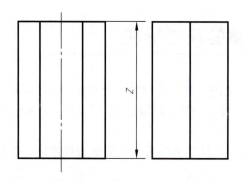

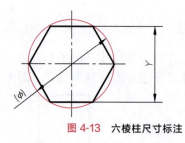

图 4-13 六棱柱尺寸标注

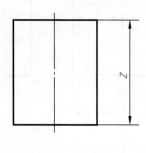

图 4-14 圆柱体尺寸标注

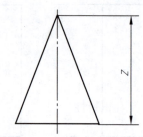

图 4-15 圆锥体尺寸标注

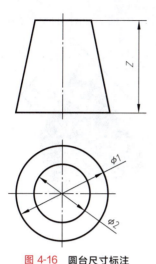

图 4-16 圆台尺寸标注

图 4-17 球体尺寸标注

4.4 截交线与相贯线

基本几何体被平面截断时，该平面称为截平面，基本几何体被截平面截断后的立体称为截断体。截平面与基本几何体表面的交线称为截交线。

截交线是截平面与基本几何体表面的共有线，截交线上的每一点都是截平面和基本几何体表面的共有点。因此，只要能求出这些共有点，再把这些共有点连起来，就可以得到截交线。下面介绍几种常见的截交线及其求法。

4.4.1 平面体的截交线

根据平面体的组成以及截交线的性质可知，平面体的截交线是一个平面多边形，此多边形的各个顶点就是截平面与平面立体的棱线的交点，多边形的每一条边，是截平面与平面立体的棱面的交线，所以求平面体截交线的投影，实质上就是求属于平面点、线的投影。

【例 4-4】 求作如图 4-18（a）所示正三棱锥被正垂面 P_V 截切后的投影。

作图步骤：

（1）分析 如图 4-18（b）所示，截平面 P_V 为正垂面，截交线属于 P_V 平面，所以它的正面投影具有积聚性。因此，这里只需要作出截交线的水平投影和侧面投影，其投影是边数相等不反映实形的多边形。

（2）作图

① 先画出正三棱锥的原始投影，然后利用截平面正面投影的积聚性投影，作出截交线各顶点的正面投影，如图 4-18（a）所示。

② 求 P 与 $s'a'$、$s'b'$、$s'c'$ 的交点 $1'$、$2'$、$3'$ 为截平面与棱线的交点 Ⅰ、Ⅱ、Ⅲ 的正面投影，如图 4-18（c）所示。

③ 根据属于直线的点的投影特性，求出各顶点的水平投影 1、2、3 及侧面投影 $1''$、$2''$、$3''$，如图 4-18（d）所示。

④ 依次连接各顶点的同名投影，即得截交线的投影，如图 4-18（e）所示。

⑤ 补全棱线的投影，如图 4-18（f）所示。

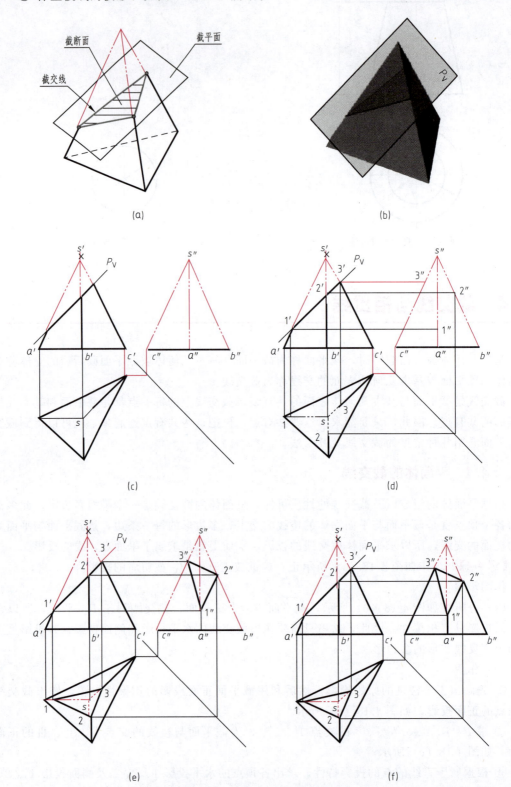

图 4-18 平面体截交线的作图过程

4.4.2 曲面体的截交线

1. 圆柱的截交线

用一截平面切割圆柱体，所形成的截交线有三种情况，见表 4-1。

表 4-1　圆柱的截交线

平面与轴线的相对位置	平行于轴线	垂直于轴线	倾斜于轴线
交线的形状	矩形	圆	椭圆
立体图	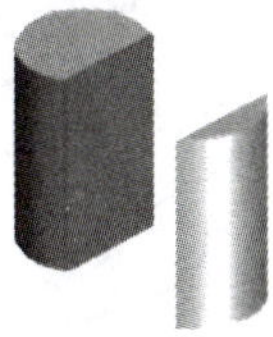		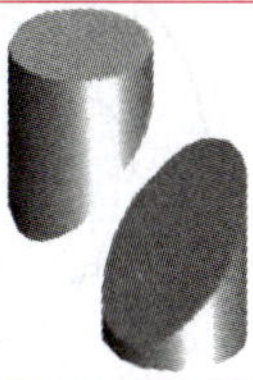
投影图	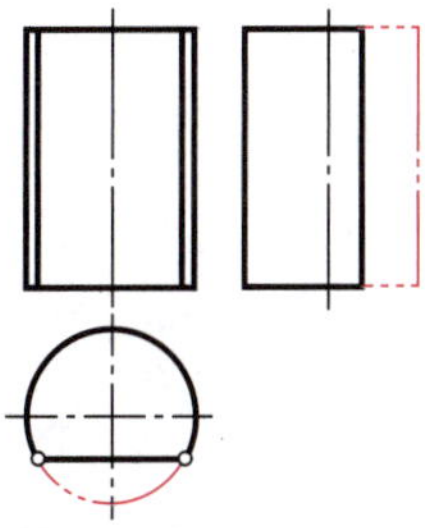	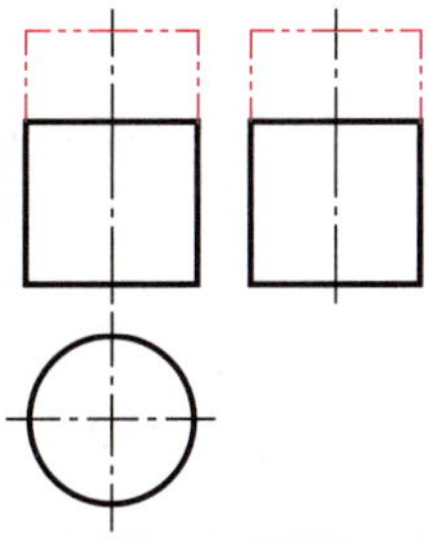	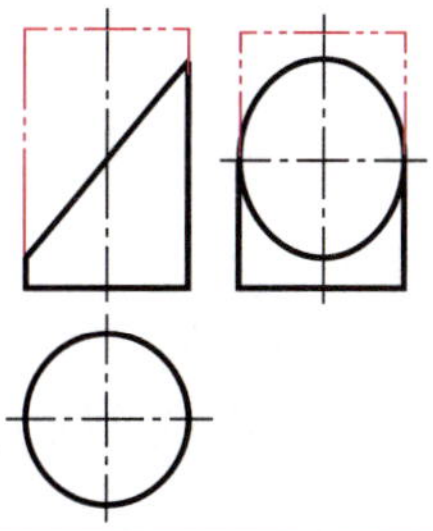

2. 圆锥的截交线

用一截平面切割圆锥体，所形成的截交线见表 4-2。

表 4-2　圆锥的截交线

平面与轴线的轴线位置	过锥顶	不过锥顶			
		$\theta=90°$	$\theta>\alpha$	$\theta=\alpha$	$\theta<\alpha$
交线的形状	三角形	圆	椭圆	抛物线	双曲线
立体图	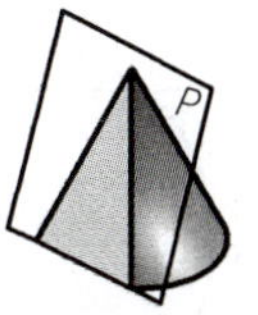	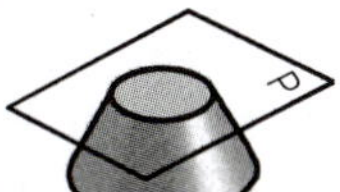	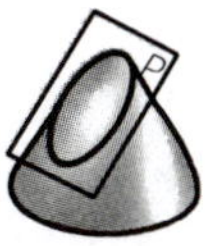	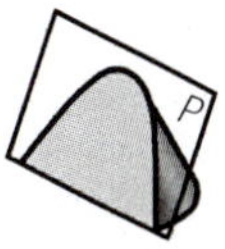	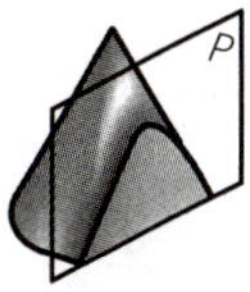
投影图	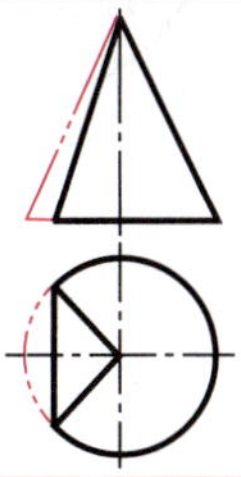	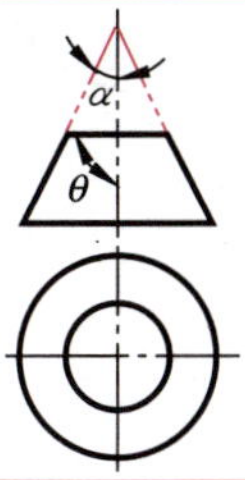	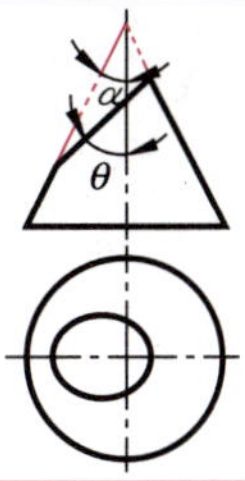	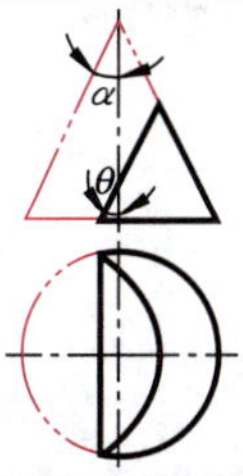	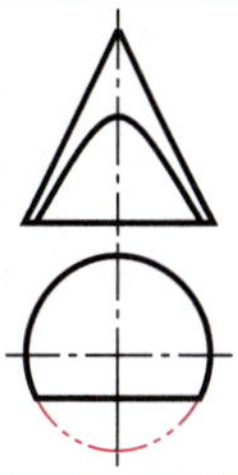

【例 4-5】 画出圆锥被正垂面 P 斜切的截交线（图 4-19）。

分析：由图 4-19 和表 4-2 可知，截交线为一椭圆。在三视图上，截交线的正面投影积聚为一直线，而在其他两个面上的投影为椭圆。

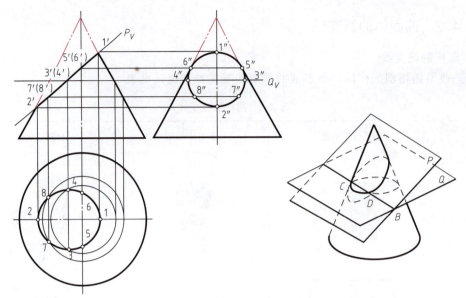

图 4-19　圆锥斜切时的截交线画法

作图步骤：

(1) 画出圆锥的三面投影图；

(2) 求出截交线上的各特殊点 1、2、3、4、5、6；

(3) 求出一般点 7、8；

(4) 光滑且顺次连接各点，作出截交线，并且判别可见性；

(5) 补全轮廓线。

3. 球的截交线

用一截平面切割球，所形成的截交线都是圆。当截平面与某一投影面平行时，截交线在该投影面上的投影为一圆，在其他两投影面上的投影都积聚为直线，如图 4-20 所示。当截平面与某一投影面垂直时，截交线在该投影面上的投影积聚为直线，在其他两投影面上的投影均为椭圆，如图 4-20 所示。

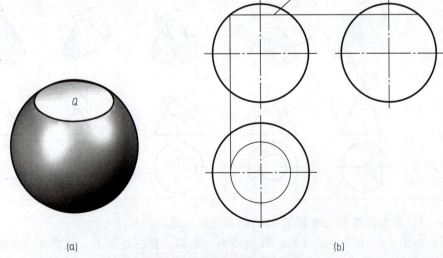

(a)　　(b)

图 4-20　球被水平面截切的三视图

【例 4-6】 求作半球被侧平面、水平面截切的截交线，如图 4-21（a）所示。

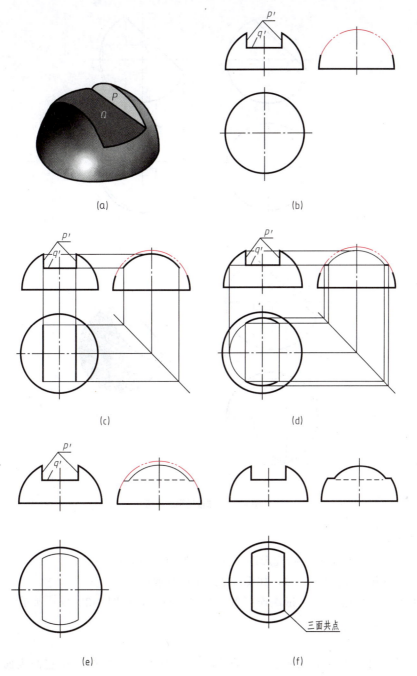

图 4-21　球被正垂面截切

作图步骤：
(1) 画出三视图，如图 4-21（b）所示；
(2) 画出侧平面 P 上的截交线，如图 4-21（c）所示；
(3) 画出水平面 Q 上的截交线，如图 4-21（d）所示；
(4) 完成投影，如图 4-21（f）所示。

【例 4-7】 球被正垂面截切，求截交线的水平投影（图 4-22）。

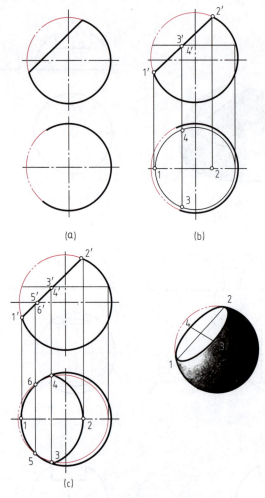

图 4-22 球被正垂面截切

作图步骤：
(1) 先根据立体画出主、俯投影图，如图 4-22 (a) 所示；
(2) 求出特殊点 1、2、3、4，如图 4-22 (b) 所示；
(3) 再求出一般点 5、6，依次连接各点的水平投影，如图 4-22 (c) 所示。

4.4.3 相贯线

许多机器零件是由两个或两个以上的基本几何体相贯而成的，在它们表面所产生的交线，如图 4-23 所示，称为相贯线。

从图 4-23 中可知，相贯线是两相贯基本几何体表面的共有线，相贯线上所有的点，都是两相贯基本几何体表面的共有点。相贯线一般为封闭的空间曲线，特殊情况下是封闭的平面曲线。

1. 利用积聚性求相贯线的投影

因为相贯线是两相贯基本几何体表面的共有线，所以它既属于一个基本几何体的表面，又属于另一个基本几何体的表面。如果某一个基本几何体的投影具有积聚性，则相贯线的投影一定积聚于该基本几何体有积聚性的投影上。

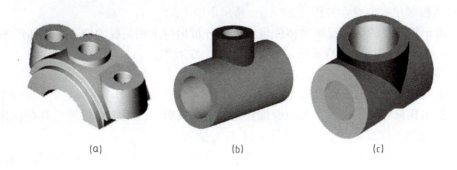

图 4-23 基本几何体的相贯线

【例 4-8】 已知相交两圆柱直径不等，轴线垂直相交，求作其相贯线的投影。

分析：

（1）根据给定的图形找出相贯线的投影的已知投影，如图 4-24（a）所示，因小圆柱轴线垂直于水平面，所以相贯线的水平投影积聚于小圆柱的水平投影上；小圆柱轴线平行于侧立投影面，相贯线的侧面投影积聚在 4″、1″、3″ 这段弧上，如图 4-24（b）所示。相贯线的正面投影待求。

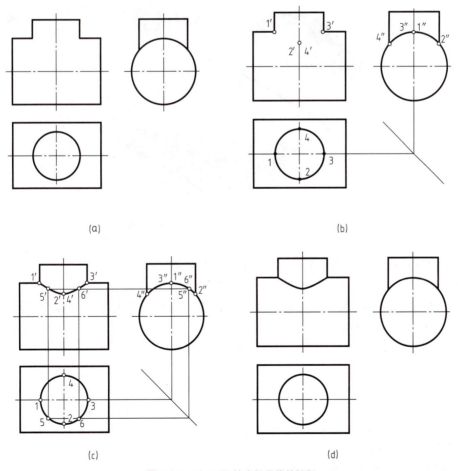

图 4-24 利用积聚性求相贯线的投影

(2) 由相贯线的已知投影找出相贯线的特殊位置点。相贯线的特殊位置点是指那些位于转向素线和极限位置的点，如图 4-24（b）所示中的 1、2、3、4 点。

(3) 由相贯线上的已知投影和特殊位置点，分析出待求相贯线的特征，从如图 4-24（b）所示可知，该待求相贯线的特征是：前、后、左、右对称。

作图步骤：

(1) 求特殊位置点的正面投影 $1'$、$2'$、$3'（4'）$，如图 4-24（b）所示。

(2) 利用相贯线的积聚性，求一般位置点的正面投影。因为该相贯线具有对称性，可求得一般位置点的正面投影 $5'$、$6'$，如图 4-24（c）所示。

(3) 将所求各点按分析出的对称性、可见性依次光滑连线，即可得相贯线的正面投影，如图 4-24（d）所示。

2. 利用辅助平面法求相贯线的投影

对于有些相贯的基本几何体，由于其基本几何体本身的投影图形就没有积聚性，相贯线表面的交线的投影也没有积聚性，求这种相贯线的方法通常采用辅助平面法。所谓辅助平面法，就是在两基本几何体相交的部分，利用辅助平面分别截切两基本几何体得出两组截交线，此两组截交线的交点即是相贯线上的点。这些点既属于两基本几何体表面，又属于辅助平面，因此，这种方法的实质就是三面共点法。例如图 4-25 表示出了这种作图方法的原理。

图 4-25 利用辅助平面法求相贯线的作图原理

【例 4-9】 求圆柱与半球相交，求作其相贯线的投影。

分析：

相贯线的侧面投影积聚在圆柱的表面上。水平圆柱与半球的公共对称面平行于 V 面，故相贯线是一条前后对称的空间曲线。

作图：

(1) 求特殊点，1、4；$1'$、$4'$；$1''$、$4''$；如图 4-26（b）所示。

(2) 求一般点，2、6；$2'$、$6'$；$2''$、$6''$；如图 4-26（c）所示。

(3) 判断可见性，V 面 $5'$、$6'$ 点，H 面 4 点不可见，其余可见。如图 4-26（d）所示。

(4) 依次光滑连接。如图 4-26（e）所示。

3. 相贯线的特殊情况

(1) 两曲面立体相贯时相贯线如图 4-27 所示。

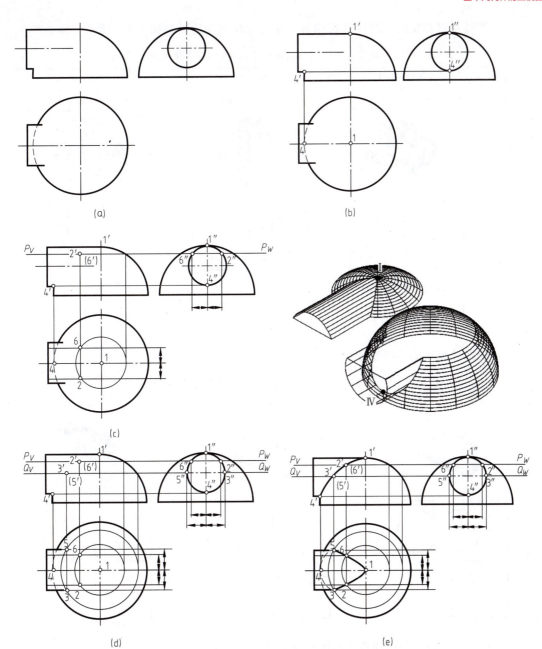

图 4-26 利用辅助平面法求相贯线的投影作图过程

图 4-27 曲面立体相贯

（2）轴线垂直相交的两圆柱直径相对变化时对相贯线的影响如表 4-3 所示。

表 4-3　轴线垂直相交的两圆柱直径相对变化时对相贯线的影响

直径关系	水平圆柱较大	两圆柱直径相等	水平圆柱较小
交线特点	上、下两条空间曲线	两个互相垂直的椭圆	左、右两条空间曲线
立体图			
投影图			

（3）两圆柱相交的三种基本形式如表 4-4 所示。

表 4-4　两圆柱相交的三种基本形式

两外表面相交	外表面与内表面相交	两内表面相交

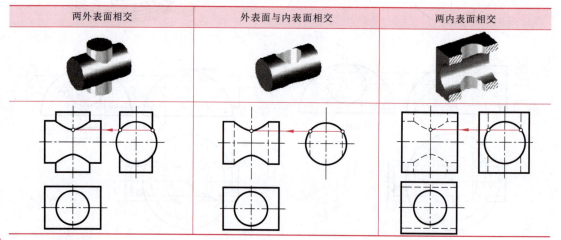

（4）相贯线的简化画法和特殊情况的相贯线。

从绘制两圆柱正交形体相贯的过程中，可能使人非常容易引起一个看法，即认为绘制出的相贯线图形很像一个圆弧。实际上，对于这样的图形，按照规定也是可以利用近似方法用圆弧来代替的。规定利用近似方法绘制相贯线的条件是：两圆柱正交（轴线垂直相交）而且直径差别比较大。近似作图的方法是：利用两圆柱中大圆柱的半径作为半径，在小圆柱的轴线上找一点作为圆心（由于两圆柱投影轮廓相交，可利用一个交点作圆心，大圆柱的半径作半径

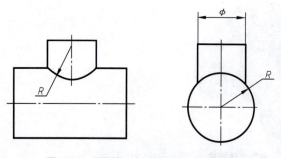

图 4-28　两圆柱正交时相贯线的近似画法

画一段圆弧，与小圆柱的轴线相交，即为要找的圆心），过两圆柱矩形轮廓的交点绘制一段圆弧，用这段圆弧近似替代相贯线的投影。如图 4-28 所示。

对于两个回转形体，当它们公切于一个球时，相贯线是一个平面曲线（其数学原理这里不予证明）。因此在平行于两根轴线的投影面上，相贯线的投影就是一根直线。如图 4-29（a）中两圆柱直径相等且轴线相交，在平行于两轴线的投影面上（这里为正投影面），相贯线的投影为直线。图 4-29（b）中另一个形体由圆柱和圆锥组成，圆柱与圆锥有一个公切的球（左视图中圆柱的投影与圆锥的投影轮廓相切），主视图中相贯线的投影为直线。

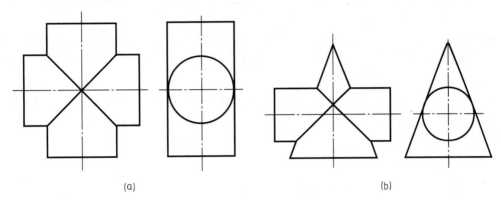

图 4-29　两个回转形体相贯

小　　结

我们把棱柱、棱锥、圆柱、圆锥、球体、圆环等这些常见的立体称为基本几何体。根据这些基本几何体的表面几何性质可分为平面立体和曲面立体两大类。本章主要介绍了这些基本几何体的形成、三视图的作图步骤、表面上点的投影、尺寸标注以及基本几何体的截交线、相贯线的求解方法。认真学习本章内容，为学习组合体的有关知识打下坚实的基础。

第5章 轴测图

在工程上广泛应用的正投影图（三视图），可以准确完整地表达出物体的真实形状和大小，它作图简便，度量性好，这是它最大的优点，因此在实际中得到广泛应用。但是它立体感差，对于缺乏读图知识的人难以看懂。

而轴测图（立体的轴测投影图）能在一个投影面上同时反映出物体三个方面的形状，所以富有立体感，直观性强，但这种图不能表示物体的真实形状，度量性也较差，因此，常用轴测图作为正投影图的辅助图样。

5.1 轴测图的基本概念

5.1.1 轴测投影图的形成

将物体连同确定其空间位置的直角坐标系一起，用不平行于任何直角坐标面的平行投射线，向单一投影面 P 进行投射，把物体长、宽、高三个方向的形状都表达出来，这种投影图称为轴测投影图，简称轴测图，如图5-1所示。

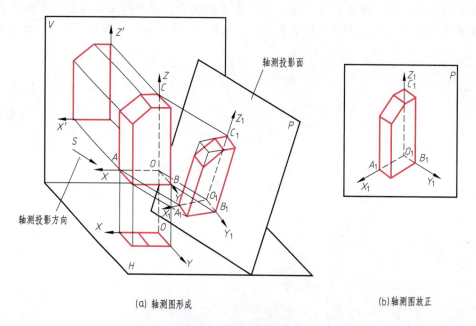

(a) 轴测图形成　　　　　　　　(b) 轴测图放正

图 5-1　轴测图的形成

5.1.2 轴测图的基本术语

1. 轴测轴

直角坐标系中的坐标轴 OX、OY、OZ 在轴测投影面上的投影 O_1X_1、O_1Y_1、O_1Z_1 称为轴测图的轴测轴,如图 5-1(a)所示。

2. 轴间角

轴测图中相邻两轴测轴之间的夹角 $\angle X_1O_1Y_1$、$\angle X_1O_1Z_1$、$\angle Y_1O_1Z_1$ 称为轴间角。如图 5-1(b)所示。

3. 轴向伸缩系数

沿轴测轴方向,线段的投影长度与其在空间的真实长度之比,称为轴向伸缩系数。并分别用 p、q、r 表示 OX、OY、OZ 轴的轴向伸缩系数,即 $p=O_1A_1/OA$,$q=O_1B_1/OB$,$r=O_1C_1/OC$。

5.1.3 轴测图的投影特性、画法和种类

由于轴测图是用平行投影法绘制的,所以具有平行投影的特性,画图时要注意:

(1)立体上分别平行于 X、Y、Z 三坐标轴的棱线,在轴测图上分别平行于相应的轴测轴,画图时可按规定的轴向伸缩系数度量其长度。

(2)立体上不平行于 X、Y、Z 三直角坐标轴的棱线,则在轴测图上不平行于任一轴测轴,画图时不能直接度量其长度。

(3)立体上互相平行的棱线,在轴测图上仍然互相平行。

(4)轴测图中一般只画出可见部分的轮廓线,必要时可用细虚线画出其不可见的轮廓线。

由轴测图的形成过程可知,轴测图可以有很多种,每一种都有一套轴间角及相应的轴向伸缩系数,国家标准推荐了两种作图比较简便的轴测图,即正等轴测图(简称正等测)和斜二轴测图(简称斜二测)。这两种常用轴测图的轴测轴位置、轴间角大小及各轴向伸缩系数也各不相同,但表示物体高度方向的 Z 轴,始终处于竖直方向,以便于符合人们观察物体的习惯。

5.2 正等轴测图

5.2.1 正等轴测图的形成

使描述物体的三直角坐标轴与轴测投影面具有相同的倾角,用正投影法在轴测投影面所得的图形称为正等轴测图。图 5-2 演示了正等轴测图的形成过程。

5.2.2 正等轴测图的轴测轴、轴间角和轴向伸缩系数

正等轴测图的轴间角均为 $120°$,如图 5-3(a)所示。轴测轴的画法如图 5-3(b)所示,由于物体的三坐标轴与轴测投影面的倾角均相同,因此,正等轴测图的轴向伸缩系数也相同,$p=q=r=0.82$。为了作图、测量和计算都方便,常把正等轴测图的轴向伸缩系数简化成 1,这样在作图时,凡是与轴测轴平行的线段,可按实际长度量取,不必进行换算。这样

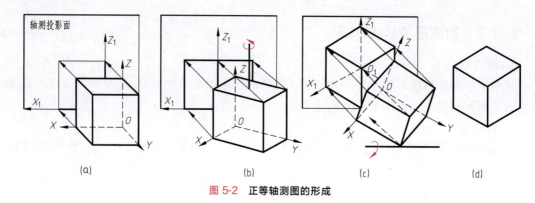

图 5-2 正等轴测图的形成

画出的图形，其轴向尺寸均为原来的 1.22 倍（1：0.82≈1.22），但形状没有改变，如图 5-3（c）和图 5-3（d）所示。

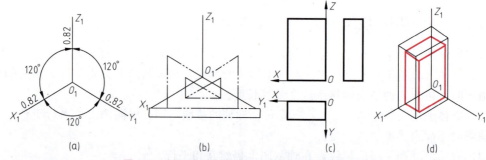

图 5-3 正等测投影的轴测轴、轴间角、轴向伸缩系数

画轴测图时，轴测轴位置的设置，可选择在物体上最有利于画图的位置上，图 5-4 是轴测轴位置设置的示例。

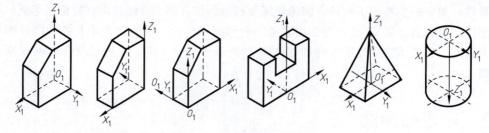

图 5-4 轴测轴位置设置的示例

5.2.3 正等轴测图的画法

1. 平面立体正等轴测图的画法

（1）坐标法

坐标法是轴测图常用的基本作图方法，它是根据坐标关系，先画出物体特征表面上各点的轴测投影，然后由各点连接物体特征表面的轮廓线，来完成正等轴测图的作图。

【例 5-1】由正六棱柱的主、俯视图，应用坐标法画出其正等轴测图，如图 5-5（a）所示。

作图：

首先在正投影图上确定出直角坐标系，如图 5-5（a）所示。由于正六棱柱前、后、左、右对称，为方便画图选顶面中心点作为坐标原点，顶面的两对称线作为 X、Y 轴，Z 轴在其

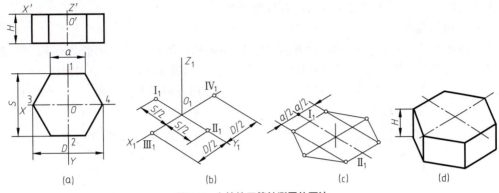

图 5-5 六棱柱正等轴测图的画法

中心线上。再画出轴测轴 OX_1、OY_1、O_1Z_1，在轴测轴上，根据正投影图顶面的尺寸 S、D 定出 I_1、II_1、III_1、IV_1 的位置，如图 5-5（b）所示。根据轴测图的特性，过 I_1、II_1 作平行于 O_1X_1 的直线，并以 Y_1 轴为界各取 $a/2$，然后连接各点，如图 5-5（c）所示。过顶面各点向下量取 H 值画出平行于 Z_1 轴的侧棱；再过各侧棱顶点画出底面各边，擦去作图辅助线、细虚线，描深，完成六棱柱的正等轴测图，如图 5-5（d）所示。

由上例可见，画平面立体的正等轴测图时，应首先找出其特征面，画出该特征面的轴测图，然后完成立体的轴测图。根据轴测图中不可见的轮廓线一般不画的规定，故常常先画特征面的上面、左面、前面，再画出下面、右面、后面。图 5-6 是两个平面立体，用坐标法从

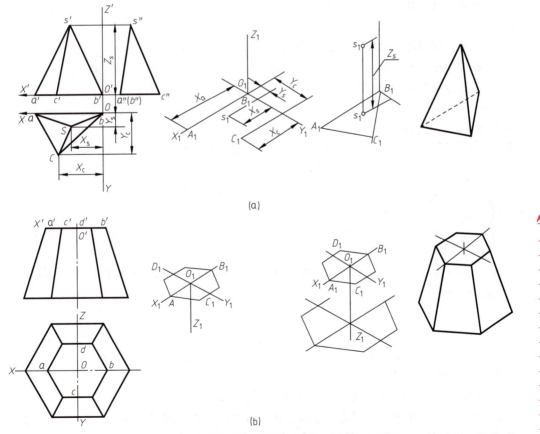

图 5-6 由特征面画正等轴测图的两个实例

特征面出发画正等轴测图的实例,请读者自行分析。

(2) 方箱切割法

大多数的平面立体,可以看成由长方体切割而成的,因此,先画出长方体的正等轴测图,然后进行轴测切割,从而完成物体的轴测图,这种画图方法称为方箱切割法。

【例 5-2】 图 5-7(a)所示物体的主、俯视图,应用方箱切割法画出其正等轴测图。

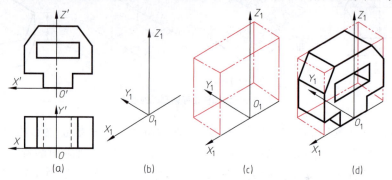

图 5-7　方箱切割法求作平面立体的正等轴测图

作图:

① 首先设置主、俯视图的直角坐标轴。由于物体对称,为作图方便,选择直角坐标系,如图 5-7(a)所示。

② 画轴测轴,如图 5-7(b)所示,这种轴测轴的选择方法是为了将物体的特征面放在前面。

③ 按主、俯视图的总长、总宽、总高作出辅助长方体的轴测图,如图 5-7(c)所示。

④ 最后在平行轴测轴方向上按题意进行比例切割,如图 5-7(d)所示。

⑤ 擦去多余的线,整理描深完成轴测图。

方箱切割法在基本体轴测图的画图过程中非常实用,它方便、灵活、快速。只要坐标位置选择适当,按照比例可随意进行切割,读者不妨多试几例。

2. 曲面立体正等轴测图的画法

(1) 平面圆的正等轴测图的画法

在正等轴测图中,平面圆变为椭圆。在作图时,通常采用近似画法。

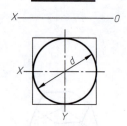

图 5-8　平行于 H 面的圆的投影图

【例 5-3】 求出图 5-8 所示平行于 H 面的圆的正等轴测图。

作图:

① 首先确定平面图形的直角坐标轴,并作圆外切四边形,如图 5-8 所示。

② 再作出轴测轴 O_1X_1、O_1Y_1,并按轴测投影的特性作出平面圆外切四边形的轴测投影菱形,如图 5-9(a)所示。

③ 然后再分别以图 5-9(b)中 A、B 点为圆心,以 AC 为半径在 CD 间画大弧,以 BE 为半径在 EF 间画大圆弧。

④ 连接 AC 和 AD 交长轴于Ⅰ、Ⅱ两点,如图 5-9(c)所示。

⑤ 分别以Ⅰ、Ⅱ两点为圆心,ⅠD、ⅡC 为半径画两小圆弧,在 C、F、D、E 处与大圆弧相切,即完成平面圆的正等轴测图,如图 5-9(d)所示。

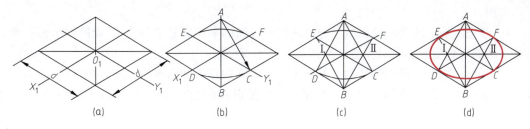

图 5-9　平面圆的正等轴测图的画图过程

从上面作圆的正等轴测图的过程看，平行于坐标面的圆的正等轴测图都应该是椭圆，作图时应弄清楚平面圆平行于哪个坐标面，以确定不同的长短轴方向，其近似作图方法都一样。图 5-10 为三种不同位置平面圆及圆柱的正等轴测图，请读者仔细观察。

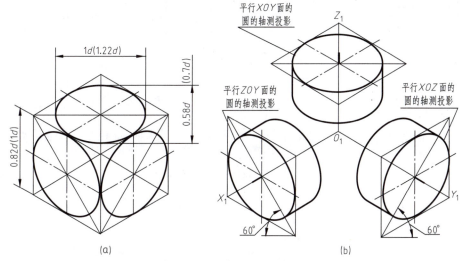

图 5-10　三种位置平面圆及圆柱的正等轴测图

（2）曲面立体的正等轴测图的画法

知道了平面圆的正等轴测图的画法，在画曲面立体正等轴测图时，只要明确该曲面立体上的平面圆与哪一个坐标面平行，就能保证作出其正确的正等轴测图。对于圆柱、圆锥、圆台和圆球，其作图方法和步骤都是一样的。

【例 5-4】　求出如图 5-11（a）所示圆台的正等轴测图。

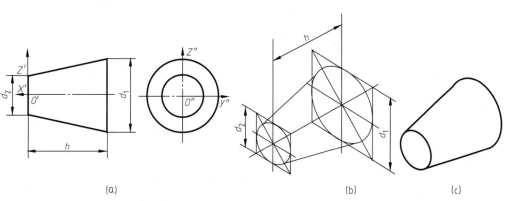

图 5-11　圆台的正等轴测图的画图过程

作图：

① 首先由给定的两面投影图，分析该圆台表面的平面圆是平行于 W 面的侧平面，所以确定平面圆上的直角坐标轴位置，如图 5-11（a）所示。

② 再作出两平面圆的轴测轴，并作出两平面圆的正等轴测图，如图 5-11（b）所示。

③ 最后作出两椭圆的公切线，并擦去不可见以及多余的作图辅助线，描深完成，如图 5-11（c）所示。

图 5-12、图 5-13 分别是圆柱、圆球正等轴测图的画图过程，请读者仔细观察。

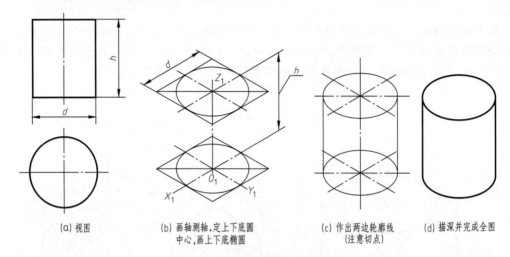

图 5-12　圆柱正等轴测图的画图过程

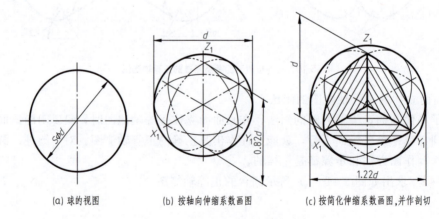

图 5-13　圆球正等轴测图的画图过程

（3）圆角的正等轴测图的画法

【例 5-5】　求作图 5-14（a）所示的正等轴测图的作图过程。

作图：

① 首先在正投影图上确定出圆角半径 R 的圆心和切点的位置，如图 5-14（a）所示。

② 再画出平板上表面的正等轴测图，在对应边上量取 R，自量取得的点（切点）作边线的垂线，以两垂线的交点为圆心，在切点内画圆弧，所得即为平面上圆角的正等轴测图，如图 5-14（b）所示。

③ 用移心法完成平板下表面的圆角轴测图，最后再作两表面圆角的公切线，即完成圆

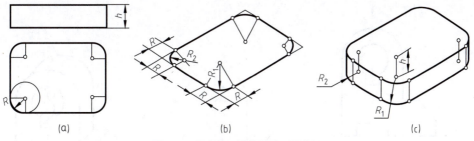

图 5-14 圆角的正等轴测图画图过程

角的正等轴测图，如图 5-14（c）所示。

5.3 斜二轴测图

5.3.1 斜二轴测图的形成

当物体上的两个坐标轴 OX 和 OZ 与轴测投影面平行，而投射方向与轴测投影面倾斜时，所得的轴测图称为斜二轴测图，如图 5-15 所示。

5.3.2 斜二轴测图的轴测轴、轴间角和轴向伸缩系数

斜二轴测图的轴间角：$\angle X_1 O_1 Z_1 = 90°$

$$\angle X_1 O_1 Y_1 = \angle Y_1 O_1 Z_1 = 135°$$

轴向伸缩系数：$p = r = 1$
$q = 1/2$

如图 5-16 所示，斜二轴测图的轴测轴有一个显著的特征，即物体正面 X 轴和 Z 轴的轴测投影没有变形，这一轴测投影的特征，对于那些在正面上形状复杂以及在正面上有圆的单方向物体，画成斜二轴测图十分简便。

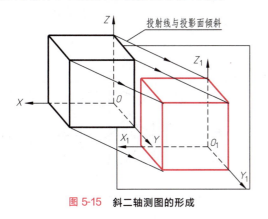

图 5-15 斜二轴测图的形成

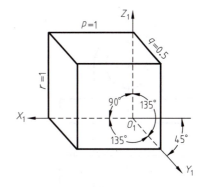

图 5-16 斜二轴测图的轴测轴、轴间角、轴向伸缩系数

5.3.3 斜二轴测图的画法

【例 5-6】 作出图 5-17 所示正面形状复杂的单方向物体的斜二轴测图。

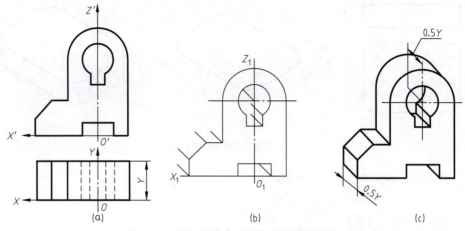

图 5-17 正面形状复杂形体斜二轴测图的画法

作图：

(1) 选择正投影图的坐标位置，如图 5-17（a）所示。

(2) 画轴测轴，作正面特征平面的斜二轴测图（与正投影完全相同），再从特征面的各点作平行于 O_1Y_1 轴的直线，如图 5-17（b）所示。

(3) 将圆心后移 $0.5Y$ 作出后面圆及其他可见轮廓线，描深，完成轴测图如图 5-17（c）所示。

【例 5-7】 根据图组合体三视图，求作立体的斜二轴测图。

作图方法及步骤：

① 选坐标。在视图上确定坐标轴的位置，如图 5-18（a）所示。

② 画出轴测轴。确定前面圆心的位置，如图 5-18（b）所示。

③ 画出前面形体上实形的可见部分的轮廓线，如图 5-18（c）所示。

④ 以该组合体总宽 L 的 $1/2$，定出后端面形体上圆心，画出实形的可见部分的轮廓线，作公切线，如图 5-18（d）所示。

⑤ 擦去多余图线，描深。

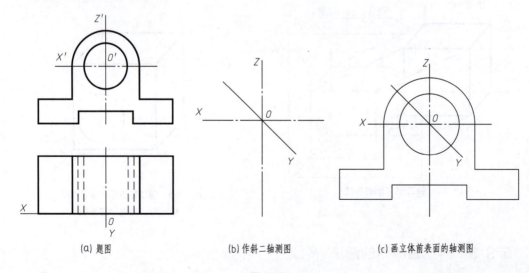

(a) 题图　　　(b) 作斜二轴测图　　　(c) 画立体前表面的轴测图

图 5-18

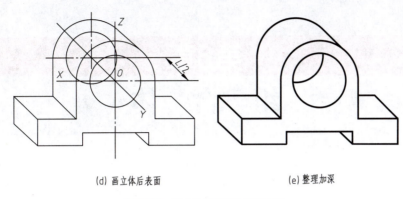

(d) 画立体后表面　　　　　　　　(e) 整理加深

图 5-18　组合体的斜二轴测图画法

小　　结

　　工程上常采用富有立体感的轴测图作为辅助图样来帮助说明零、部件的形状。在某些场合（如绘制产品包装图等）则直接用轴测图表示设计要求，并依此作为加工和检验的依据。本章主要介绍了正等轴测图和斜二轴测图和轴测投影的特性、轴测图的选用原则以及作图方法步骤。

第6章 组 合 体

6.1 组合体的形体分析

6.1.1 组合体的形体分析法

为了正确而迅速地绘制和读懂组合体的三视图，通常在画图、标注尺寸和读组合体三视图的过程中，假想把组合体分解成若干个组成部分，分析清楚各组成部分的结构形状、相对位置、组合形式以及其表面连接方式。这种把复杂形体分解成若干个简单形体的分析方法，称为形体分析法。它是研究组合体的画图、标注尺寸、读图的基本方法。如图 6-1 所示的机座，运用这种分析方法可以把机座分解成为底板、拱形板、直角三角形板和长圆柱四个组成部分，这些组成部分通过叠加和挖切等方式组合成了机座。

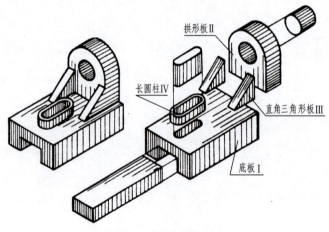

图 6-1 机座的形体分析

6.1.2 组合体的组合形式及其表面连接方式

图 6-1 所示的机座，通过形体分析法分解出的各组成部分，其投影图早已熟悉。但组合体由于形体各异，求其投影应该寻找一个适当的作图方法。从组合体的整体来分析，各组成部分之间都有一定的相对位置关系，各形体之间的表面也存在着一定的连接关系。叠加、相切、相交、切割是这些组成部分最常见的组合形式和连接方式。

1. 叠加

两形体以平面相接触时，就称为叠加。叠加是两形体组合的最简单形式。

(1) 不平齐　当两形体表面连接处不平齐时，在视图中应各自画线。图 6-2 中所示的组合体是由长方形底板和一端为半圆形的立板叠加而成，两板在前、后的表面不平齐，所以在主视图中，应分别画出各自的轮廓线。

(2) 平齐　当两形体表面连接处平齐时，两形体的表面相互构成了一个完整的平面，其连接处的轮廓线消失。在视图中，此处就不应该再画出轮廓线。图 6-3 中所示的组合体，其主视图在两形体连接处没有轮廓线，说明两形体的前后表面是平齐的。

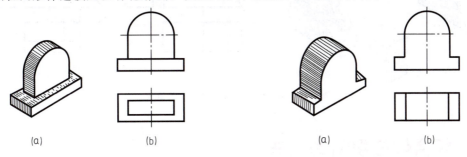

图 6-2　表面不平齐的画法　　　　　　　图 6-3　表面平齐的画法

(3) 相切　当两形体表面连接处相切时，在视图中相切处不画切线。如图 6-4 所示为两形体相切情况下的图形画法。

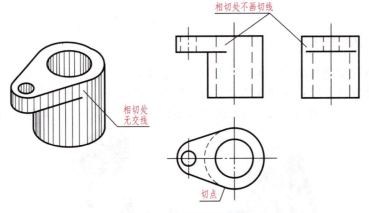

图 6-4　表面相切的画法

(4) 相交　当两形体在表面连接处相交时，在相交处产生的交线，是两形体表面的相贯线，因此画图时要画出交线。如图 6-5 所示为两形体相交情况下的图形画法。

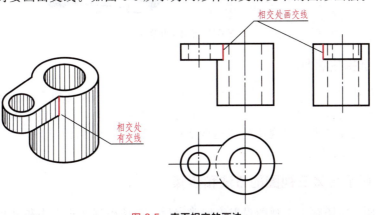

图 6-5　表面相交的画法

2. 切割

当形体是由基本体通过切割而形成时,画图关键是求截切面与形体表面的交线,如图 6-6 所示。

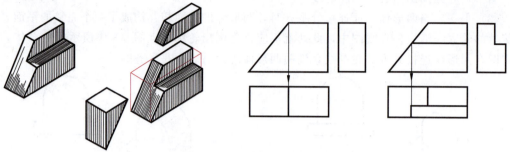

图 6-6　切割与挖切表面连接关系的画法

6.2　组合体三视图的画法

下面以轴承座为例介绍组合体三视图的画图方法和步骤。首选要对组合体进行形体分析,然后选择主视图的投射方向,在画图过程中应考虑清楚组合体的组合形式及连接方式避免多线或漏线。

6.2.1　形体分析

画图前,首先要用形体分析法对组合体进行形体分析,通过分析明确组合体是由哪些部分组成、按什么方式连接、各组成部分之间的相对位置如何,以便全面了解组合体的结构形状和位置特征,为选择主视图的投射方向和画图创造条件。图 6-7 是形体分析示例。

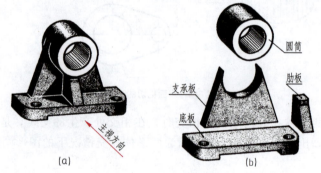

图 6-7　形体分析实例

6.2.2　选择主视图

在画组合体的三视图时,首先将组合体摆正放平后,一般要选择反映组合体各组成部分结构形状和相对位置较为明显的方向,作为主视图的投射方向,并应使形体上的主要面与投影面平行,同时还要考虑其他视图的表达要清晰。图 6-8 所示的该组合体主视图投射方向,分析比较后 A 向为最佳方案。

6.2.3　画组合体三视图的方法和步骤

(1) 选比例、定图幅　主视图投射方向确定后,应该根据实物大小和复杂程度,按标准

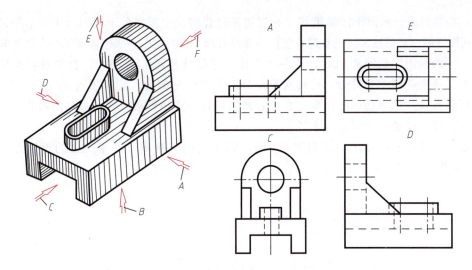

图 6-8　选择主视图的投射方向

规定选择画图的比例和图幅。在一般情况下，尽量采用 1∶1 的比例。确定图幅大小时，除了要考虑画图面积大小外，还应留足标注尺寸和画标题栏等的空间。

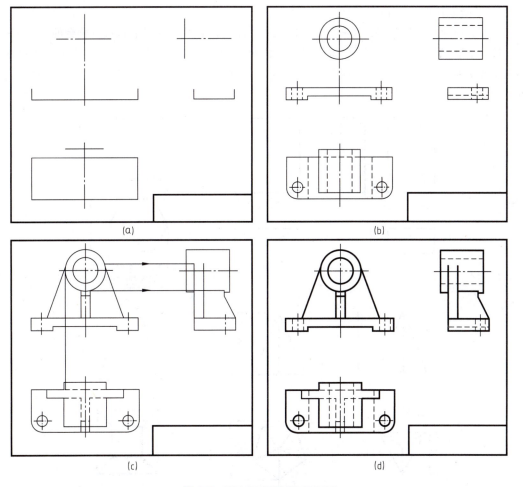

图 6-9　轴承座三视图的画图过程

(2) 布置视图，画出作图基准线　布置图形位置时，应根据各个视图每个方向的最大尺寸，在视图之间留足标注尺寸的空隙，使视图布局合理，排列均匀，画出各视图的作图基准线。

(3) 开始画图　绘制底稿时，要一个形体一个形体地画三视图，且要先画它的特征视图。每个形体要先画主要部分，后画次要部分；先画可见部分，后画不可见部分；先画圆、圆弧，后画直线。检查描深时，要注意组合体的组合形式和连接方式，边画图边修改，以提高画图的速度，还能避免漏线或多线。

下面按上述的画图方法，绘制图 6-7 所示轴承座的三视图。其主视图的投射方向如图 6-7 所示，作图步骤如图 6-9 所示。

6.3　组合体视图的尺寸标注

由于视图只能表达形体的结构形状，不能表达形体的大小，这里将在平面图形和基本体尺寸标注的基础上，讨论组合体的尺寸标注方法。

6.3.1　基本体的尺寸标注

1. 平面立体的尺寸标注

平面立体应标注长、宽、高三个方向的尺寸。图 6-10 给出了棱柱、棱锥、棱台的尺寸注法。

棱柱、棱锥应注出确定底平面形状大小的尺寸和高度尺寸，棱台应注出上下底平面的形状大小和高度尺寸。注正方形底面的尺寸时，可在正方形边长尺寸数字前加注符号"□"，也可以注成 16×16 的形式。

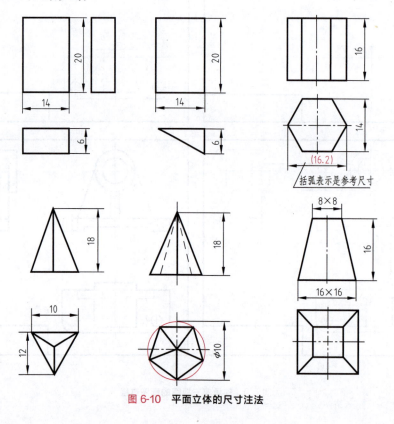

图 6-10　平面立体的尺寸注法

如图 6-10 所示，对正棱柱和正棱锥的尺寸标注，考虑作图和加工方便，一般应注出其底面的外接圆直径和高度尺寸，也可以注成其他形式。

2. 曲面立体的尺寸标注

圆柱、圆锥应标注底圆直径和高度尺寸，直径尺寸最好注在非圆视图上。在直径尺寸数字前要加注"ϕ"，圆球体标注直径或半径尺寸时，在"ϕ""R"前加注"S"（图 6-11）。

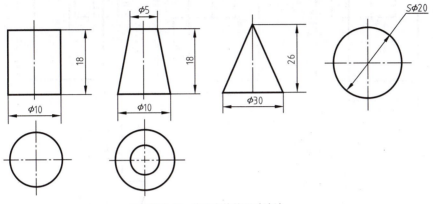

图 6-11　曲面立体的尺寸注法

6.3.2　切口体的尺寸标注

平面立体被截切后的尺寸标注应先标注基本体的长、宽、高三个方向的尺寸，再标注切口的大小和位置尺寸，如图 6-12 所示。

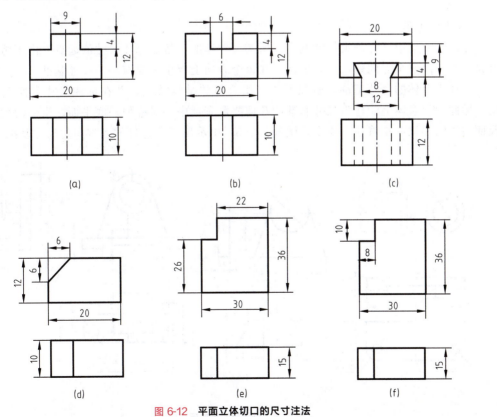

图 6-12　平面立体切口的尺寸注法

曲面立体被截切后的尺寸标注，如图 6-13 所示。首先要标注出没有被截切时形体的尺寸，然后再标注出切口的形状尺寸，对于不对称的切口还要注出确定切口位置的尺寸［图 6-13（c）、图 6-13（e）］。要注意不能注截交线和相贯线的尺寸。

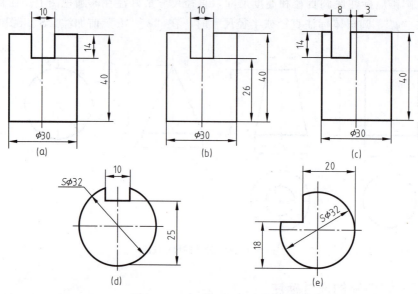

图 6-13　曲面立体切口的尺寸注法

6.3.3　组合体的尺寸标注

1. 尺寸基准

标注尺寸前应该先确定尺寸基准。所谓尺寸基准，就是标注尺寸的起点。由于组合体都有长、宽、高三个方向的尺寸，因此，在每个方向上都至少要有一个尺寸基准。

选择组合体的尺寸基准，必须要体现组合体的结构特点，并在标注尺寸后使其度量方便。因此，组合体上能作为尺寸基准的几何要素有：中心对称面、底平面、重要的大端面以及回转体的轴线。本着这一要求，图 6-14（b）中示出了所选择的各方向的尺寸基准。

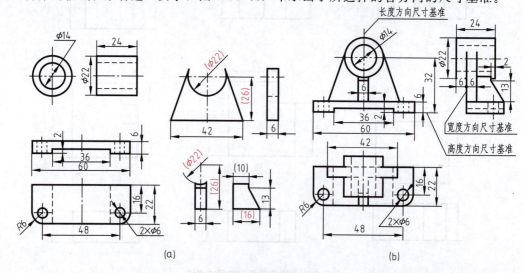

图 6-14　轴承座的尺寸标注分析

2. 尺寸种类

（1）定形尺寸　用以确定组合体各组成部分形状大小的尺寸称为定形尺寸。对图 6-7（b）所示轴承座，用形体分析法分解为底板、圆筒、支承板、肋板四个部分，图 6-14（a）注出了每个组成部分的定形尺寸。

（2）定位尺寸　用以确定组合体各组成部分之间的相对位置的尺寸称为定位尺寸。如图 6-14（b）所示的尺寸 32 是确定圆筒中心相对于底平面的高度方向的位置尺寸；尺寸 6 是确定圆筒后端面偏离宽度基准的位置尺寸；尺寸 48 和 16 分别是确定底板上两个圆孔在长度方向和宽度方向的位置尺寸。

（3）总体尺寸　用以确定组合体外形的总长、总宽、总高的尺寸称为总体尺寸。如图 6-14（b）所示的尺寸 60、22＋6、32＋11 即分别为该轴承座的总长、总宽、总高度方向的尺寸。从这里可以看出，组合体的总体尺寸，有时就是某个组成部分的定形尺寸。注意不要重复标注，图 6-14（b）中标注出的尺寸 60 既是底板的定形尺寸又是总长尺寸。

3. 组合体尺寸标注的基本要求

（1）正确　尺寸标注包括尺寸数字的书写，尺寸线、尺寸界线以及箭头的画法，应满足国家标准《机械制图》中的尺寸注法的规定，才能保证尺寸标注正确。

（2）完整　所标注的尺寸，应能完全确定物体的形状大小及相对位置，且不允许有遗漏和重复，用形体分析法去标注尺寸，可以达到完整的要求，如图 6-14（a）所示。

（3）清晰　为了保证所注尺寸布置整齐、清晰醒目、便于看图，应注意以下几点：

① 尺寸应尽量注在视图外，与两视图有关的尺寸，最好注在两视图之间，如图 6-14（b）中主、俯视图之间的 60、42 和主、左视图之间的 32、6 等。

② 定形、定位尺寸要尽量集中标注，并要集中注在反映形状特征和位置特征明显的视图上。图 6-14（b）中确定该组合体中，底板的形状大小尺寸 60、22、6 都尽量集中注在主、俯视图上。圆筒的长度尺寸 24 和外圆柱直径尺寸 $\phi 22$ 集中标注在左视图上。

③ 直径尺寸尽量注在非圆的视图上，圆弧半径的尺寸要注在有圆弧投影的视图上，且细虚线上尽量不要标注尺寸。如图 6-14（b）中的 $R6$ 注在投影有圆弧的俯视图上，直径 $\phi 22$ 注在投影不为圆的左视图上。图 6-15 是直径尺寸和圆弧尺寸标注的示例，图 6-15（a）标注规范正确，图 6-15（b）中半径 R 的标注是错误的，直径 ϕ 的标注不好。

④ 尺寸线与尺寸界线尽量不要相交。为避免相交，在标注相互平行的尺寸时，应按大尺寸在外、小尺寸在内的方式排列，如图 6-14（b）中的 36 和 60、6 和 32、16 和 22。标注连续尺寸时，应让尺寸线平齐，如图 6-14（b）中的 6、6。

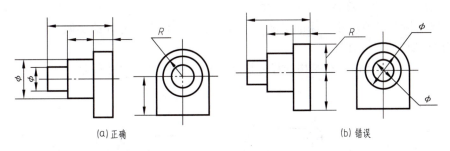

图 6-15　直径尺寸、圆弧尺寸的标注方法

4. 标注尺寸的步骤

以图 6-16 所示的座体为例，说明标注尺寸的步骤：

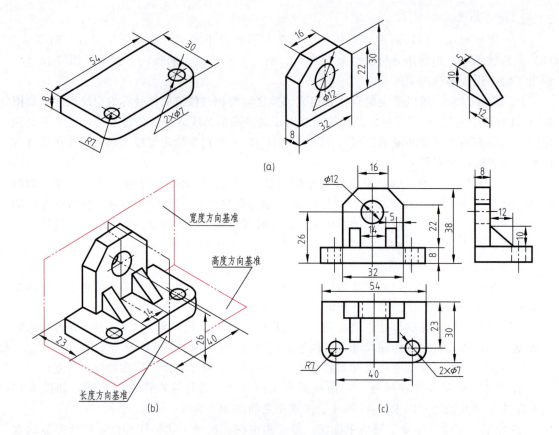

图 6-16 座体的尺寸标注步骤

（1）形体分析。通过对座体的形体分析将其分解为底板、立板、三角板，如图 6-16（a）所示。

（2）选择尺寸基准。如图 6-16（b）所示。

（3）按形体分析法标注每个组成部分的定形尺寸。将图 6-16（a）中各部分的定形尺寸注在图 6-16（c）中。

（4）由尺寸基准出发标注确定各组成部分之间相对位置的尺寸。如图 6-16（c）中的尺寸 26、40、23、14。

（5）标注总体尺寸。该座体的总长度尺寸，即是底板的长度尺寸 54；总宽度尺寸，即是底板的宽度尺寸 30；总高度尺寸是 38。

（6）依次检查三类尺寸，保证正确、完整、清晰。注意尺寸间的协调。

5．常见结构的尺寸注法

表 6-1 列出了组合体常见结构的尺寸标注方法，供标注尺寸时参考。

表 6-1　组合体常见结构的尺寸标注方法

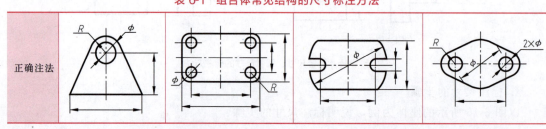

| 错误注法（只注出错处） | 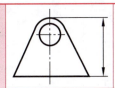 | 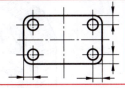 | 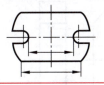 | 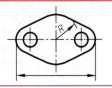 |

6.4 组合体视图的读图方法

绘图和读图是学习机械制图的两个主要任务。绘图是运用正投影规律将物体进行投射并绘制出图形的过程；读图是根据已有的视图想象物体形状的过程。组合体的读图，就是在看懂组合体视图的基础上，想象出组合体各组成部分的结构形状及相对位置的过程。

6.4.1 读图的基本要求

1. 读图必须抓特征

在组合体的三视图中，主视图是最能反映物体的形状和位置特征的视图，但一个视图往往不能完全确定物体的形状和位置，必须按投影对应关系与其他视图配合对照，才能完整地、确切地反映物体的形状结构和位置。如图 6-17 所示的五个物体的主视图完全相同，但从俯视图上可以看出五个物体截然不同，这些俯视图就是表达这些物体形状特征明显的视图。

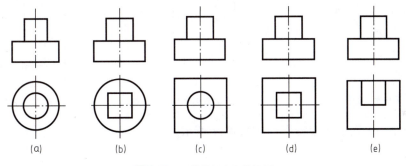

图 6-17 形状特征明显的视图

如图 6-18（a）所示的物体，如果只有主、俯视图就无法辨别其形体各个组成部分的相对位置，由于各组成部分的位置无法确定，因此该形体至少有图 6-18（c）所示的四种可能，而当与左视图配合起来看，就很容易想清楚各形体之间的相对位置关系了，此时的左视图就是表达该形体各组成部分之间相对位置特征明显的视图。

特别要注意的是，组合体各组成部分的特征视图，往往在不同的视图上。从上面的分析可见，看图时必须抓住每个组成部分的特征视图，这对读图是十分重的。

2. 读图需要对应线框

任何形体的视图都是由若干个封闭线框构成的，每个线框又由若干条图线围成。因此，看图时按照投影对应关系，搞清楚图形中线框和线条的含义是很有意义的。

（1）线条的含义　由分析可以看到，视图上的一条线所代表的空间含义：

① 可能是回转体上的一条素线的投影，如图 6-19 所示；

② 可能是平面立体上的一条棱线的投影，如图 6-20 所示；

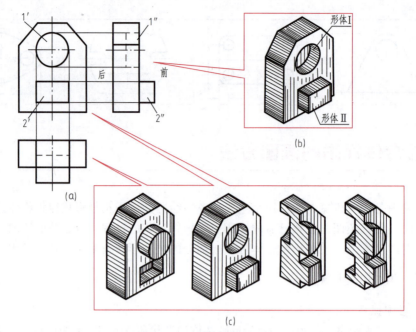

图 6-18 位置特征明显的视图

图 6-19 圆柱素线的投影　　图 6-20 平面立体上棱线的投影　　图 6-21 平面的投影

③ 可能是一平面的积聚投影，如图 6-21 所示。

(2) 线框的含义

① 一个封闭线框表示物体上的一个表面（平面或曲面或平面和曲面的组合面）的投影。图 6-19 中的主视图是一个封闭线框，表示一个曲面的投影；图 6-21 和图 6-22 中的封闭线框，均表示平面的投影。

② 两个相邻的封闭线框，表示物体不同位置的平面的投影。如图 6-22 中的主视图。

③ 大封闭线框内套小封闭线框，表示物体是在大平面上凸起或凹下小结构物体。图 6-23 中的俯视图中的正方形线框和其内的圆，一个是凸起的，一个是凹下的。

3. 读图要记基本体

由于组合体是由若干个基本体组成，所以看组合体的视图时，要时刻记住基本体投影的特征。

如图 6-24（a）所示物体的三视图，单从主视图俯视图看，可以认为是棱锥和棱柱的叠加组合。但读左视图后可以确定其为四分之一圆锥和四分之一圆柱叠加而成的组合体。如图 6-24（b）所示物体的三视图，左视图同图 6-24（a）而主视图和俯视图却有很大差别，它是由四分之一圆球和四分之一圆柱叠加而成的组合体。

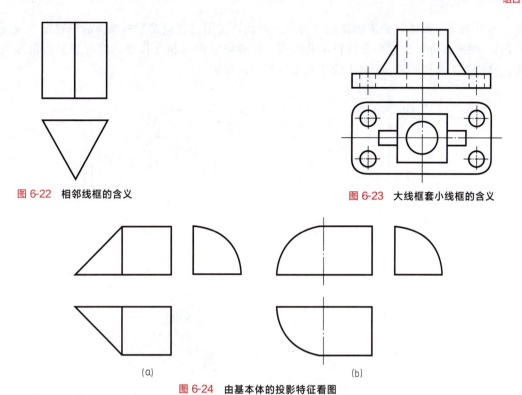

图 6-22 相邻线框的含义

图 6-23 大线框套小线框的含义

图 6-24 由基本体的投影特征看图

【例 6-1】 请补画出图 6-25（a）所示物体的三视图上的缺线。

分析：

若从主视图和俯视图看可以认为组合体由两个基本体组成，但读完俯视图却发现该物体是由三个基本体组成。由后向前分别是二分之一圆锥、四棱柱和二分之一圆柱。这样可以补画出左视图和俯视图中所缺的线，如图 6-25（b）所示。

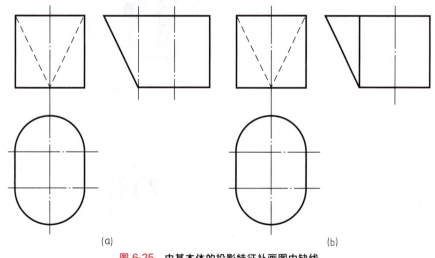

图 6-25 由基本体的投影特征补画图中缺线

6.4.2 读图的基本方法

1. 形体分析法

读图是画图的逆过程。画图过程主要是根据物体进行形体分析，按照基本形体的投影特点，逐个画出各形体，完成物体的三视图。因此，读图过程应是根据物体的三视图（或两个视图），用形体分析法逐个分析投影的特点，并确定它们的相互位置，综合想象出物体的结构、形状，下面以图 6-26（a）的三视图为例加以说明。

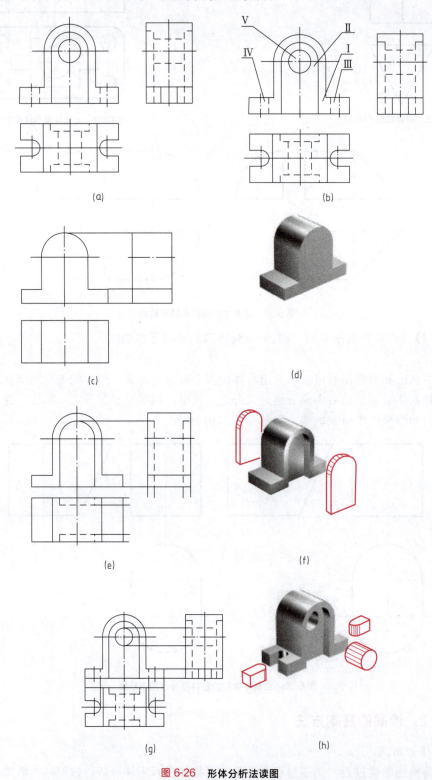

图 6-26 形体分析法读图

（1）联系有关视图，看清投影关系　先从主视图看起，借助于丁字尺、三角板、分规等工具，根据"长对正、高平齐、宽相等"的规律，把几个视图联系起来看清投影关系，作好读图准备。

（2）把一个视图分成几个独立部分加以考虑　一般把主视图中的封闭线框（实线框、虚线框或实线与虚线框）作为独立部分，例如图 6-26（b）的主视图分成 5 个独立部分：Ⅰ、Ⅱ、Ⅲ、Ⅳ、Ⅴ。

（3）识别形体，定位置　根据各部分三视图（或两视图）的投影特点想象出形体，并确定它们之间的相对位置。在图 6-26（b）中，Ⅰ为四棱柱与倒 U 形柱的组合；Ⅱ为倒 U 形柱（槽），前后各挖切出一个 U 形柱；Ⅲ、Ⅳ都是横 U 形柱（缺口）；Ⅴ为圆柱（挖切形成圆孔）。它们之间的位置关系，请读者自行分析。

（4）综合起来想整体　综合考虑各个基本形体及其相对位置关系，整个组合体的形状就清楚了。通过逐个分析，可由图 6-26（a）的三面视图，想象出如图 6-26（h）所示的物体。

要把几个视图联系起来看，只看一个视图往往不能确定形体的形状和相邻表面的相对位置关系。在读图过程中，一定要对各个视图反复对照，直至都符合投影规律时，才能最后定下结论，切忌看了一个视图就下结论。

形体分析法既是画图、标注尺寸的基本方法，也是读图的基本方法。运用这种方法读图应按下面几个步骤进行：

① 对应投影关系将视图中的线框分解为几个部分。

② 然后抓住每部分的特征视图，按投影对应关系想象出每个组成部分的形状。

③ 由图中的投影分析确定各组成部分的相对位置关系、组合形式以及表面的连接方式。

④ 最后综合起来想象整体形状。

【例 6-2】　求作图 6-27（a）所示物体的左视图。

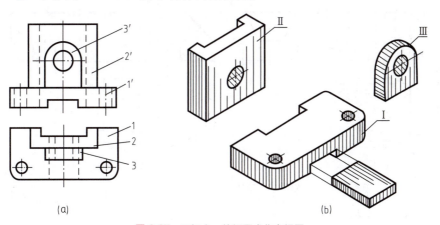

图 6-27　已知主、俯视图求作左视图

分析：

① 对应投影关系将图形中的线框分解成三个部分，线框对应关系如图 6-27（a）所示。

② 从特征线框出发想象各组成部分的形状。线框 1 对应 1′想象出底板的Ⅰ的形状；线框 2′对应 2 想象出竖板Ⅱ的形状；线框 3′对应 3 想象出拱形板Ⅲ的形状，如图 6-27（b）所示。

③ 由主、俯视图看该形体的三个部分，是叠加式组合体，其位置关系是：左右对称，

形体Ⅱ、Ⅲ在Ⅰ的上面，形体Ⅲ在形体Ⅱ的前面，如图6-28（a）所示。

作图：

作图过程如图6-28（b）所示。

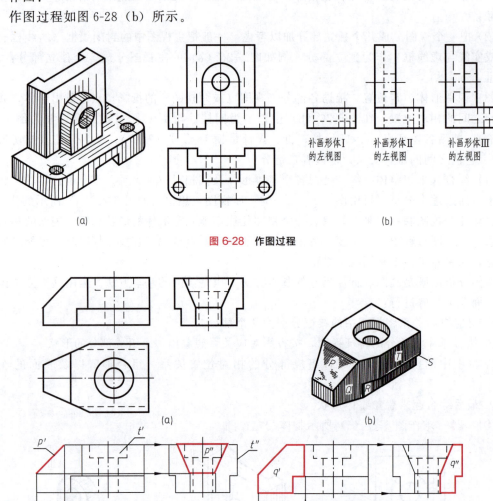

图 6-28　作图过程

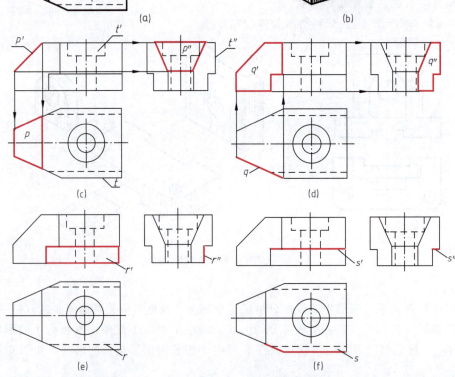

图 6-29　压块三视图及读图方法

2. 线面分析法

有许多切割式组合体，有时无法运用形体分析法将其分解成若干个组成部分，这时读图需要采用线面分析法。所谓线面分析法，就是运用投影规律把物体的表面分解为线、面等几何要素，通过分析这些要素的空间形状和位置，来想象物体各表面形状和相对位置，并借助立体概念想象物体形状，达到读懂视图的目的。

【例 6-3】 用线面分析法读压块的三视图，如图 6-29 所示。

首先由压块的三视图看出该压块的基本轮廓是长方体。

步骤：

抓住线段对应投影。所谓抓住线段，是指抓住平面投影成积聚性的线段，按投影对应关系，对应找出其他两投影面上的投影，从而判断出该截切面的形状和位置。从图 6-29（c）主视图中的斜线 p' 出发，按长对正、高平齐的对应关系，对应出边数相等的两个类似形 p 及 p''，可知 P 面为正垂面。从图 6-29（d）俯视图中的斜线 q 出发，按长对正、宽相等的对应关系，对应出边数相等的两个类似形 q'' 及 q'，可知 Q 面为铅垂面。从图 6-29（e）左视图中的直线 r'' 出发，按高平齐、宽相等的对应关系，对应出一直线 r 及线框 r'，可知 R 面为正平面。从图 6-29（f）主视图中的直线 s' 出发，按长对正、高平齐的对应关系，对应出一线框 s 及左视图中直线 s''，可知 S 面为水平面。

综合起来想整体。通过上面的分析，可以对压块各表面的结构形状与空间位置进行组装，综合想象整体形状。如图 6-29（b）所示。

小　　结

本章着重介绍了用形体分析法和线面分析法，来说明组合体的三视图画法和尺寸标注。由于组合体的基本形体经常是不完整的，有表面交线出现。因此，除用形体分析方法外，还要从表面交线入手，运用线面分析方法进行分析，画图时要求交线，读图时分析交线，标注尺寸时不注交线，作为组合体三视图画、读图和尺寸标注的补充，为后续章节识读和绘制零件图、装配图奠定了基础。

第7章 机件图样画法

在实际生产中，机件的结构形状是多种多样的，仅用三视图不能满足它们的内外形状和结构，因此，国家标准《技术制图》和《机械制图》中规定了视图、剖视图、断面图和其他各种规定画法。掌握这些图样画法是正确绘制和阅读机械图样的基本条件。

7.1 视图

根据国家标准有关规定，机件向投影面投影所得到的图形称为视图，它主要用来表达机件的外部结构形状。在视图中，一般只画出机件的可见部分，必要时才用虚线画出其不可见部分。根据机件的结构特点，《机械制图》（GB/T 4458.1—2002）中规定了视图有基本视图、向视图、局部视图和斜视图四种。

7.1.1 基本视图

将机件向基本投影面投影所得到的视图，称为基本视图。

基本投影面是在原来三个投影面的基础上，再增加与它们对应平行的三个投影面，相当于正六面体的六个表面。将机件放在其中，分别向六个基本投影面投影得到六个视图。再按图 7-1 展开得到六个基本视图。

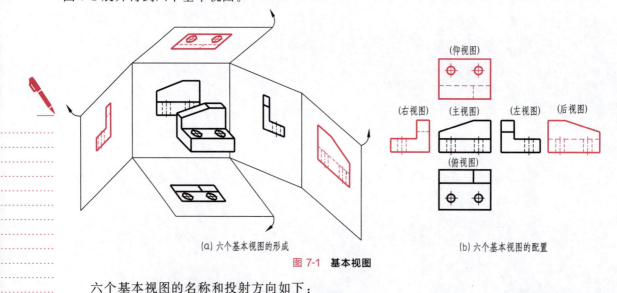

(a) 六个基本视图的形成　　(b) 六个基本视图的配置

图 7-1　基本视图

六个基本视图的名称和投射方向如下：

主视图——将机件由前向后投射得到的视图；
俯视图——将机件由上向下投射得到的视图；

左视图——将机件由左向右投射得到的视图；
右视图——将机件由右向左投射得到的视图；
仰视图——将机件由下向上投射得到的视图；
后视图——将机件由后向前投射得到的视图。

六个投影面的展开方法如图 7-1（a）所示，展开后的六个基本视图按图 7-1（b）所示的位置关系配置。除后视图外，各视图靠近主视图里侧均反映机件的后面，而远离主视图的外侧，均反映机件的前面。按规定位置配置的视图，不需标注视图的名称，但仍要保持着"长对正、高平齐、宽相等"的投影规律，即：

主视图、俯视图、仰视图、后视图，长对正；
主视图、左视图、右视图、后视图，高平齐；
俯视图、左视图、仰视图、右视图，宽相等。

在实际绘图时，并不是所有机件都需要六个基本视图，而是根据机件的结构特点选用必要的基本视图。一般优先选用主、俯、左三个视图，任何机件的表达，都必须有主视图。

7.1.2 向视图

向视图是可自由配置的视图。为了合理利用图幅，某个基本视图不按规定的位置关系配置时，可自由配置，但应在该视图上方用大写的拉丁字母标注出视图的名称"×"，并在相应视图附近用箭头指明投影方向，并注上相同的字母，如图 7-2 所示。

7.1.3 局部视图

局部视图是将机件的某一部分结构向基本投影面投射所得到的视图。确定一个机件的表达方案时，在某个基本投影面的方向上，其整体结构通过其他图形已经表达清楚，只需将没有表达清楚的部分，向基本投影面投影即可。

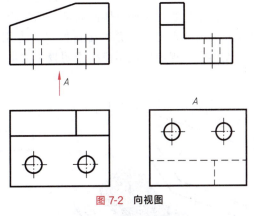

图 7-2 向视图

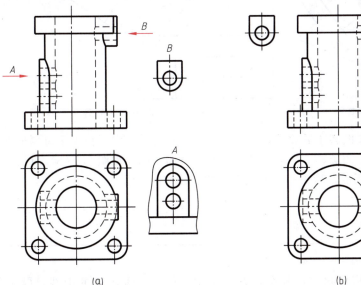

图 7-3 局部视图

这样可以突出要表达的结构，又可以减少绘图工作量。图 7-3（a）所示的机件的表达方法，采用了主视图、俯视图及 A 向和 B 向局部视图，既简化了作图，又使其图形表达简单明了。

局部视图的断裂边界用波浪线或双折线表示，如图 7-3（a）中的 A 向局部视图。当所表示的局部结构是完整的，且外形轮廓封闭时，波浪线可省略不画，如图 7-3（a）的 B 向局部视图。

局部视图尽量配置在箭头所指的方向，并与视图保持投影关系，如图 7-3（b）的两个局部视图的放置；有时为了合理布置图面，也可将局部视图配置在其他适当的位置，见图 7-3（a）中 A 向和 B 向局部视图。

局部视图上方应用大写字母标出视图名称"×"，并在相应视图附近用箭头指明投影方向，并注上相同的字母，如图 7-3（a）所示。当局部视图按投影关系配置，中间又无其他视图隔开时，允许省略标注，如图 7-3（b）所示。

7.1.4 斜视图

斜视图是将机件向不平行于基本投影面的投影面投射所得到的视图，如图 7-4 所示。

当机件具有倾斜结构，且用基本视图又不能表达实形时，可设置一个投影面与机件倾斜部分平行，将倾斜结构向该投影面投射，即可得到反映其实形的视图，如图 7-5 所示。

斜视图只表达机件物体倾斜部分的实形，其余部分可不必画出，而用波浪线或双折线将其断开。画斜视图时，必须在斜视图上方用大写拉丁字母标出视图名称，字母一律水平书写，在相应的视图附近用箭头指明投影方向，并标上同样的字母，如图 7-5（a）所示。

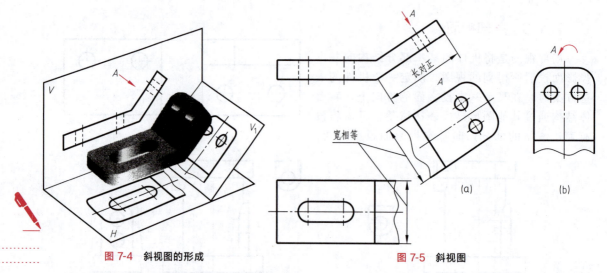

图 7-4 斜视图的形成　　　图 7-5 斜视图

必要时，允许将斜视图转正后放置，但必须加上旋转符号，大写拉丁字母要放在旋转符号的箭头端，且旋转符号的旋转方向应与图形的旋转方向相同，如图 7-5（b）所示。旋转符号的画法如图 7-5（b）所示，箭头一定要同图形的旋转方向一致。

7.2 剖视图

如果机件的内部结构形状比较复杂，在视图中，就会出现较多的虚线，既不便于读图，也不便于标注尺寸，如图 7-6（a）所示。因此，国家标准规定采用剖视图来表达机件的内部结构。

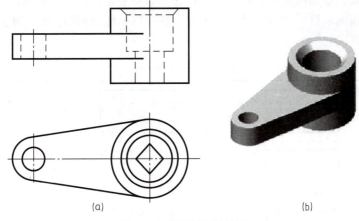

图 7-6　用视图表达零件结构

7.2.1　剖视图的基本概念

假想用剖切平面剖开机件，将处在观察者和剖切面之间的部分移去，余下部分向投影面投射所得的图形，称为剖视图，也可简称为剖视，如图 7-7 所示。

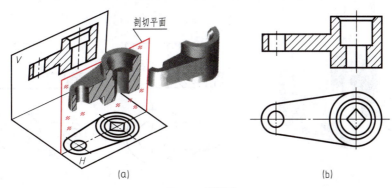

图 7-7　剖视图

画剖视图的目的主要是为了表达机件内部的空与实的关系，以便更清晰地反映机件内部结构形状。剖切面与机件接触的部分（称剖面区域）要画上剖面符号。为了区别被剖机件材料，机械制图《剖面符号》的国家标准 GB/T 4457—2002 中规定了各种材料的剖面符号的画法，表 7-1 列出了常用材料的剖面符号。

当不需在剖面区域表示材料的类别时，可采用通用剖面符号表示。通用剖面符号应用细实线画成与水平方向成 45°的平行线。

7.2.2　剖视图的画法及标注

（1）确定剖切平面的位置。剖切平面的选择应尽可能表达机件内部结构的真实形状，剖切平面一般应通过机件的对称面或回转轴线，并与基本投影面平行（或垂直），如图 7-7（a）所示。

（2）画出剖切平面和剖切平面后面所有可见部分的投影，并在剖面区域内画上剖面线（图 7-8、图 7-9）。

（3）剖视图的标注及配置。在表示剖切平面位置明显的视图上，用一对剖切符号[线宽

(1~1.5)d，长约 5~10mm 的粗短线]，画在剖切平面的起讫处，在剖切符号外侧画出与剖切符号相垂直的细实线和箭头表示投射方向，在剖切符号起、止和转折处注写相同的大写字母，表示剖切平面的名称，字母一律水平书写，并在所画的剖视图上方用相同的字母标注出剖视图的名称"×—×"。

表 7-1 剖面符号

金属材料 (已有规定剖面 符号者除外)		木材 (纵断面)		液体	
型砂、填砂、粉末冶金、 砂轮、陶瓷刀片、硬质 合金刀片等		线圈绕 组元件		砖	
转子、电枢、变压器和 电抗器等的叠钢片		钢筋 混凝土		玻璃	
非金属材料 (已有规定剖面 符号者除外)		木质 胶合板		混凝土	

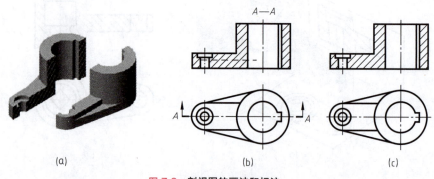

图 7-8 剖视图的画法和标注

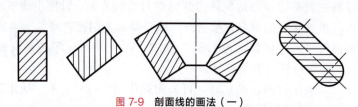

图 7-9 剖面线的画法（一）

当剖视图按投影关系配置，而中间又没有其他图形隔开时，可以省略箭头，如图 7-10 和图 7-11 所示。

当单一剖切平面通过机件的对称平面或基本对称的平面，且剖视图按投影关系配置，而中间又没有其他图形隔开时，可省略标注，如图 7-8（c）所示。

(4) 画剖视图时应注意的事项。

① 剖切平面一般应通过机件的对称面或通过内部回转结构的轴线，以便反映结构的实形，避免出现不完整要素或不反映实形的截断面。

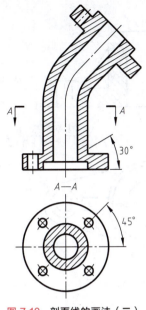

图 7-10 剖面线的画法（二）　　　　图 7-11 剖面线的画法（三）

② 剖切是假想的，实际上并没有把机件剖切开。因此，当机件的某一个视图画成剖视以后，其他视图仍按完整的机件画出，如图 7-8（b）中的俯视图。

③ 在剖视图中，剖切面后面的可见轮廓线应全部画出，不能遗漏；不可见轮廓线一般情况下可省略，只有当机件的某些结构没有表达清楚时，为了不增加视图，应画出必要的虚线，如图 7-8（c）所示。

④ 在剖视图及断面图中，当剖面线与图形的主要轮廓线趋于平行时，可按图 7-9 的方式绘制；图 7-10 中的剖面线为和主要轮廓线有所区别，画成了 30°方向的平行线，而倾斜方向和间隔仍应与俯视图的剖面线保持一致。画图时要注意，同一图样上，同一机件的剖面线的方向、间隔应保持一致，如图 7-11 所示。

7.2.3 剖视图的分类

国标规定，剖视图分为全剖视图、半剖视图和局部剖视图三种。
1. 全剖视图
用剖切面完全地剖开机件得到的剖视图称为全剖视图。
全剖视图用于表达外形简单、内部形状复杂的不对称机件，如图 7-11 所示。对于外形在其他视图中已表达清楚的机件，也常采用全剖视图，如图 7-7 所示。
2. 半剖视图
当机件具有对称平面时，应以对称中心线为界，一半画成剖视图，另一半画成视图，这种组合的图形称为半剖视图，如图 7-12 所示。
当机件的形状基本对称，且不对称部分已另有图形表达清楚时，也可以画成半剖视图，如图 7-13 所示。
画半剖视图时应注意：
① 视图与剖视图分界线是点画线，不要画成粗实线。
② 由于图形对称，零件的内部形状已在半个剖视图中表达清楚，所以在表达外形的半个视图中，虚线可以省略不画。

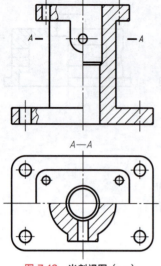

图 7-12　半剖视图（一）

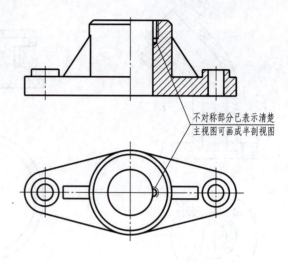

图 7-13　半剖视图（二）

3. 局部剖视图

用剖切面局部地剖开机件得到的剖视图称为局部剖视图，如图 7-14 所示。

局部剖视图一般不用标注，局部剖视图与视图的分界线是波浪线或双折线；波浪线不要与图形中其他图线重合，也不要画在其他图线的延长线上，如图 7-15 为错误画法。

当被剖结构为回转体时，允许将该结构的中心线作为局部剖视图的分界线，如图 7-16（a）所示。

局部剖视一般用于下列情况：

（1）机件上有部分内部结构形状需要表示，又没必要作全剖视，或内、外结构形状都需兼顾，结构又不对称的情况，如图 7-15 所示。

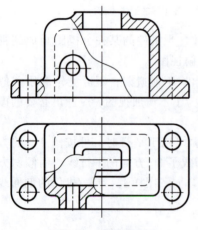

图 7-14　局部剖视图

（2）实心零件上有孔、凹坑和键槽等需要表示时，如图 7-16（b）所示。

（3）机件虽对称，但不宜采用半剖视（分界线处为粗实线时容易混淆），如图 7-17 所示。

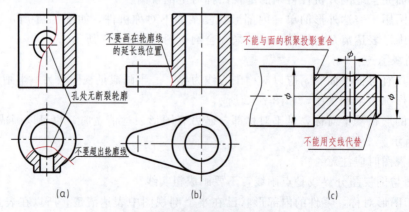

图 7-15　局部剖视图的错误画法

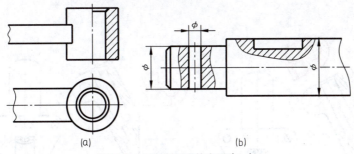

图 7-16 局部剖视图的应用（一）

7.2.4 剖切面的种类

实际工作中，机件的结构形状比较复杂，画图时应当根据各种机件不同的结构特点，采用适当的剖切面和剖切方法来表达机件。

1. 单一剖切面

（1）用平行于基本投影面的剖切平面剖切机件 如图 7-7、图 7-8、图 7-11 所示。也可用单一柱面剖切机件，剖视图按展开绘制，如图 7-18 中的 B—B 所示。

（2）用不平行于基本投影面、但垂直于基本投影面的剖切平面剖切机件 当机件上倾斜部分的内部结构需要表达时，选择一个能够清晰、真实地表达该部分结构的剖切平面剖切机件，由于这部分结构倾斜，因此，选择的剖切平面不平行于任何基本投影面，一般为投影面的垂直面，如图 7-19 所示。

采用这种剖切方法得到的剖视图最好按投影关系配置，标注必须完整，如图 7-19（a）所示。在不至于引起误解时，允许将图形旋转摆正，摆正后的剖视图按规定标注，见图 7-19（b）。

图 7-17 局部剖视图的应用（二）

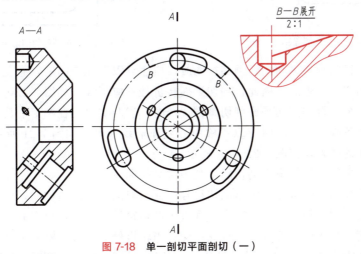

图 7-18 单一剖切平面剖切（一）

2. 几个平行的剖切平面

当机件上有较多的内部结构需要表达，而它们层次不同且分布在机件的不同位置，用一

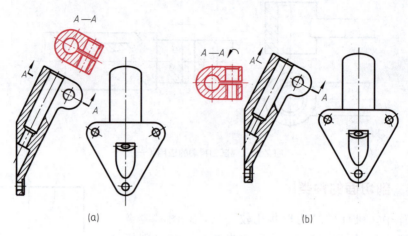

图 7-19 单一剖切平面剖切（二）

个单一平面难以表达，这时可采用几个平行于基本投影面的剖切平面剖开机件，图 7-20 所示机件的主视图就是用了三个平行的剖切平面剖切得到的全剖视图。

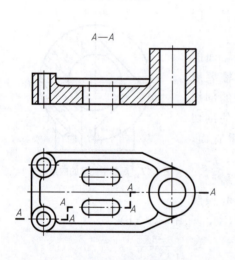

图 7-20 几个平行的剖切平面剖切（一）

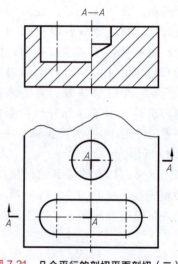

图 7-21 几个平行的剖切平面剖切（二）

采用几个平行的剖切平面剖切画剖视图时，应注意以下几个问题：

（1）因为剖切是假想的，因此，剖切平面转折处不应画线，如图 7-22（a）、(b) 所示。

（2）采用几个平行的剖切平面剖切画剖视图时，当两个要素在图形上具有公共对称中心线或轴线时，可各画一半，此时应以对称中心线和轴线为界，如图 7-21 所示。在剖视图内不应出现不完整的要素，如图 7-22（c）所示。

（3）用几个平行的剖切平面剖切画剖视图时必须标注。

剖切平面的起讫和转折处应画出剖切符号，并用与剖视图的名称"×—×"同样的字母标出。在起讫处、剖切符号外端用箭头（垂直于剖切符号）表示投射方向，剖切平面转折处的剖切符号不应与视图中的轮廓线重合或相交；当转折处的位置有限且不会引起误解时，允许省略字母；按投影关系配置，而中间又没有其他图形隔开时，可以省略箭头，如图 7-20 所示。

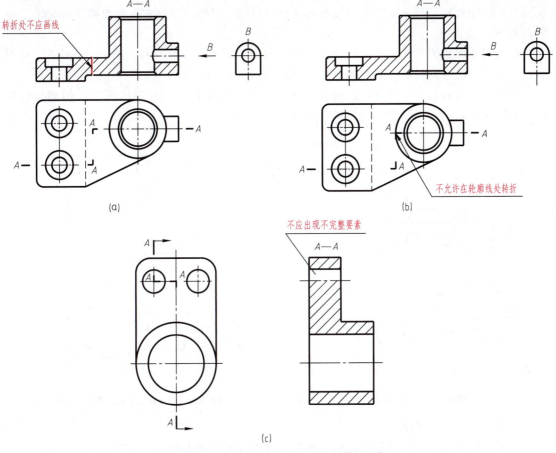

图 7-22　几个平行的剖切平面剖切的错误画法

3. 几个相交的剖切平面

当机件的内部结构形状用一个剖切平面剖切不能表达完全，且这个机件在整体上又具有公共回转轴时，可用两个相交的剖切平面（交线垂直于某一基本投影面）剖开机件，如图 7-23 所示。

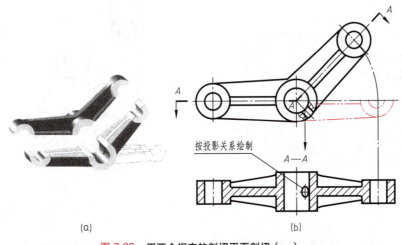

图 7-23　用两个相交的剖切平面剖切（一）

采用这种方法画剖视图时，先假想按剖切位置剖开机件，然后将被剖切平面剖开的结构及其有关结构旋转到与选定的基本投影面平行后再进行投影，使剖视图既反映实形又便于画图，如图 7-23 所示。

在剖切平面后的其他结构一般仍按原来投影绘制，如图 7-23 中的小油孔的画法。当剖切后产生不完整要素时，该部分按不剖处理，如图 7-24 所示。

用几个相交的剖切平面获得的剖视图必须标注，如图 7-23～图 7-25 所示。但当转折处位置有限又不致引起误解时，允许省略字母。

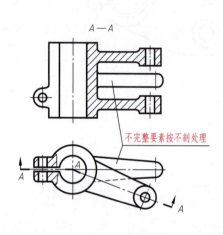

图 7-24　两个相交的剖切平面剖切（二）

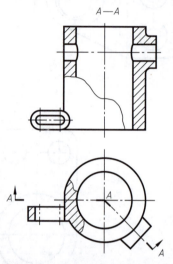

图 7-25　两个相交的剖切平面剖切（三）

4. 剖切方法的综合运用

当机件的内部结构较为复杂，单一地采用以上各种剖切方法都不能简单而又集中的表达时，可根据机件的结构特点，将以上三种剖切方法综合起来运用到机件的表达方案上，但必须完整标注，如图 7-26、图 7-27 所示。图 7-27 是把剖切的结构展开成同一平面后，再向投

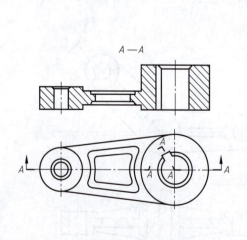

图 7-26　剖切方法的综合运用（一）

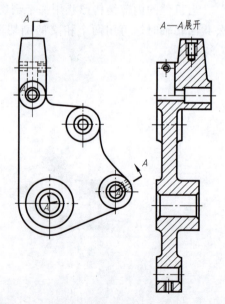

图 7-27　剖切方法的综合运用（二）

影面投射的，标注时，剖视图的名称应标注成"×—×展开"的形式。

7.3 断面图

断面图主要是用来表达机件上某一结构的断面形状，如机件上的肋板、轮辐、键槽、杆件及型材的断面等结构，常用这种表达方法。

7.3.1 断面图的概念

假想用剖切面将机件的某处切断，仅画出该剖切面与机件接触部分的图形，称为断面图，简称断面，如图7-28（a）所示。

断面图与剖视图的主要区别在于：断面图仅画出机件被剖切断面的图形，而剖视图则要求画出剖切平面后面所有部分的投影，如图7-28（b）所示。

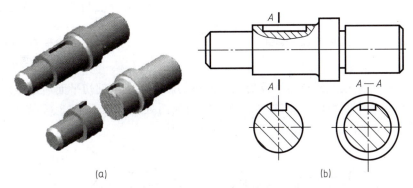

图 7-28　断面图与剖视图的区别

根据断面图配置的位置不同可分为移出断面图和重合断面图两种。

7.3.2 移出断面图

画在视图之外的断面图称为移出断面图。

1. 移出断面图的画法与配置

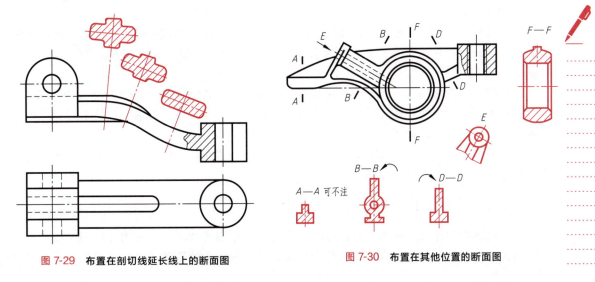

图 7-29　布置在剖切线延长线上的断面图　　　　图 7-30　布置在其他位置的断面图

（1）移出断面图的轮廓线用粗实线绘制，并在断面上画上剖面符号，如图 7-29 所示。

（2）移出断面图应尽量配置在剖切线的延长线上，如图 7-29 所示。当断面图形对称时，也可画在视图的中断处，如图 7-31 所示。必要时可将移出断面图配置在其他位置，在不致引起误解时，也允许将斜放的断面图旋转放正，如图 7-30 所示。

（3）为了能够表示断面的真实形状，剖切平面一般应垂直机件的轮廓线（直线）或通过圆弧轮廓线的中心，如图 7-30 所示。

（4）由两个或多个相交的剖切平面剖切得出的移出断面图，中间一般应断开，如图 7-32 所示。

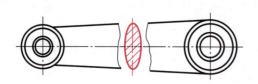

图 7-31　布置在视图中断处的断面图

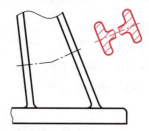

图 7-32　几个相交的剖切平面剖开的移出断面图

（5）当剖切平面通过回转面形成的孔、凹坑的轴线时或当剖切平面通过非圆孔，会导致出现完全分离的两个断面时，则这些结构应按剖视图处理，如图 7-33 所示。"按剖视图处理"是指被剖切的结构，并不包括剖切平面后的结构。

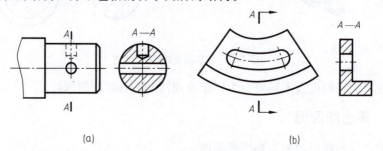

图 7-33　移出断面图的标注

2. 移出断面的标注

（1）当移出断面图不配置在剖切线延长线上时，一般应用剖切符号表示剖切位置，用箭头表示投影方向，并注上字母；在断面图的上方应用同样字母标出相同的名称"×—×"，如图 7-33 中的"A—A"。

（2）配置在剖切线延长线上的不对称移出断面图，可省略字母，如图 7-28（a）所示。

（3）不配置在剖切线延长线上的对称移出断面图，以及按投影关系配置的不对称移出断面图，均可省略箭头，如图 7-33（a）、（b）所示。

（4）配置在剖切线延长线上的对称移出断面图及配置在视图中断处的移出断面图，均可省略标注，如图 7-29、图 7-31 所示。

7.3.3　重合断面图

画在视图内的断面图称为重合断面图，其轮廓线用细实线画出，如图 7-34 所示。

当视图中的轮廓线与重合断面图的图形重叠时，视图中的轮廓线仍需连续画出，不可间断,如图 7-34 所示。

因重合断面图直接画在视图内剖切位置处,在标注时,对称的重合断面图不必标注,如图 7-34 所示;不对称的重合断面图可省略字母,如图 7-35 所示。

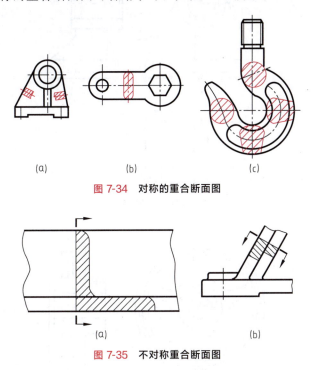

图 7-34 对称的重合断面图

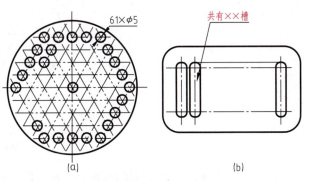

图 7-35 不对称重合断面图

7.4 简化画法及局部放大图

7.4.1 简化画法

(1) 重复结构要素的简化画法　当机件具有若干形状相同且规律分布的孔、槽等结构时,可以仅画出一个或几个完整的结构,其余用点画线表示其中心位置,并将分布范围用细实线连接,如图 7-36 (a)、图 7-36 (b) 所示。

图 7-36 相同结构的简化画法

(2) 剖视图中的肋、轮辐等结构的简化画法　对于机件的肋、轮辐等,如按纵向剖切,通常按不剖绘制（不画剖面符号），而用粗实线将其与邻接部分分开，如图 7-37、图 7-38 所示。

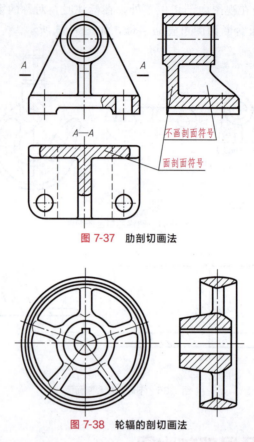

图 7-37 肋剖切画法

图 7-38 轮辐的剖切画法

当机件回转体上均匀分布的肋、轮辐、孔等结构不处于剖切平面上时，可将这些结构旋转到剖切平面上画出，如图 7-39、图 7-40 所示。

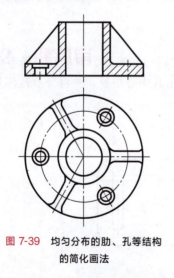

图 7-39 均匀分布的肋、孔等结构的简化画法

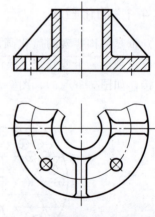

图 7-40 对称分布的肋、孔等结构的简化画法

（3）较长机件的简化画法（断裂画法） 当较长的机件，如轴、杆、型材、连杆等，沿长度方向的形状一致或按一定规律变化时，可断开后缩短画出，但要标注实际尺寸，如图 7-41 所示。

（4）小圆角、小倒角的简化画法 在不致引起误解时，零件图中的小圆角、锐边的倒角

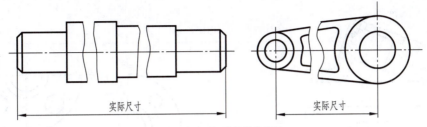

图 7-41 较长机件的简化画法

或 45°小倒角允许省略不画，但必须注明尺寸或在技术要求中加以说明，如图 7-42 所示。

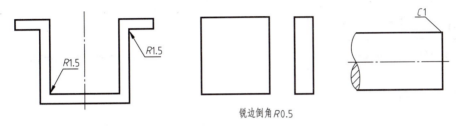

图 7-42 小圆角、小倒角的简化画法

(5) 圆柱形法兰和类似的机件上均匀分布的孔 可按图 7-43 所示方法表示。

(6) 在需要表示位于剖切平面前的结构时 这些结构用双点画线绘制，如图 7-44 所示。

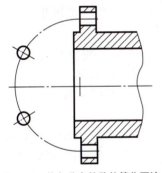

图 7-43 均匀分布的孔的简化画法

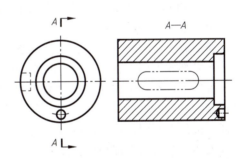

图 7-44 剖切平面前的结构的表达方法

(7) 零件上对称结构的局部视图 可按图 7-45 所示的方法绘制，在不致引起混淆的情况下，允许将交线用轮廓线代替。

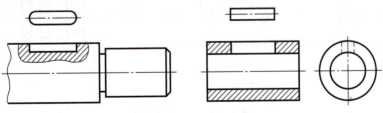

图 7-45 对称结构的局部视图

(8) 与投影面倾斜角度小于或等于 30°的圆或圆弧 其投影可用圆或圆弧代替，如图 7-46 所示。

(9) 对称机件的画法 对于对称机件的视图可只画一半或 1/4，并在对称中心线的两端画出两条与其垂直的平行细实线，如图 7-47 所示。

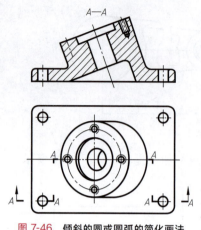

图 7-46　倾斜的圆或圆弧的简化画法

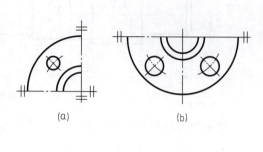

图 7-47　对称机件的简化画法

7.4.2　局部放大图

根据机件的结构大小选择一定的比例画出图形时，仍有细小结构没有表达清楚，又没有必要将图形全部放大，可将机件的这部分结构，用大于原图形的比例画出，这种表达方法称为局部放大图，如图 7-48、图 7-49 所示。

局部放大图可画成视图，也可画成剖视图或断面图，它与被放大部分的原表达方式无关，如图 7-48 所示。局部放大图应尽量配置在被放大部位的附近，必要时可用几个图形表达同一个被放大部分的结构，如图 7-49 所示。

画局部放大图时，应用细实线圈出被放大部位，如有多处被放大，用罗马数字依次标记，并在局部放大图上方标出相应的罗马数字和采用的比例，如图 7-48 所示。

当机件上仅有一个需要放大部位时，在局部放大图的上方只需注明所采用的比例，如图 7-49 所示。

同一机件上不同部位局部放大图相同或对称时，只需画出一个放大图，如图 7-50 所示。局部放大图应和被放大部分的投影方向一致，若为剖视图和断面图时，其剖面线的方向和间隔应与原图相同，如图 7-50 所示。

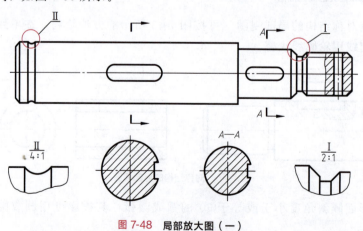

图 7-48　局部放大图（一）

必须指出，局部放大图标出的比例是指图中图形与实物相应要素的线性尺寸之比，而与

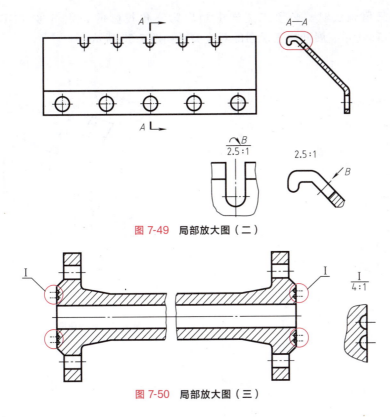

图 7-49 局部放大图（二）

图 7-50 局部放大图（三）

原图比例无关。

7.5 第三角投影法简介

用正投影法绘制工程图样时，有第一角投影法和第三角投影法两种画法，国际标准 ISO 规定这两种画法具有同等效力。我国国标规定，技术图样用正投影法绘制，并优先采用第一角画法，必要时（如按合同规定等）才允许使用第三角画法。而有些国家则采用第三角投影法（如美国、日本等）。为了便于进行国际间的技术交流和发展国际贸易，了解第三角投影是必要的，为此，将第三角投影法简述如下。

7.5.1 第三角投影体系的建立

图 7-51 表示为三个相互垂直的投影面 H、V、W，H、V 面将 W 面左侧的空间分成四个分角，各分角排列如图 7-51 所示。第三角投影法是将物体放在第三角内，投影面处在观察者与物体之间，把投影面假设看成是透明的，仍然采用正投影法，这样得到的视图称为第三角投影，这种方法称为第三角投影法或第三角画法。

7.5.2 第三角画法的视图配置

第三角画法的投影面展开时，正面保持不动，其余各投影面的展开方法及视图的配置如图 7-52 和图 7-53 所示。

在同一张图样中，如按图 7-53 配置视图时，一律不注视图名称。

当采用第三角画法时，必须在图样中画出第三角投影的识别符号（GB/T 14692—1993），如图 7-54 所示。展开后三视图的对应关系如图 7-55 所示。

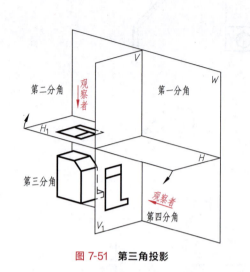

图 7-51　第三角投影

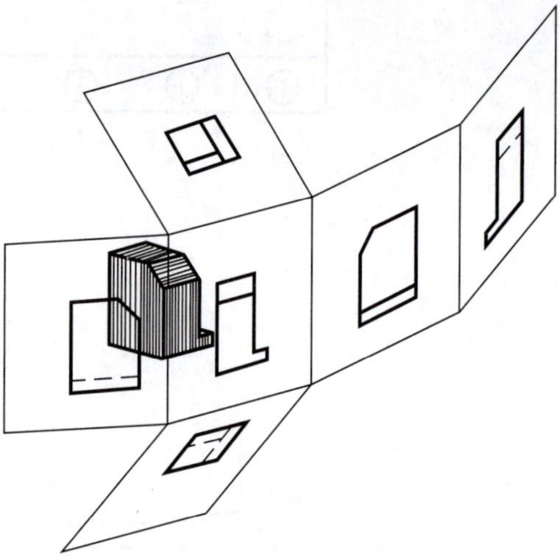

图 7-52　第三角投影投影面的展开

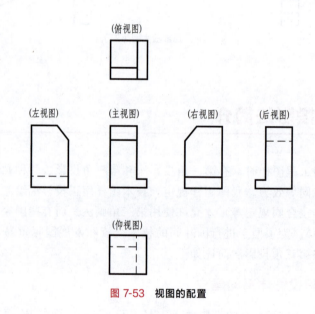

图 7-53　视图的配置

(a) 第一角投影符号　　(b) 第三角投影符号

图 7-54　识别符号

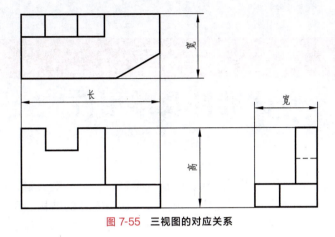

图 7-55　三视图的对应关系

第一角画法与第三角画法的比较如图 7-56 所示。

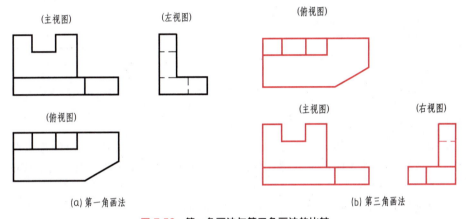

图 7-56　第一角画法与第三角画法的比较

小　　结

　　本章着重介绍了视图、剖视与断面的画法与标注规定。对于这些图样画法，一方面要弄清它们的基本概念，同时能熟练运用学过的投影原理和方法画出零件的视图；另一方面要分清各种表达方法的应用范围，对具体情况作具体分析，目的是将零件的各个方向的内、外部形状准确地表达出来，并使作图简便。

第8章 标准件及常用件

在各种机器设备上,还广泛用到螺栓、螺柱、螺钉、螺母、键、销、齿轮、弹簧、滚动轴承等各种不同的零件。这些零件用途广,用量大,这类零件的结构、尺寸和技术要求实行全部或部分标准化。实行全部标准化的零件,称为标准件;实行部分标准化的零件,称为常用件。本章主要介绍标准件和常用件的基本知识、规定画法、代号、标注等。

8.1 螺纹及其紧固件

8.1.1 螺纹

1. 螺纹的形成

螺纹是指在圆柱(或圆锥)表面上,沿着螺旋线形成的具有相同断面的连续凸起和沟槽。在圆柱(或圆锥)外表面形成的螺纹称外螺纹;在圆柱(或圆锥)内表面形成的螺纹称内螺纹。

螺纹是根据螺旋线原理加工而成的。有多种方法加工螺纹,如图 8-1 所示是在车床上加工内、外螺纹。

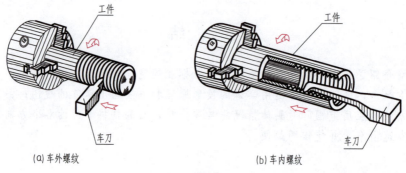

图 8-1 螺纹加工方法

2. 螺纹的基本要素

(1)牙型 在通过螺纹轴线的剖面上,螺纹的轮廓形状称为螺纹牙型。常见的螺纹牙型有三角形、梯形、锯齿形和矩形等,其凸起部分顶端称为螺纹的牙顶,沟槽的底部称为螺纹的牙底。如图 8-2 所示。国标对标准牙型规定了标记符号,见表 8-1。

(2)直径 与外螺纹牙顶或内螺纹牙底相重合的假想圆柱面的直径称为螺纹大径(d、D),与外螺纹牙底或内螺纹牙顶相重合的假想圆柱面的直径称为螺纹小径(d_1、D_1),通过牙型上沟槽和凸起宽度相等处的一个假想圆柱的直径称为螺纹中径(d_2、D_2)。螺纹大径

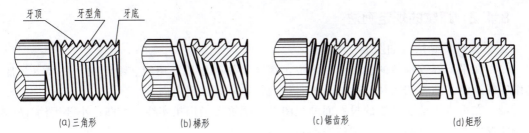

(a) 三角形　　(b) 梯形　　(c) 锯齿形　　(d) 矩形

图 8-2　螺纹的牙型

又称为公称直径（管螺纹用尺寸代号表示），如图 8-3 所示。

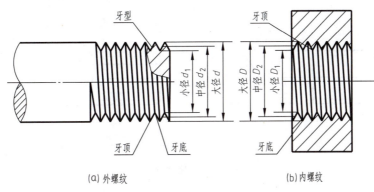

(a) 外螺纹　　　　　　　(b) 内螺纹

图 8-3　螺纹的直径

(3) 线数 (n)　形成螺纹的螺旋线条数称为线数 (n)。螺纹有单线与多线之分。沿一条螺旋线所形成的螺纹称单线螺纹；沿两条或多条螺旋线所形成的螺纹称多线螺纹。

(4) 螺距和导程　相邻两牙在中径线上对应两点间的轴向距离称为螺距 (P)；同一条螺旋线上的相邻两牙在中径线上对应两点间的轴向距离称导程 (P_h)，如图 8-4 所示。

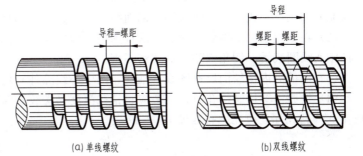

(a) 单线螺纹　　　　　(b) 双线螺纹

图 8-4　螺距和导程

导程＝螺距×线数＝Pn

(5) 旋向　螺纹分左旋和右旋两种。按顺时针方向旋转时旋入的螺纹称右旋螺纹，反之，按逆时针方向旋转时旋入的螺纹称左旋螺纹。简单垂直放置，右高左低者称右旋螺纹，左高右低者称左旋螺纹，如图 8-5 所示。常用的是右旋螺纹。

凡是牙型、大径和螺距符合标准的螺纹称标准螺纹；牙型符合标准，而大径或螺距不符合标准的螺纹称特殊螺纹；牙型不符合标准的螺纹称非标准螺纹。

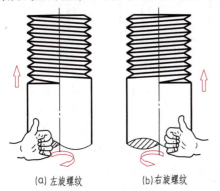

(a) 左旋螺纹　　(b) 右旋螺纹

图 8-5　螺纹的旋向

8.1.2 螺纹的规定画法

1. 外螺纹的画法（如图 8-6 所示）

（1）在平行螺纹轴线的投影面视图中，螺纹大径（牙顶）用粗实线绘制；小径（牙底）用细实线绘制（通常按大径投影的 0.85 倍绘制），并画入倒角内。

（2）在垂直于螺纹轴线的投影面的视图中，螺纹大径用粗实线画整圆；小径用约 3/4 圈的细实线圆表示。轴端的倒角圆省略不画。

（3）螺纹终止线用粗实线绘制。

（4）在剖视图中，剖面线必须画到大径的粗实线处；螺纹终止线用粗实线画在大、小径之间。

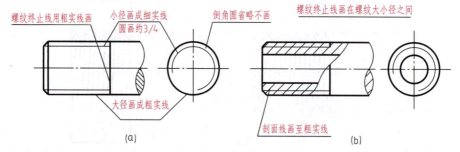

图 8-6　外螺纹的画法

2. 内螺纹的画法（如图 8-7 所示）

（1）在平行螺纹孔的轴线的剖视图或断面图中，内螺纹小径用粗实线绘制；大径用细实线绘制，螺纹终止线用粗实线绘制，剖面线必须画到小径的粗实线处。

（2）在垂直于螺纹轴线的投影面的视图中，内螺纹小径用粗实线圆绘制；大径用约 3/4 圈的细实线圆表示。倒角圆的投影省略不画。

（3）不可见内螺纹的所有图线（轴线、圆中心线除外）均用虚线绘制。

（4）绘制不穿透螺纹孔时，一般应将钻孔深度与螺纹孔深度分别画出，底部的锥顶角画成 120°。钻孔深度应比螺孔深度大 0.5D。

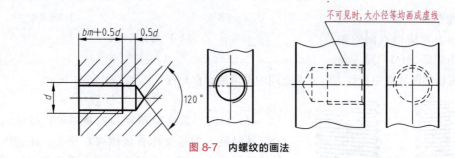

图 8-7　内螺纹的画法

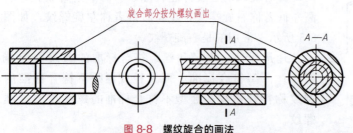

图 8-8　螺纹旋合的画法

3. 内、外螺纹连接的画法

（1）当用剖视图表示内、外螺纹连接时，其旋合部分应按外螺纹绘制，其余部分仍按各自的画法表示。

（2）画螺纹连接图时，内、外螺纹的大、小径应分别对齐，如图 8-8 所示。

8.1.3 螺纹标注方法

1. 普通螺纹

普通螺纹是最常用的螺纹，其牙型为三角形，牙型角为 60°。根据螺距的大小，普通螺纹又有粗牙和细牙之分。

普通螺纹标记的格式可分为三部分，三者之间用短横"—"隔开：

$$\boxed{螺纹代号}—\boxed{公差带代号}—\boxed{旋合长度代号}$$

（1）螺纹代号

$$\boxed{螺纹特征代号}\ \boxed{公称直径}\times\boxed{螺距}—\boxed{旋向}$$

普通螺纹的螺纹特征代号为"M"，公称直径为螺纹的大径。粗牙普通螺纹不标注螺距，细牙单线螺纹标注螺距，多线螺纹用"导程/线数"表示。右旋螺纹不注旋向，左旋螺纹应注出旋向"LH"或"左"字。

例如，公称直径为 24mm、螺距为 1.5mm 的左旋细牙普通螺纹的螺纹代号应标记为：M24×1.5LH；同一公称直径的右旋粗牙普通螺纹应标记为：M24。

（2）公差带代号　　螺纹的公差带代号是用来说明螺纹加工精度的，它用数字表示公差等级（公差带大小），用拉丁字母表示基本偏差代号（公差带位置），小写字母代表外螺纹，大写字母代表内螺纹。普通螺纹的公差带代号由两部分组成，即中径和顶径（即外螺纹大径或内螺纹小径）的公差带代号。当中径和顶径的公差带代号相同时，则只标注一个。

例如：M10－6H　　　　　6H——中径和顶径公差带代号相同

　　　　M20×1.5－5g 6g　　5g——中径公差带代号，6g——顶径公差带代号

在内、外螺纹连接图上标注时，其公差带代号应用斜线分开，如 6H/6g，6H/5g6g 等。

（3）旋合长度代号　　普通螺纹的旋合长度分为短、中和长三种，其代号分别用 S、N 和 L 表示。其中，中等旋合长度应用较为广泛，可省略 N 不注。

2. 梯形螺纹

梯形螺纹标记的格式为：

$$\boxed{螺纹代号}—\boxed{公差带代号}—\boxed{旋合长度代号}$$

梯形螺纹与普通螺纹的标记格式类似，仅在第一项 $\boxed{螺纹代号}$ 中稍有区别：

螺纹代号的项目及格式：$\boxed{螺纹特征代号}\ \boxed{公称直径}\times\boxed{螺距或导程}—\boxed{旋向}$

（1）梯形螺纹的螺纹特征代号为"Tr"。

（2）由于标准规定的同一公称直径中对应有几个螺距供选用，所以必须标注螺距。

单线梯形螺纹的螺纹代号为：$\boxed{螺纹特征代号}\ \boxed{公称直径}\times\boxed{螺距}—\boxed{旋向}$

多线梯形螺纹的螺纹代号为：$\boxed{螺纹特征代号}\ \boxed{公称直径}\times\boxed{导程}\ (P\ \boxed{螺距})—\boxed{旋向}$

例如，公称直径为 24mm、螺距为 3mm 的单线左旋梯形螺纹的螺纹代号应标记为：Tr24×3LH；而同一公称直径且相同螺距的双线右旋梯形螺纹的代号应标记为：Tr24×6（P3）。

3. 管螺纹

管螺纹用于管接头、旋塞、阀门等，管螺纹有用螺纹密封管螺纹和非螺纹密封管螺纹两种。管螺纹的牙型为等腰三角形，牙型角为 55°，其公称尺寸为管子的孔径，单位为英寸，

标记格式为：

| 螺纹特征代号 | 尺寸代号 | 公差等级代号 | 旋向 |

管螺纹的标记一律注在引线上，引线从大径处或由对称中心线处引出，见表 8-1。

表 8-1 标准螺纹的标记和标注

螺纹种类		螺纹代号				公差带代号		旋合长度代号	标注示例
		特征代号	公称直径	螺距（导程）	旋向	中径	顶径		
普通螺纹	粗牙普通螺纹	M	20	2.5	右	6g	6g	N	M20—5g6g
	细牙普通螺纹		20	2	左	6H	6H	S	M20×2LH—6H—S
梯形螺纹		Tr	30	6	左	7e		L	Tr30×6LH—7e—L
			30	6(12)	右	7H		N	Tr30×12(P6)—7H
非螺纹密封的管螺纹		G	3/4	1.814	右	公差等级代号 A			G3/4A
			1 1/2	2.309	左				G1½—LH
用螺纹密封管螺纹	圆锥外螺纹	R₂(R₁)	3/8		右				R₂3/8
	圆柱内螺纹	Rp	1/2	1.814	左				Rp1/2—LH
	圆锥内螺纹	Rc	1/2	1.814	右				Rc1/2

（1）非螺纹密封的管螺纹 非密封管螺纹的螺纹特征代号为"G"。外螺纹的公差等级规定了 A 级和 B 级两种，A 级为精密级，B 级为粗糙级；而内、外螺纹的顶径和内螺纹的中径只规定了一种公差等级，故对外螺纹分 A、B 两级进行标记，对内螺纹不标记公差等级

代号。右旋螺纹不标注旋向，左旋螺纹标注"LH"。

例如，非密封螺纹管螺纹为外螺纹，其尺寸代号为1/2，公差等级为B级，右旋，则该螺纹的标记为：G1/2B。

（2）用螺纹密封的管螺纹　外螺纹为圆锥外螺纹，特征代号为"R_1"（与圆柱内螺纹相配合）、"R_2"（与圆锥内螺纹相配合）；内螺纹有圆锥内螺纹和圆柱内螺纹两种，它们的特征代号分别为"Rc"和"Rp"。用螺纹密封的管螺纹只有一种公差等级，故标记中不标注。右旋螺纹不标注旋向，左旋螺纹标注"LH"。

例如，用螺纹密封的管螺纹为圆锥内螺纹，其尺寸代号为 $1\frac{1}{2}$，左旋，则该螺纹的标记为：Rc$1\frac{1}{2}$—LH。

（3）非标准螺纹和特殊螺纹　在图样中，非标准螺纹一般应表示出牙型，并注出所需要的尺寸及有关要求，如图8-9所示。特殊螺纹的标注，应在代号之前加一"特"字，如：特M36×0.75—7H。

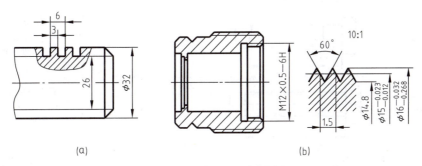

图 8-9　非标准螺纹的标注方法

8.1.4　螺纹紧固件

常用的螺纹紧固件有螺栓、双头螺柱、螺钉、螺母和垫圈等，如图8-10所示。这些零件都是标准件，一般由标准件厂大量生产，使用单位可根据需要按有关标准选用。

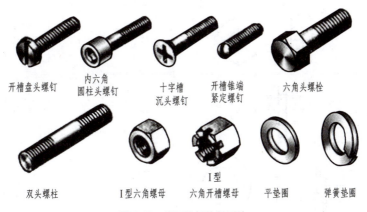

图 8-10　常用的螺纹紧固件

1. 螺纹紧固件的标记方法

国家标准对螺纹紧固件的结构、型式、尺寸等都作了规定，在设计机器时，对于标准件，不必画出它们的零件图，只需按规定画法在装配图中画出，注明它们的标记即可。

螺纹紧固件的完整标记由名称、标准编号、螺纹规格或公称长度（必要时）、性能等级或材料等级、产品等级、表面氧化组成。完整标记示例：螺栓 GB/T 5782—2000-M12×80-10.9-A-O，其中 10.9 为性能等级，A 为产品等级，O 为表面氧化。在一般情况下，紧固件采用简化标记，主要标记前四项，常用螺纹紧固件的标记示例见表 8-2。

表 8-2 常用螺纹紧固件的标记示例

种 类	结构与规格尺寸	简化标记示例	说 明
六角头螺栓		螺栓 GB/T 5782　6×30	螺纹规格为 M6，$l=30mm$，性能等级为 8.8 级，表面氧化的 A 级六角头螺栓
双头螺柱	B型	螺柱 GB/T 189　M8×30	两端螺纹规格均为 M8，$l=30mm$，性能等级为 4.8 级，不经表面处理的 B 型双头螺柱
开槽圆柱头螺钉		螺钉 GB/T 65　M5×45	螺纹规格为 M5，$l=45mm$，性能等级为 4.8 级，不经表面处理的开槽圆柱头螺钉
开槽盘头螺钉		螺钉 GB/T 67　M5×45	螺纹规格为 M5，$l=45mm$，性能等级为 4.8 级，不经表面处理的开槽盘头螺钉
开槽沉头螺钉		螺钉 GB/T 68　M5×45	螺纹规格为 M5，$l=45mm$，性能等级为 4.8 级，不经表面处理的开槽沉头螺钉
开槽锥端紧定螺钉		螺钉 GB/T 71　M5×20	螺纹规格为 M5，$l=20mm$，性能等级为 14H 级，表面氧化的开槽锥端紧定螺钉
I 型六角螺母		螺母 GB/T 6170　M8	螺纹规格为 M8，性能等级为 8 级，不经表面处理的 I 型六角螺母
平垫圈		垫圈 GB/T 97.1　8	标准系列，规格 8mm，性能等级为 140HV，不经表面处理的 A 级平垫圈
标准型弹簧垫圈		垫圈 GB/T 93　8	规格 8mm，材料为 65Mn，表面氧化的标准型弹簧垫圈

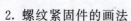

2．螺纹紧固件的画法

（1）按国家标准中规定的数据画图　根据螺纹紧固件标记中的公称直径 d（或 D），查阅有关标准（见附录2），得出各部分尺寸后按图例进行绘图。

（2）采用比例画法　螺纹紧固件的螺纹公称直径一旦选定，其他各部分尺寸都取与大径 d（或 D）成一定比例的数值来画图的方法，称为比例画法。采用比例画法时，可以提高绘图速度，其中，螺纹紧固件的螺纹有效长度 l 需根据被连接件的厚度计算后取标准值。

各种常用螺纹连接件的比例画法，如表8-3所示。

表8-3　各种螺纹连接件的比例画法

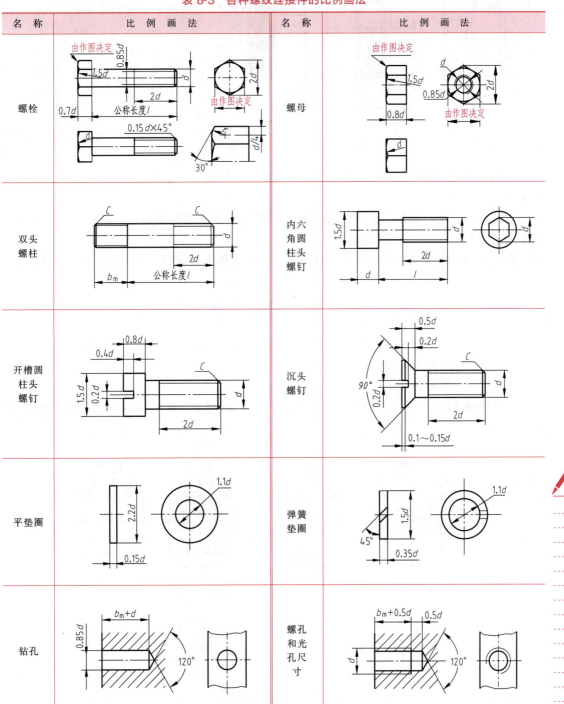

3. 螺纹紧固件的连接画法

螺纹紧固件连接的基本形式有三种：螺栓连接、双头螺柱连接、螺钉连接，如图 8-11 所示。

（1）螺纹紧固件连接的规定画法　画螺纹紧固件的装配画法时，应遵守以下规定。

① 两零件的接触面只画一条粗实线；不接触的表面，不论间隙多小，都必须画成两条线。

② 在剖视图中，相邻两个零件的剖面线方向应相反或间隔不同，但同一零件在各剖视图中，剖面线的方向和间隔应相同。

③ 当剖切平面通过螺杆的轴线时，对于螺栓、螺柱、螺钉、螺母及垫圈等均按不剖绘制，螺纹紧固件的工艺结构，如倒角、退刀槽、缩径、凸肩等均可省略不画。

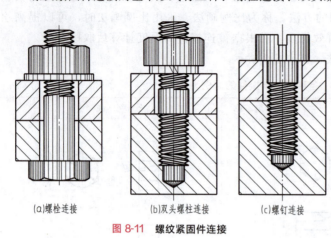

(a) 螺栓连接　　(b) 双头螺柱连接　　(c) 螺钉连接

图 8-11　螺纹紧固件连接

（2）螺栓连接的画法　螺栓连接适用于连接不太厚并能钻成通孔的零件，连接件有螺栓、螺母和垫圈，如图 8-12（a）所示。

作图时为保证螺栓装配方便，被连接件上孔径比螺纹大径略大，画图时取 $1.1d$。由图 8-12（a）可知，采用比例画法时，螺栓有效长度 l 为：

$$l \approx \delta_1 + \delta_2 + h + m + a$$

式中　δ_1、δ_2——被连接零件厚度；

　　　h——垫圈厚度；

　　　m——螺母厚度；

　　　a——螺栓旋出长度，$a=(0.3\sim0.4)d$。

螺栓连接还可以采用简化画法，螺栓倒角、六角头部曲线等均可省略不画，如图 8-12（b）所示。

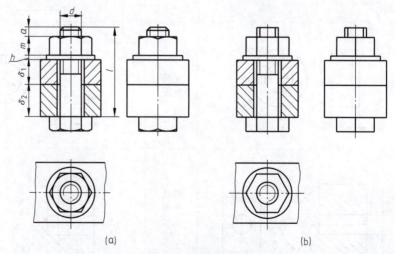

(a)　　　　　　　　　　　　(b)

图 8-12　螺栓连接

（3）双头螺柱连接的画法　双头螺柱连接适用于被连接零件之一较厚或不允许钻成通孔、且经常拆卸的情况，连接件有双头螺柱、螺母和垫圈。在较薄的零件上加工成通孔，孔径取 $1.1d$，而在较厚的零件上制出不穿通的内螺纹，钻头头部形成的锥顶角为 $120°$。双头螺柱两端都加工有螺纹，连接时，一端旋入较厚零件中的螺孔中称旋入端，另一端穿过较薄零件的通孔，套上垫圈，再用螺母拧紧，称紧固端，如图 8-13 所示。在拆卸时只需拧出螺母、取下垫圈，而不必拧出螺柱，因此采用这种连接不会损坏被连接件上的螺纹孔。

螺孔深度一般取 $b_m+0.5d$，钻孔深度一般取 b_m+d，如图 8-14（a）所示。

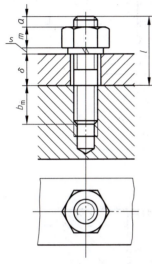

图 8-13　双头螺柱连接

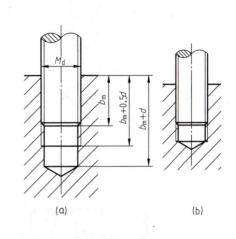

图 8-14　钻孔和螺孔的深度

画螺柱连接时应注意：
① 螺柱旋入端的螺纹终止线与两个被连接件的接触面必须画成一条线。
② 双头螺柱的旋入端长度 b_m 与被连接零件的材料有关，按表 8-4 选取。

表 8-4　旋入端长度

被旋入零件的材料	旋入端长度 b_m	国 标 代 号
钢、青铜	$b_m=d$	GB/T 897—1988
铸铁	$b_m=1.25d$ 或 $1.5d$	GB/T 898—1988 GB/T 899—1988
铝、较软材料	$b_m=2d$	GB/T 900—1988

③ 双头螺柱的有效长度应按下式估算：
$$L \approx \delta + S + m + a$$
式中　δ——零件厚度；
　　　S——垫圈厚度；
　　　m——螺母厚度；
　　　a——螺柱旋出长度，$a=(0.3\sim0.4)d$。

④ 不穿通螺纹孔的钻孔深度也可不表示，仅按有效螺纹部分的深度画出，见图 8-14（b）。

（4）螺钉连接的画法　螺钉连接按用途分为连接螺钉和紧定螺钉。

螺钉连接用于不经常拆卸，且被连接件之一较厚的场合。将螺钉穿过较薄零件的通孔后，直接旋入较厚零件的螺孔内，靠螺钉头部压紧被连接件，实现两者的连接。

对于带槽螺钉的槽部，在投影为圆的视图中画成与中心线成 $45°$，见图 8-15；当槽宽小于 2mm 时，可涂黑表示。

注意：为了使螺钉的头部压紧被连接零件，螺钉的螺纹终止线应超出螺孔的端面。

紧定螺钉对机件主要起定位和固定作用。采用紧定螺钉连接时，其画法如图 8-16 所示。

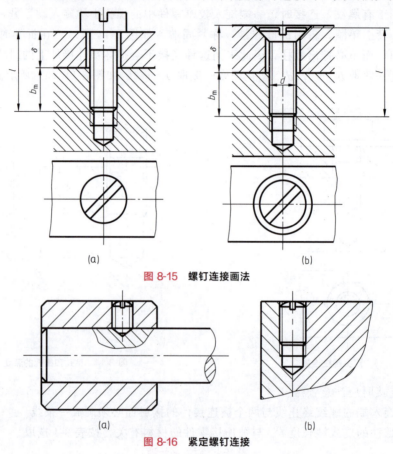

图 8-15 螺钉连接画法

图 8-16 紧定螺钉连接

8.2 键和销

8.2.1 键

键用来连接轴和轴上的零件（如齿轮，带轮等），使它们能一起转动并传递转矩。

1. 常用键及其标记

键连接有多种型式，常用键有普通平键、半圆键、钩头楔键等，其形状如图 8-17 所示，其中普通平键最为常见。

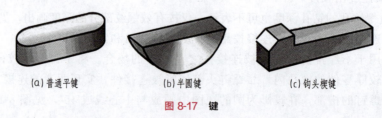

(a) 普通平键　　(b) 半圆键　　(c) 钩头楔键

图 8-17 键

表 8-5 列出了这几种键的标准编号、画法及其标记示例。

表 8-5　常用键的图例和标记

名称及标准编号	图例	标记示例	说明
普通平键 GB/T 1096—2003		GB/T 1096—2003 键 18×100	圆头普通平键 键宽 $b=18$, $h=11$, 键长 $L=100$
半圆键 GB/T 1099.1—2003		GB/T 1099.1—2003 键 6×25	半圆键 键宽 $b=6$, 直径 $d=25$
钩头楔键 GB/T 1565—2003		GB/T 1565—2003 键 18×100	钩头楔键 键宽 $b=18$, $h=8$, 键长 $L=100$

2. 键连接的画法

首先应确定轴的直径、键的型式、键的长度，然后根据轴的直径 d 查阅标准选择键，确定键槽尺寸。图 8-18、图 8-19 为普通平键和半圆键连接画法，根据国家标准规定，轴和键在主视图上均按不剖绘制，为了表示键在轴上的连接情况，轴采用了局部剖视，普通平键和半圆键的两侧面为工作面，键与键槽两侧面相接触，应画一条线，而键与轮毂槽的键槽顶面间应留有空隙，故画成两条线。

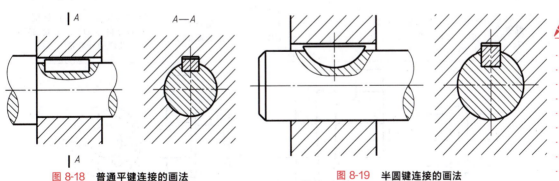

图 8-18　普通平键连接的画法　　　图 8-19　半圆键连接的画法

3. 键槽的画法及尺寸标注

键的参数一旦确定，轴和轮毂上键槽的尺寸应查阅有关标准确定，键槽的画法和尺寸标注如图 8-20 所示。

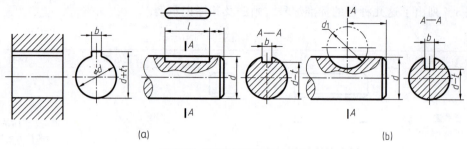

图 8-20　键槽的画法和尺寸标注

8.2.2 销

常用的销有圆柱销、圆锥销、开口销等，其形状如图 8-21 所示。圆柱销、圆锥销通常用于零件间的连接或定位；开口销常用在螺纹连接的锁紧装置中，以防止螺母的松脱。

(a) 圆柱销　　　　(b) 圆锥销　　　　(c) 开口销

图 8-21　销

表 8-6 列出了常用的几种销的标准代号、形式和标记示例。

表 8-6　销的画法和标记示例

名称	圆柱销	圆锥销	开口销
结构及规格尺寸			
简化标记示例	销 GB/T 119.2　5×20	销 GB/T 117　6×24	销 GB/T 91　5×30
说明	公称直径 $d=5$mm，长度 $l=20$mm，公差为 m6，材料为钢，普通淬火（A 型），表面氧化的圆柱销	公称直径 $d=6$mm，长度 $l=24$mm，材料为 35 钢，热处理硬度 28～38HRC，表面氧化处理的 A 型圆锥销	公称直径 $d=5$mm，长度 $l=30$mm，材料为 Q215 或 Q235，不经表面处理的开口销

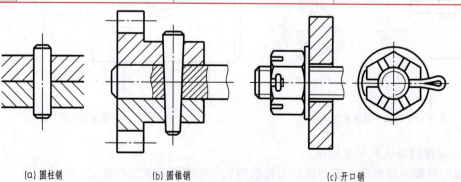

(a) 圆柱销　　　　(b) 圆锥销　　　　(c) 开口销

图 8-22　销连接的画法

图 8-22 为常用三种销的连接画法，当剖切平面通过销的轴线时，销作不剖处理。

8.3 齿轮

齿轮用来传递动力，改变转速和旋转方向。齿轮的种类很多，根据其传动情况可以分为三类：圆柱齿轮——用于两平行轴间的传动，如图 8-23（a）所示；锥齿轮——用于两相交轴间的传动，如图 8-23（b）所示；蜗轮蜗杆——用于两交错轴间的传动，如图 8-23（c）所示。

齿轮的模数和压力角符合标准的称为标准齿轮。本节主要介绍标准齿轮圆柱齿轮的名称及其规定画法。

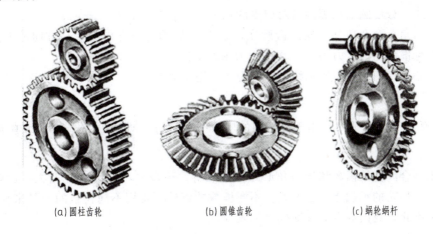

(a) 圆柱齿轮　　(b) 圆锥齿轮　　(c) 蜗轮蜗杆

图 8-23　齿轮传动

8.3.1　圆柱齿轮

8.3.1.1　圆柱齿轮的种类
常见的圆柱齿轮有直齿圆柱齿轮、斜齿圆柱齿轮和人字齿圆柱齿轮。

8.3.1.2　圆柱齿轮的名称
圆柱齿轮各部分的名称和代号，如图 8-24 所示。

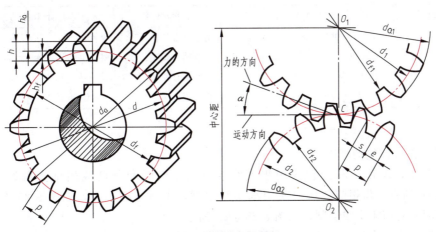

图 8-24　齿轮的各部名称

(1) 齿顶圆　通过齿轮顶部的圆，直径用 d_a 表示。

(2) 齿根圆　通过齿轮根部的圆，直径用 d_f 表示。

(3) 节圆、分度圆　如图 8-24 所示，当两齿轮啮合时，齿轮齿廓线的啮合点（接触点）C 称节点，过圆心 O_1、O_2 相切于节点 C 的两个圆称为节圆，直径用 d' 表示。设计、加工齿轮时，为了便于计算和分齿而设定的基准圆称分度圆，直径用 d 表示。标准齿轮分度圆上的齿厚 s（某圆上的弧长）与槽宽 e（某圆上空槽的弧长）相等。一对标准齿轮啮合时，节圆与分度圆重合（即 $d=d'$）。

(4) 齿顶高　齿顶圆与分度圆之间的径向距离，用 h_a 表示。

(5) 齿根高　齿根圆与分度圆之间的径向距离，用 h_f 表示。

(6) 齿高　齿顶圆与齿根圆之间的径向距离，用 h 表示。

(7) 齿距　分度圆上相邻两齿对应点的弧长，用 p 表示，$p=s+e$。

(8) 压力角　两个啮合的轮齿齿廓在接触点 C 处的受力方向与运动方向的夹角，用 α 表示。我国标准齿轮的压力角 $\alpha=20°$（压力角通常指分度圆压力角）。

(9) 中心距　两圆柱齿轮轴线之间的距离，用 a 表示。

(10) 齿数　用 z 表示。

(11) 模数　用 m 表示。由于分度圆的周长 $=\pi d=zp$，即：$d=\dfrac{p}{\pi}z$。令比值 $p/\pi=m$，则：$d=mz$。

一对相啮合齿轮的模数和压力角必须分别相等。模数大，齿距 p 也增大，齿厚 s 也随之增大，因而齿轮的承载能力也增大。不同模数的齿轮，要用不同模数的刀具来加工制造。模数已经标准化，我国规定的标准模数见表 8-7。

表 8-7　标准模数（摘自 GB/T 1357—2008）

圆柱齿轮	第一系列	1, 1.25, 1.5, 2, 2.5, 3, 4, 5, 6, 8, 10, 12, 16, 20, 25, 32, 40
	第二系列	1.75, 2.25, 2.75, (3.25), 3.5, (3.75), 4.5, 5.5, (6.5), 7, 9, (12), 14, 18, 22

注：选用圆柱齿轮模数时，应优先选用第一系列，其次选第二系列，括号内的模数尽可能不用。

标准直齿圆柱齿轮的轮齿各部分尺寸，可根据模数和齿数来确定，其计算公式见表 8-8。

表 8-8　标准直齿圆柱齿轮轮齿的各部分尺寸关系

名称及代号	计算公式	名称及代号	计算公式
模数 m	$m=d/\pi$ 并按表 8-7 取标准值	分度圆直径 d	$d=mz$
齿顶高 h_a	$h_a=m$	齿顶圆直径 d_a	$d_2=d+2h_a=m(z+2)$
齿根高 h_f	$h_f=1.25m$	齿根圆直径 d_f	$d_f=d-2h_f=m(z-2.5)$
齿高 h	$h=h_a+h_f=2.25m$	中心距 a	$a=(d_1+d_2)/2=m(z_1+z_2)/2$

8.3.1.3　圆柱齿轮的画法

1. 单个圆柱齿轮的画法

在视图中，齿顶圆和齿顶线用粗实线绘制，分度圆和分度线用细点画线绘制，如图 8-25（a）所示。齿根圆和齿根线用细实线绘制，也可省略不画，如图 8-25（a）所示，齿根线在剖开时用粗实线绘制，如图 8-25（b）所示。

在剖视图中，当剖切平面通过齿轮的轴线时，轮齿一律按不剖处理，齿根线画成粗实

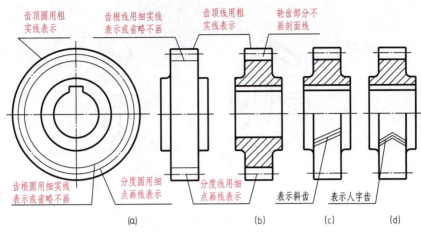

图 8-25 单个圆柱齿轮的画法

线,如图 8-25(b)所示。

对斜齿和人字齿的齿轮,需要表示齿线特征时,可用三条与齿线方向一致的相互平行的细实线表示,如图 8-25(c)、(d)所示。

2. 圆柱齿轮啮合的画法

在垂直于圆柱齿轮轴线的投影的视图中,两节圆应相切,啮合区的齿顶圆均用粗实线绘制,如图 8-26(a)所示,也可省略不画,如图 8-26(b)所示。

在剖视图中,当剖切平面通过两啮合齿轮的轴线时,在啮合区内,将一个齿轮的轮齿用粗实线绘制,另一个齿轮的轮齿被遮挡的部分用虚线绘制,如图 8-26(a)所示,虚线也可省略不画。

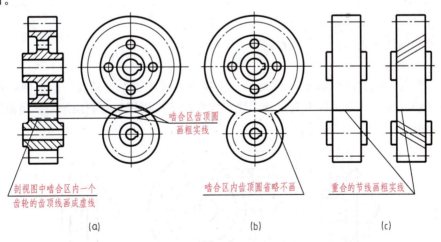

图 8-26 齿轮啮合的规定画法

在平行于圆柱齿轮轴线的投影面的外形视图中,啮合区内的齿顶线不需要画出,节线用粗实线绘制,其他处的节线用点画线绘制,如图 8-26(c)所示。

8.3.2 锥齿轮

8.3.2.1 直齿锥齿轮的结构要素和尺寸关系

1. 结构要素

圆锥齿轮各部分名称及代号如图 8-27 所示。

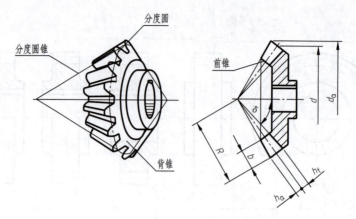

图 8-27　圆锥齿轮各部分名称及代号

2. 尺寸关系

直齿圆锥齿轮的尺寸关系见表 8-9。

表 8-9　直齿圆锥齿轮的计算公式

名　称	代　号	计算公式	名　称	代　号	计算公式
齿顶高	h_a	$h_a = m$	齿根圆直径	d_f	$d_f = m(z - 2.4\cos\delta)$
齿根高	h_f	$h_f = 1.2m$	外锥距	R	$R = mz/(2\sin\delta)$
齿高	h	$h = h_a + h_f = 2.2m$	分度圆锥角	δ_1	$\tan\delta_1 = z_1/z_2$
分度圆直径	d	$d = mz$		δ_2	$\tan\delta_2 = z_2/z_1$
齿顶圆直径	d_a	$d_a = m(z + 2\cos\delta)$	齿高	b	$b \leqslant R/3$

8.3.2.2　直齿锥齿轮的画法

锥齿轮和圆柱齿轮的画法基本相同。

1. 锥齿轮的画法

单个锥齿轮的规定画法如图 8-28 所示。主视图画成剖视，齿顶线、剖视图中的齿根线和大、小端的齿顶圆用粗实线绘制，分度线和大端的分度圆用细点画线绘制，齿根圆及小端分度圆均不必画出。

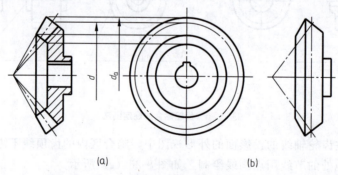

图 8-28　锥齿轮画法

2. 锥齿轮啮合的画法

图 8-29 为一对直齿锥齿轮啮合的画法，两齿轮轴线相交成 90°，两分度圆锥面共顶点。锥齿轮啮合的画法与圆柱齿轮啮合的画法基本相同。

8.3.3 蜗轮蜗杆

蜗轮蜗杆通常用于垂直交叉的两轴之间的传动，蜗杆是主动件，蜗轮是从动件。蜗杆的齿数称为头数，相当于螺杆上螺纹的线数，有单头和多头之分。

如图 8-30 所示为蜗杆、蜗轮的啮合画法。

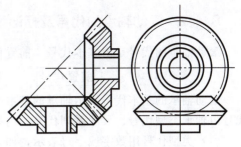

图 8-29 直齿锥齿轮啮合的画法

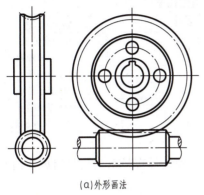
(a) 外形画法

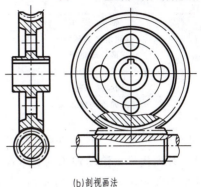
(b) 剖视画法

图 8-30 蜗杆、蜗轮的啮合画法

8.4 滚动轴承

滚动轴承是用作支承轴旋转及承受轴上载荷的标准件。它具有结构紧凑、摩擦阻力小等优点，因此得到广泛应用。滚动轴承由内圈、外圈、滚动体和保持架等部分组成，如图 8-31 所示。

8.4.1 滚动轴承的分类

常用的滚动轴承按受力方向可分为以下三种类型：
向心轴承——主要承受径向载荷，如图 8-32（a）所示为深沟球轴承。
向心推力轴承——同时承受径向和轴向载荷，如图 8-32（b）所示为圆锥滚子轴承。
推力轴承——只承受轴向载荷，如图 8-32（c）所示为推力球轴承。

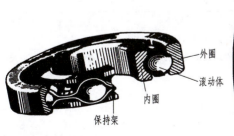

图 8-31 滚动轴承

(a) 深沟球轴承

(b) 圆锥滚子轴承　(c) 推力球轴承

图 8-32 滚动轴承的分类

8.4.2 滚动轴承的代号及标记

滚动轴承的代号是由基本代号、前置代号和后置代号三部分组成，排列如下：

| 前置代号 | 基本代号 | 后置代号 |

滚动轴承的基本代号表示轴承的基本类型、结构和尺寸，是滚动轴承代号的基础。基本代号由轴承类型代号、尺寸系列代号、内径代号构成。

（1）类型代号用数字或字母表示，如表8-10所示。

表8-10 轴承类型代号

代号	轴承类型	代号	轴承类型
0	双列角接触球轴承	6	深沟球轴承
1	调心球轴承	7	角接触球轴承
2	调心滚子轴承和推力调心滚子轴承	8	推力轴承
3	圆锥滚子轴承	N	圆柱滚子轴承
4	双列深沟球轴承	U	外球面轴承
5	推力球轴承	QJ	四点接触球轴承

注：在表中代号后或前加字母或数字表示该轴承中的不同结构。

（2）尺寸系列代号由滚动轴承的宽（高）度系列代号直径系列代号组成。向心轴承、推力轴承尺寸系列代号，如表8-11所示。

表8-11 滚动轴承尺寸系列代号

直径系列代号	向心轴承									推力轴承		
	宽度系列代号									宽度系列代号		
	8	0	1	2	3	4	5	6	7	9	1	2
	尺寸系列代号											
7	—	—	17	—	37	—	—	—	—	—	—	—
8	—	08	18	28	38	48	58	68	—	—	—	—
9	—	09	19	29	39	49	59	69	—	—	—	—
0	—	00	10	20	30	40	50	60	70	90	10	—
1	—	01	11	21	31	41	51	61	71	91	11	—
2	82	02	12	22	32	42	52	62	72	92	12	22
3	83	03	13	23	33	43	53	63	73	93	13	23
4	—	04	—	24	—	—	—	—	74	94	14	24
5	—	—	—	—	—	—	—	—	—	95	—	—

（3）内径代号表示轴承的公称内径，如表8-12所示。

表8-12 滚动轴承内径代号

轴承公称内径 d/mm	内径代号
0.6～10（非整数）	用公称内径毫米数直接表示，在其与尺寸系列代号之间用"/"分开
1～9（整数）	用公称内径毫米数直接表示，对深沟球轴承及角接触轴承7、8、9直径系列，内径与尺寸系列代号之间用"/"分开
10～17	10 → 00；12 → 01；15 → 02；17 → 03
20～480（22、28、32除外）	公称内径除以5的商数，商数为个位数，需要在商数左边加"0"，如08
≥500以及22、28、32	用尺寸内径毫米数直接表示，但在与尺寸系列代号之间用"/"分开

(4)基本代号示例(轴承标记)

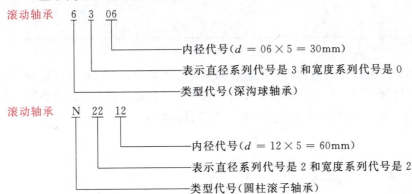

8.4.3 滚动轴承的画法

滚动轴承是标准组件,一般不单独绘出零件图,国标规定在装配图中采用简化画法和规定画法来表示,其中简化画法又分为通用画法和特征画法两种。在装配图中,若要较形象地表示滚动轴承的结构特征,可采用特征画法来表示,通用画法和特征画法如表 8-13 所示。

表 8-13 常用滚动轴承的画法

种类	深沟球轴承	圆锥滚子轴承	推力球轴承
已知条件	D、d、B	D、d、B、T、C	D、d、T
特征画法			
一侧为规定画法,一侧为通用画法			

8.5 弹簧

弹簧通常用来减振、夹紧、测力和贮存能量。弹簧的种类很多，常用的有螺旋弹簧和涡卷弹簧等。根据受力情况不同，螺旋弹簧又可分为压缩弹簧、拉伸弹簧和扭转弹簧等，常用的各种弹簧如图 8-33 所示。本节只介绍圆柱螺旋压缩弹簧的画法。

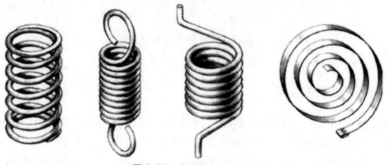

图 8-33　常用的各种弹簧

8.5.1　圆柱螺旋压缩弹簧的名称及尺寸关系

圆柱螺旋压缩弹簧的名称及尺寸关系见图 8-34。

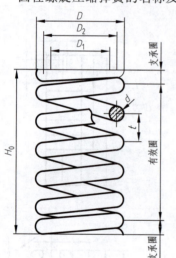

图 8-34　弹簧的参数

（1）弹簧的钢丝直径 d

（2）弹簧直径

外径 D——即弹簧的最大直径。

内径 D_1——即弹簧的最小直径，$D_1=D-2d$。

中径 D_2——即弹簧外径和内径的平均值，$D_2=(D+D_1)/2=D-d=D_1+d$。

（3）节距 t　除支承圈外的相邻两圈对应点间的轴向距离。

（4）圈数　包括支承圈数、有效圈数和总圈数。

支承圈数 n_2——为使弹簧工作时受力均匀，弹簧两端并紧磨平而起支承作用的部分称为支承圈。一般支承圈数为 1.5 圈、2 圈、2.5 圈三种，常用的是 2.5 圈。

有效圈数 n——支承圈以外的圈数为有效圈数。

总圈数 n_1——支承圈数和有效圈数之和为总圈数，$n_1=n+n_2$。

（5）自由高度 H_0　弹簧在未受负荷时的轴向尺寸。

（6）展开长度 L　弹簧展开后的钢丝长度。有关标准中的弹簧展开长度 L 均指名义尺寸，其计算方法为：当 $d\leqslant 8mm$ 时，$L=\pi D_2(n+2)$；当 $d>8mm$ 时，$L=\pi D_2(n+1.5)$。

（7）旋向　弹簧的旋向与螺纹的旋向一样，也有右旋和左旋之分。

8.5.2　弹簧的规定画法

在平行于弹簧轴线的投影面的视图中，各圈的轮廓线画成直线。

螺旋弹簧均可画成右旋，左旋弹簧可画成左旋或右旋，但一律要注出旋向"左"字。

压缩弹簧在两端并紧磨平时，不论支承圈数多少或末端并紧情况如何，均按支承圈数 2.5 圈的形式画出。有效圈数在 4 圈以上的螺旋弹簧，中间部分可以省略。中间部分省略后，允许适当缩短图形长度。

图 8-35 所示为圆柱螺旋压缩弹簧的画图步骤。

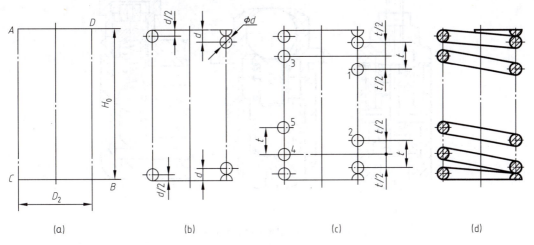

图 8-35　圆柱螺旋压缩弹簧的画法

圆柱螺旋压缩弹簧的零件图，如图 8-36 所示。

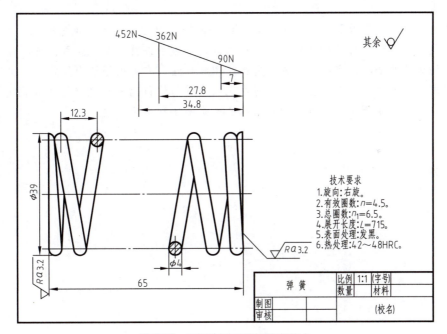

图 8-36　圆柱螺旋压缩弹簧图样格式

8.5.3　弹簧在装配图中的画法

弹簧被挡住的结构一般不画，其可见部分应从弹簧的外径或中径画起，如图 8-37（a）所示。

螺旋弹簧被剖切时，允许只画簧丝剖面。当簧丝直径小于或等于 2mm 时，其剖面可涂黑表示，如图 8-37（b）所示。

当簧丝直径小于或等于 2mm 时，允许采用示意画法，如图 8-37（c）所示。

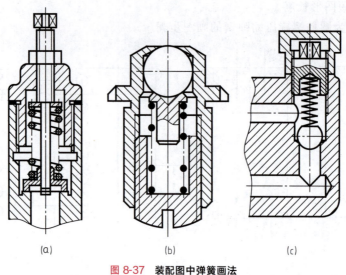

图 8-37　装配图中弹簧画法

小　结

本章主要介绍了螺纹及其紧固件、键、销、齿轮、弹簧、滚动轴承等标准件和常用件。在绘制这些标准件和常用件的图样和有关标注时，一般不按真实投影画图标注，而采用国家标准规定的简化画法和规定的标注方法进行绘图和标注，有关图形结构型式规格和尺寸及有关技术要求可从有关表格中查出。在学习中应认真贯彻执行国家标准《技术制图》《机械制图》等规定，努力掌握上述标准件和常用件的规定画法和标注方法。

第9章 零件图

任何机器（或）设备，无论多么复杂，都是由若干个零部件装配而成的。设计机器时首先根据工作原理绘制装配草图，然后根据装配草图整理成装配图，再根据装配图绘制零件图。制造机器时，先按零件图生产出全部零件，再按装配图将零件装配成部件或机器。本章主要介绍零件图绘制和识图时所涉及的有关知识。

9.1 零件图的内容与基本要求

9.1.1 零件图的内容

一张完整的零件图，如图 9-1 所示，一般应包括如下四个方面内容：

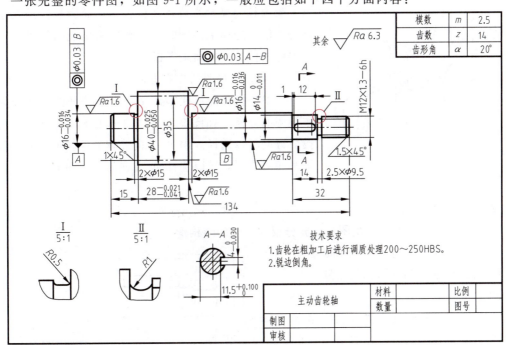

图 9-1 齿轮轴零件图

（1）一组视图。用一定数量的视图、剖视图、剖面图及其他规定画法正确、完整、清晰地表达出零件的内外结构和形状。

（2）完整的尺寸。正确、完整、清晰、合理地标注出能满足制造、检验、装配所需要的尺寸。

（3）技术要求。标注或说明零件在加工、检验、装配、调试过程中所需的要求，如表面粗糙度、尺寸公差、形状和位置公差、热处理要求等。

（4）标题栏。填写零件的名称、材料、数量、图号、比例及制图、校核等人员的签名和日期。

9.1.2 零件图的基本要求

零件图的基本要求应遵循 GB/T 17451—1998 的规定。该标准明确指出：绘制技术图样时，应首先考虑看图方便，根据物体的结构特点选用适当的表示法。在完整清晰地表示物体形状的前提下，力求制图简便。

9.2 零件图的视图表达方案

零件的形状结构要用一组视图来表示，这一组视图并不只限于三个基本视图，可采用各种手段，以最简明的方法将零件的形状和结构表达清楚。内容包括主视图的选择和其他视图的选择。

9.2.1 主视图的选择

零件主视图选择得是否恰当，将直接关系到能否把零件内外结构和形状表达清楚，同时也关系到其他视图的数量及位置，从而影响读图及绘图是否方便。选择主视图时，一般应从主视图的投影方向和零件的位置两方面来考虑。

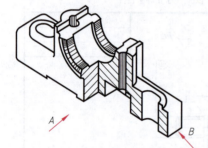

图 9-2 轴承座的轴测图

1. 确定主视图的投影方向

一般应把最能反映零件结构形状特征的一面作为画主视图的方向。如图 9-2 所示轴承底座，有 A、B 两个投射方向可以选择。因 A 方向能较多反映零件的形状特征和相对位置，所以选择 A 方向为主视图的投射方向比较合理。

2. 确定主视图的位置

（1）形状特征原则。主视图应能充分反映零件的结构形状。

（2）加工位置原则。主视图应尽量表示零件在加工时所处的位置。如图 9-3 所示的轴。

（3）工作位置原则。主视图应尽量表示零件在机器上的工作位置或安装位置。如图 9-4 所示吊钩。

具体选择零件主视图时，除考虑上述原则外，同时应顾及其他视图选择及图幅布局的合理。

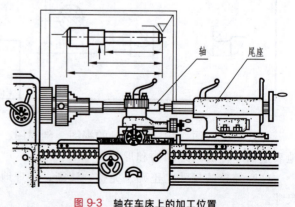

图 9-3 轴在车床上的加工位置

9.2.2 其他视图的选择

零件主视图确定后,要分析还有哪些形状结构没有表达清楚,考虑选择适当的其他视图,将主视图未表达清楚的零件结构表达清楚。其他视图的选择一般应遵循以下原则:

(1) 根据零件复杂程度和内外结构特点,综合考虑所需要的其他视图,使每一个视图都有表达的重点,从而使视图数量最少。

(2) 优先考虑采用基本视图,在基本视图上作剖视图,并尽可能按投影方向配置各视图。

(3) 尽量避免使用虚线。

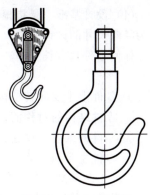

图 9-4　吊钩的工作位置

9.3　零件图的尺寸标注

零件图的尺寸标注要求是:正确(符合国家标准的规定),清晰(尺寸布置合理,便于看图),完整(尺寸齐全,不重复,不遗漏),合理(满足设计和工艺要求)。本节着重讨论零件图尺寸标注的合理性问题。

尺寸标注合理性是指标注的尺寸要符合设计要求(满足使用性能)和工艺要求(满足加工和检验要求)。

9.3.1　尺寸基准的分类

零件的尺寸基准是指零件在设计、加工、测量和装配时,用来确定尺寸起始点的一些面、线或点。如图 9-5 所示。

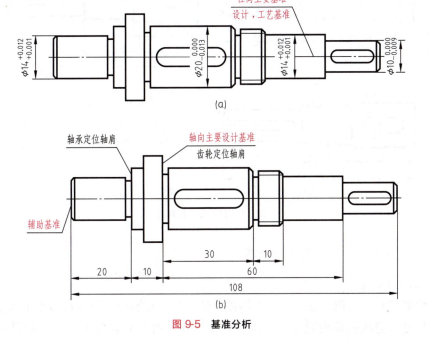

图 9-5　基准分析

(1) 设计基准　是指根据零件的结构和设计要求而选定的尺寸起始点。如轴类零件的轴线为径向尺寸的设计基准；箱体类零件的底面为高度方向的设计基准。

任何零件都有长宽高三个方向的尺寸，每个方向只能选择一个设计基准。常见的设计基准有：

① 零件上主要回转结构的轴线；

② 零件结构的对称面；

③ 零件的重要支撑面、装配面及两零件的重要结合面；

④ 零件主要加工面。

(2) 工艺基准　是指为满足零件在加工、测量、安装时的要求而选定的尺寸起始点。为了减小误差，保证零件的设计要求，在选择基准时，最好使设计基准和工艺基准重合。当零件比较复杂时，一个方向只选择一个基准往往不够，还要附加一些基准，其中起主要作用的为主要基准，起辅助作用的为辅助基准，如图9-5（b）所示。主要基准和辅助基准之间及两辅助基准之间应有尺寸直接联系。

9.3.2　尺寸标注的形式

根据图样上尺寸布置的情况，以轴类零件为例，尺寸标注的形式有以下三种。

(1) 链状式　零件同一方向的几个尺寸依次首尾相连，称为链状式。链状式可保证各端尺寸的精度要求，但由于基准依次推移，使各端尺寸的位置误差受到影响。如图9-6（a）所示。

(2) 坐标式　零件同一方向的几个尺寸由同一基准出发，称为坐标式。坐标式能保证所注尺寸误差的精度要求，各段尺寸精度互不影响，不产生位置误差积累。如图9-6（b）所示。

(3) 综合式　零件同方向尺寸标注既有链状式又有坐标式标注的，称为综合式。此种形式既能保证零件一些部位的尺寸精度，又能减少各部位的尺寸位置误差积累，在尺寸标注中应用最广泛。如图9-6（c）所示。

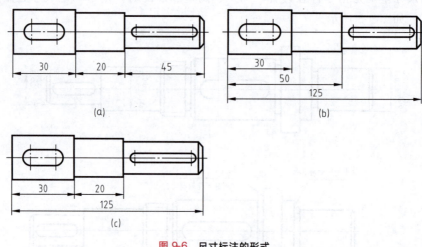

图9-6　尺寸标注的形式

9.3.3　尺寸标注应满足的要求

1. 满足设计要求

(1) 主要尺寸（所谓主要尺寸是指零件的性能尺寸和影响零件在机器中工作精度、装配精度等的尺寸）应从基准出发直接注出，以保证加工时达到设计要求，避免尺寸之间的换算。如图9-7所示，其中（a）正确，（b）错误。

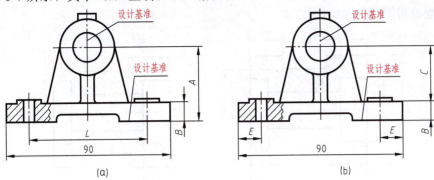

图9-7 重要尺寸从基准标注

（2）避免注成封闭的尺寸链。如图9-8所示，轴长度方向的尺寸，除了标注总长度以外，又对轴的各段长度进行了标注，即注成了封闭尺寸链。这种标注，四个尺寸 A、B、C、D 中若能保证其中三个尺寸精度，则另外一个尺寸精度不一定保证。

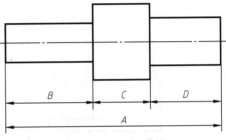

图9-8 封闭的尺寸链

2. 满足工艺要求

（1）按加工顺序标注尺寸，既便于看图，又便于加工测量，从而保证工艺要求。齿轮轴的尺寸标注如图9-9所示。

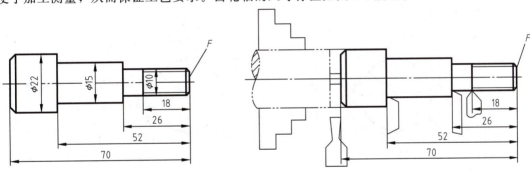

图9-9 按加工顺序标注尺寸

（2）考虑加工方法，用不同工种加工的尺寸应尽量分开标注，这样配置的尺寸清晰，便于加工时看图。如图9-10中的铣工和车工尺寸分布。

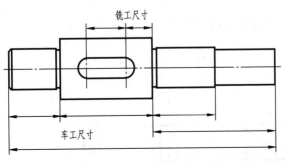

图9-10 不同工种加工的尺寸分开标注

(3) 考虑测量的方便与可能，如图 9-11 所示，图（b）中标注的尺寸不便于测量，标注不正确，应改用图（a）的标注方式。

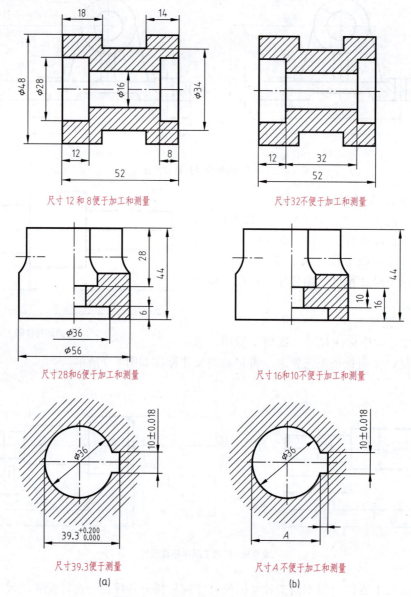

图 9-11 尽可能不标注不便于测量的尺寸

9.3.4 零件上常见结构的尺寸标注（见表 9-1）

表 9-1 常见结构的尺寸标注

结构类型		普通注法	旁注法		说 明
光孔	一般孔	4×φ5	4×φ5▼10	4×φ5▼10	4×φ5 表示四个孔的直径均为 φ5 三种注法任选一种均可（下同）

续表

结构类型		普通注法	旁注法		说明
光孔	精加工孔				钻孔深为12，钻孔后需精加工至 $\phi 5_{0}^{+0.012}$，精加工深度为10
	锥销孔				$\phi 5$ 为与锥销孔相配的圆锥销小头直径（公称直径），锥销孔通常是相邻两零件装在一起时加工的
螺纹孔	通孔				$3 \times M6-7H$ 表示3个直径为6，螺纹中径、顶径公差带为7H的螺孔
	不通孔				深10是指螺孔的有效深度尺寸为10，钻孔深度以保证螺孔有效深度为准，也可查手册确定
	不通孔				需要注出钻孔深度时，应明确标注出钻孔深度尺寸
沉孔	锥形沉孔				$6 \times \phi 7$ 表示6个孔的直径均为 $\phi 7$。锥形部分大端直径为 $\phi 13$，锥角为 $90°$
	柱形沉孔				四个柱形沉孔的小孔直径为 $\phi 6.4$，大孔直径为 $\phi 12$，深度为4.5
	锪平面孔				锪平面 $\phi 20$ 的深度不需标注，加工时一般锪平到不出现毛面为止

9.4 零件图的技术要求

零件图上的图形与尺寸尚不能完全反映对零件的全面要求，因此，零件图还必须给出必要的技术要求，以便加工检验零件。零件图上的技术要求主要包括以下内容：表面粗糙度；尺寸公差；表面形状和位置公差；材料及其热处理等。下面简要介绍国家标准对以上技术要求的有关规定。

9.4.1 表面粗糙度

1. 表面粗糙度的概念

在零件加工时，由于切削变形和机床振动等因素的影响，使零件的实际加工表面存在着微观的高低不平，这种微观的高低不平程度称为表面粗糙度，如图 9-12 所示。

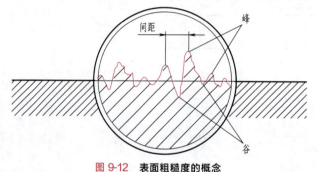

图 9-12 表面粗糙度的概念

2. 表面粗糙度的评定参数（GB/T 1031—2006）

在零件图上表面粗糙度的评定参数常采用轮廓算术平均偏差 Ra。轮廓算术平均偏差 Ra 的定义：在取样长度 L 内，轮廓偏距 Y 绝对值的算术平均值，其几何意义和计算公式如图 9-13 所示。

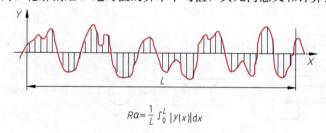

$$Ra = \frac{1}{L}\int_0^L |Y(x)|dx$$

图 9-13 轮廓算术平均偏差 Ra

3. 表面粗糙度代号（GB/T 131—2006）

GB/T 131—2006 规定，表面粗糙度代号是由规定的符号和有关参数值组成，零件表面粗糙度符号的画法及意义如表 9-2 所示。

表 9-2 表面粗糙度符号的画法及意义

符　号	意义及说明
∨	基本符号，表示表面可用任何方法获得。当不加注粗糙度参数值或有关说明（例如：表面处理、局部热处理状况等）时，仅适用于简化代号标注
∀	基本符号加一短画，表示表面是用去除材料的方法获得。例如：车、铣、钻、磨、剪切、抛光、腐蚀、电火花加工、气割等

续表

符 号	意义及说明
∨○	基本符号加一小圆,表示表面是用不去除材料的方法获得。例如:铸、锻、冲压变形、热轧、粉末冶金等 或者用于保持原供应状况的表面(包括保持上道工序的状况)
∨̄ ∨̄ ∨̄○	在上述三个符号的长边上均可加一横线,用于标注有关参数和说明
∨○ ∨○ ∨○○	上述三个符号上均可加一小圆,表示所有表面具有相同的表面粗糙度要求

图 9-14 为表面粗糙度符号的尺寸。

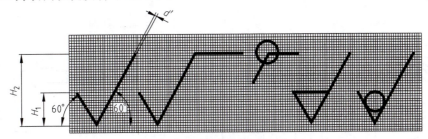

图 9-14 表面粗糙度符号的尺寸

4. 轮廓算术平均值偏差 Ra 标注

轮廓算术平均值偏差 Ra 标注的方法和意义见表 9-3。

表 9-3 Ra 标注的方法和意义

代 号	意 义	代 号	意 义
√Ra 3.2	用任何方法获得的表面粗糙度,Ra 的上限值为 3.2μm	√Ra max 3.2	用任何方法获得的表面粗糙度,Ra 的最大值为 3.2μm
√Ra 3.2	用去除材料的方法获得的表面粗糙度,Ra 的上限值为 3.2μm	√Ra max 3.2	用去除材料方法获得的表面粗糙度,Ra 的最大值为 3.2μm
√Ra 3.2	用不去除材料方法获得的表面粗糙度,Ra 的上限值为 3.2μm	√Ra max 3.2	用不去除材料方法获得的表面粗糙度,Ra 的最大值为 3.2μm
√URa 3.2 LRa 1.6	用去除材料方法获得的表面粗糙度,Ra 的上限值为 3.2μm,Ra 的下限值为 1.6μm	√Ra max 3.2 Ra min 1.6	用去除材料方法获得的表面粗糙度,Ra 的最大值为 3.2μm,Ra 的最小值为 1.6μm

5. 表面粗糙度代号在图样上的标注方法

表面粗糙度代号在图样上的标注方法见表 9-4。

表 9-4 表面粗糙度标注示例

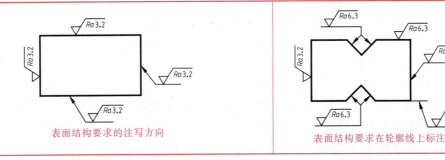

表面结构要求的注写方向　　　　　表面结构要求在轮廓线上标注

续表

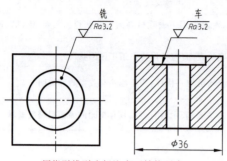

用指引线引出标注表面结构要求

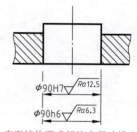

表面结构要求标注在尺寸线上

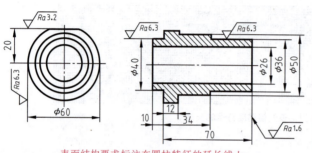

表面结构要求标注在圆柱特征的延长线上

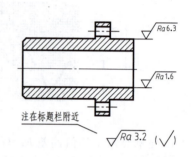

注在标题栏附近

6. 表面粗糙度的选择

选择表面粗糙度时,既要考虑零件表面的功能要求,又要考虑经济性,还要考虑现有的加工设备。一般应遵循以下原则:

(1) 同一零件上,工作表面比非工作表面的参数值要小;

(2) 摩擦表面要比非摩擦表面的参数值小;有相对运动的工作表面,运动速度越高,其参数值越小;

(3) 配合精度越高,参数值越小;间隙配合比过盈配合的参数值小;

(4) 配合性质相同时,零件尺寸越小,参数值越小;

(5) 要求密封、耐腐蚀或具有装饰性的表面,参数值要小。

9.4.2 公差与配合

1. 公差与配合的概念

(1) **互换性** 在成批或大量生产中,一批零件在装配前不经过挑选,在装配过程中不经过修配,在装配后即可满足设计和实用性能要求,零件的这种在尺寸与功能上可以互相代替的性质称为互换性。公差与配合是保证零件具有互换性的重要标准。

(2) **基本术语** 现以图 9-15 为例,说明极限与配合的基本术语。

公称尺寸:设计时给定的尺寸。如 $\phi 35$。

极限尺寸:允许尺寸变化的极限值。加工尺寸的最大允许值称为上极限尺寸,最小允许值称为下极限尺寸。如孔的上极限尺寸为 $\phi 35.025$,下极限尺寸为 $\phi 35$。

尺寸偏差:有上极限偏差和下极限偏差之分,上极限尺寸与公称尺寸的代数差称为上极限偏差;下极限尺寸与公称尺寸的代数差称为下极限偏差。孔的上极限偏差用 ES 表示,下

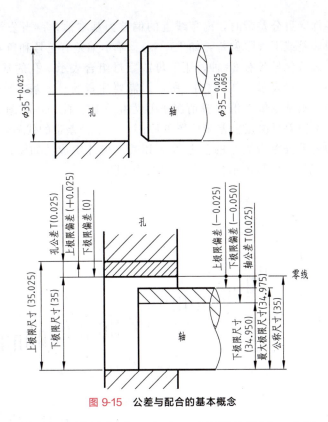

图 9-15 公差与配合的基本概念

极限偏差用 EI 表示；轴的上极限偏差用 es 表示，下极限偏差用 ei 表示。尺寸偏差可为正、负或零值。

尺寸公差（简称公差）：允许尺寸的变动量。尺寸公差等于上极限尺寸减去下极限尺寸，或上极限偏差减去下极限偏差。公差是总大于零的正数，如图中孔的公差为 0.025，轴的公差为 0.025。

公差带：在公差带图解中，用零线表示公称尺寸，上方为正，下方为负，公差带是指由代表上、下极限偏差的两条直线限定的区域，如图 9-16 所示，图中的矩形上边代表上极限偏差，下边代表下极限偏差，矩形的宽度无实际意义，高度代表公差。

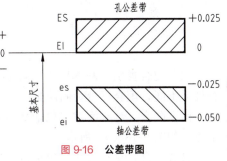

图 9-16 公差带图

(3) 标准公差和基本公差 国家标准 GB/T 1800.2 中规定，公差带是由标准公差和基本公差组成的，标准公差决定公差带的高度，基本公差确定公差带相对零线的位置。

标准公差是由国家标准规定的公差值。其大小由两个因素决定，一个是公差等级，另一个是公称尺寸。国家标准将公差划分为 20 个等级，分别是 IT01、IT0、IT2……IT18，其中 IT01 精度最高，IT18 精度最低。公称尺寸相同时，公差等级越高（数值越小），标准公差越小；公差等级相同时，公称尺寸越大，标准公差越大。

基本偏差用以确定公差带相对于零线位置的那个极限偏差，一般为靠近零线的那个偏差。当公差带在零线上方时，基本偏差为下极限偏差；当公差带在零线下方时，基本偏差为上极限偏差；当零件穿过公差带时，离零线近的偏差为基本偏差；当公差带与零线对称时，基本偏差为上极限偏差或下极限偏差，如 JS (js)。基本偏差有正号和负号。

孔和轴的基本偏差代号各有 28 种，用字母或字母组合表示，孔的基本偏差代号用大写字母表示，轴用小写字母表示，如图 9-17 所示。需要注意的是，基本尺寸相同的轴和孔若基本偏差代号相同，则基本偏差值一般情况下互为相反数。此外，在图 9-17 中，公差带不封口，这是因为基本偏差只决定公差带位置的原因。一个公差带的代号，由表示公差带位置的基本偏差代号和表示公差带大小的公差等级和基本尺寸组成。如 φ60H8、φ60 是基本尺寸，H 是基本偏差代号，大写表示孔，公差等级为 IT8。

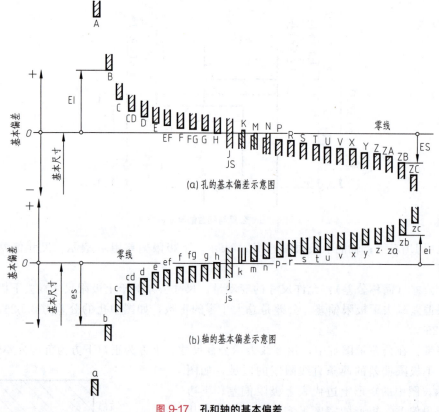

图 9-17 孔和轴的基本偏差

(4) 配合类别　基本尺寸相同时，相互结合的轴和孔公差带之间的关系称为配合。按配合性质不同，配合可分为间隙配合、过渡配合和过盈配合三类，如图 9-18 所示。

间隙配合：具有间隙（包括最小间隙等于零）的配合。此时，孔的公差带在轴的公差带上方。如图 9-18 (a) 所示。

过盈配合：具有过盈（包括最小过盈等于零）的配合。此时，孔的公差带在轴的公差带的下方。如图 9-18 (b) 所示。

过渡配合：可能具有间隙和过盈的配合。此时，轴和孔的公差带相互交叠。如图 9-18 (c) 所示。

(5) 配合制　为了得到三种不同的孔、轴配合，如在 28 种孔、轴的基本偏差中任意选择组合，则会形成非常多的配合关系，给零件的生产和设计带来不便。采用配合制是为了在基本偏差为一定的基准件的公差带与配合件相配时，只需改变配合件的不同基本偏差的公差带，便可以获得不同松紧程度的配合，从而达到减少零件加工的定值刀具和量具的规格数

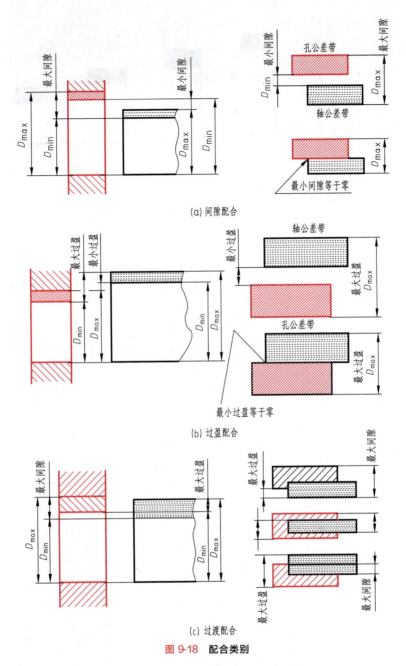

图 9-18 配合类别

量。国家标准规定了两种配合制,即基孔制和基轴制,如图 9-19 所示。

基孔制是基本偏差为 H 的孔的公差带,与不同基本偏差的轴的公差带形成各种配合的制度;基轴值是基本偏差为 h 的轴的公差带,与不同基本偏差的孔的公差带形成各种配合的制度。

(6) 常用配合和优先配合　国家标准规定的基孔制常用配合共 59 种,其中优先配合 13 种,见表 9-5。基轴制常用配合共 47 种,其中优先配合 13 种,见表 9-6。

2. 公差与配合的标注

(1) 在零件图中,线性尺寸的公差有三种标注形式:一是只标注上、下极限偏差;二是只标注公差带代号;三是既标注公差带代号,又标注上、下极限偏差,但偏差值用括号括起来,如图 9-20 所示。

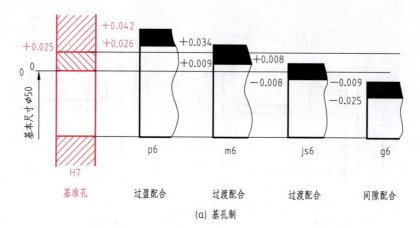

(a) 基孔制

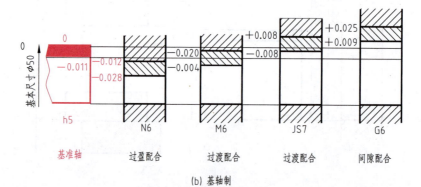

(b) 基轴制

图 9-19 基孔制和基轴制

表 9-5 基孔制优先、常用配合

基准孔	轴																			
	a	b	c	d	e	f	g	h	js	k	m	n	p	r	s	t	u	v	x	y	z
	间隙配合								过渡配合				过盈配合							
H6						$\frac{H6}{f5}$	$\frac{H6}{g5}$	$\frac{H6}{h5}$	$\frac{H6}{js5}$	$\frac{H6}{k5}$	$\frac{H6}{m5}$	$\frac{H6}{n5}$	$\frac{H6}{p5}$	$\frac{H6}{r5}$	$\frac{H6}{s5}$	$\frac{H6}{t5}$				
H7						$\frac{H7}{f6}$	$\frac{H7}{g6}$	$\frac{H7}{h6}$	$\frac{H7}{js6}$	$\frac{H7}{k6}$	$\frac{H7}{m6}$	$\frac{H7}{n6}$	$\frac{H7}{p6}$	$\frac{H7}{r6}$	$\frac{H7}{s6}$	$\frac{H7}{t6}$	$\frac{H7}{u6}$	$\frac{H7}{v6}$	$\frac{H7}{x6}$	$\frac{H7}{y6}$	$\frac{H7}{z6}$
H8					$\frac{H8}{e7}$	$\frac{H8}{f7}$	$\frac{H8}{g7}$	$\frac{H8}{h7}$	$\frac{H8}{js7}$	$\frac{H8}{k7}$	$\frac{H8}{m7}$	$\frac{H8}{n7}$	$\frac{H8}{p7}$	$\frac{H8}{r7}$	$\frac{H8}{s7}$	$\frac{H8}{t7}$	$\frac{H8}{u7}$				
				$\frac{H8}{d8}$	$\frac{H8}{e8}$	$\frac{H8}{f8}$		$\frac{H8}{h8}$													
H9				$\frac{H9}{c9}$	$\frac{H9}{d9}$	$\frac{H9}{e9}$	$\frac{H9}{f9}$		$\frac{H9}{h9}$												
H10				$\frac{H10}{c10}$	$\frac{H10}{d10}$				$\frac{H10}{h10}$												
H11	$\frac{H11}{a11}$	$\frac{H11}{b11}$	$\frac{H11}{c11}$	$\frac{H11}{d11}$					$\frac{H11}{h11}$												
H12		$\frac{H12}{b12}$							$\frac{H12}{h12}$												

注：1. $\frac{H6}{n5}$、$\frac{H7}{p6}$ 在基本尺寸≤3mm 和 $\frac{H8}{r7}$ 的基本尺寸≤100mm 时，为过渡配合。

2. 标注▶符号者为优先配合。

表 9-6　基轴制优先、常用配合

基准孔	孔																				
	A	B	C	D	E	F	G	H	Js	K	M	N	P	R	S	T	U	V	X	Y	Z
	间　隙　配　合							过　渡　配　合					过　盈　配　合								
h5						F6/h5	G6/h5	H6/h5	Js6/h5	K6/h5	M6/h5	N6/h5	P6/h5	R6/h5	S6/h5	T6/h5					
h6						F7/h6	G7/h6	H7/h6	Js7/h6	K7/h6	M7/h6	N7/h6	P7/h6	R7/h6	S7/h6	T7/h6	U7/h6				
h7					E8/h7	F8/h7		H8/h7	Js8/h7	K8/h7	M8/h7	N8/h7									
h8				D8/h8	E8/h8	F8/h8		H8/h8													
h9				D9/h9	E9/h9	F9/h9		H9/h9													
h10				D10/h10				H10/h10													
h11	A11/h11	B11/h11	C11/h11	D11/h11				H11/h11													
h12		B12/h12						H12/h12													

注：标注▼符号者为优先配合。

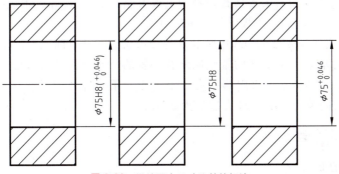

图 9-20　零件图中尺寸公差的标注

标注公差与配合时应注意以下几点：

① 上、下极限偏差的字高比尺寸数字小一号，且下极限偏差与尺寸数字在同一水平线上。

② 当公差带相对于基本尺寸对称时，即上、下极限偏差互为相反数时，可采用"±"加偏差的绝对值的注法，如 $\phi 60\pm 0.016$（此时偏差和尺寸数字为同字号）。

③ 上、下极限偏差的小数位必须相同、对齐，当上极限偏差或下极限偏差为零时，用数字"0"标出，如 $\phi 30^{+0.033}_{\ \ 0}$。

（2）公差与配合在装配图中的标注　在装配上一般只标注配合代号。配合代号用分数形式表示，分子为孔的公差带代号，分母为轴的公差带代号。对于与轴承等标准件相配的孔或轴，则只标注非基准件（配合件）的公差带符号。如轴承内圈孔与轴的配合，只标注轴的公差带代号；外圈的外圆与箱体孔的配合，只标注箱体孔的公差带代号，如图 9-21（b）所示。

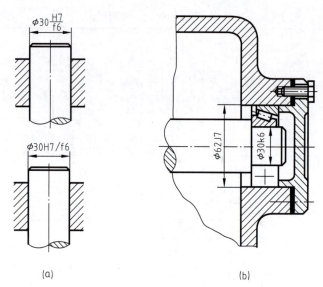

图 9-21　装配图中尺寸公差的标注

3. 公差与配合查表举例

【例 9-1】　查表确定 φ50H8/s7 中轴和孔的极限偏差。

解　基本尺寸 φ50 属于">40～50 尺寸段"。轴的公差带代号为 s7，孔的公差代号为 H8，属于基孔制配合。由有关表格查得轴的上极限偏差 es=68μm、下极限偏差 ei=43μm，孔的上极限偏差 ES=39μm、下极限偏差 EI=0。

【例 9-2】　查表确定 φ32N7/h6 中轴和孔的极限偏差，并判断配合性质。

解　此配合为基本尺寸 φ32 的基轴制配合。轴的公差带代号为 φ32 h6，孔的公差带代号 φ32N7。查有关表格得轴的极限偏差为 $\phi 32^{-0.008}_{-0.033}$，孔的基本尺寸极限偏差为。配合性质为过渡配合，最大间隙为 8μm，最大过盈为 32μm。

9.4.3　几何公差

1. 几何公差的概念

零件经过加工后，不仅会产生尺寸误差和表面粗糙度，而且会产生形状和位置误差。形状误差是指实际因素和理想几何因素的差异；位置误差是指相关联的两个几何因素的实际位置相对于理想位置的差异。形状误差和位置误差都会影响零件的使用性能，因此必须对一些零件的重要表面或轴线的形状和位置误差进行限制。形状和位置误差的允许变动量称为形状误差和位置误差（简称几何公差）。几何公差的术语定义及其标注详见有关的国家标准，本书仅作简要介绍。

2. 几何公差的代号

技术图样中，几何公差采用代号标注，当无法采用代号时，允许在技术要求中用文字说明。

几何公差代号由几何公差符号框格公差值基准代号和其他有关符号组成。几何公差的分类名称和符号见表 9-7。

3. 被测要素和基准要素

（1）被测要素：给出形状或（和）位置公差的要素。它是检验零件时的检测目标。

（2）基准要素：用来确定被测要素方向或（和）位置的要素。理想基准要素称为基准，它是在对零件进行位置公差检测时的测量基准。

4. 几何公差标注

(1) 代号中的指引线箭头与被测要素的连接方法：

表 9-7　几何公差的名称及符合

分类	名称	符号	分类		名称	符号
形状公差	直线度	—	位置公差	定向	平行度	∥
	平面度	▱			垂直度	⊥
	圆度	○			倾斜度	∠
	圆柱度	⌭		定位	同轴度	◎
形状或位置公差	线轮廓度	⌒			对称度	⌯
	面轮廓度	⌒			位置度	⊕
				跳动	圆跳动	↗
					全跳动	⌰

① 当被测要素为线或表面时，指引线的箭头应指在该要素的轮廓线或其延长线上，并应明显地与尺寸线错开，如图 9-22 (a) 所示；

② 当被测要素为轴线或中心平面时，指引线的箭头应与该要素的尺寸线对齐，如图 9-22 (b) 所示；

③ 当被测要素为各要素的公共轴线、公共中心平面时，指引线的箭头可以直接指在轴线或中心线上，如图 9-22 (c) 所示。

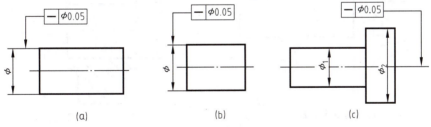

图 9-22　指引线箭头与被测要素的连接方法

(2) 对于位置公差还需要用基准符号及连线表明被测要素的基准要素，此时基准符号与基准要素连接的方法如下：

① 当基准要素为素线及表面时，基准符号应靠近该要素的轮廓线或其引出线标注，并应明显地与尺寸线错开，如图 9-23 (a) 所示。

② 当基准要素为轴线或中心平面时，基准符号应与该尺寸线对齐，如图 9-23 (b) 所示。

③ 当基准要素为各要素的公共轴线、公共中心平面时，基准符号可以直接靠近公共轴线或中心线标注，如图 9-23 (c) 所示。

(3) 当基准符号不便直接与框格相连时，则采用基准代号标注，其标注方法与采用基准符号时基本相同，只是此时公差框格应为三格或多格，以填写基准代号的字母，如图 9-24 所示。

(4) 当位置公差的两要素，被测要素和基准要素允许互换时，即为任选基准时，就不再

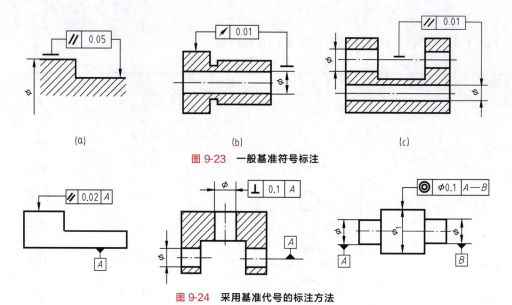

图 9-23 一般基准符号标注

图 9-24 采用基准代号的标注方法

画基准符号,两边都用箭头表示,如图 9-25 所示。

(5)当同一个被测要素有多项几何公差要求,其标注方法又是一致时,可以将这些框格画在一起,共用一根指引线箭头,如图 9-26 所示。

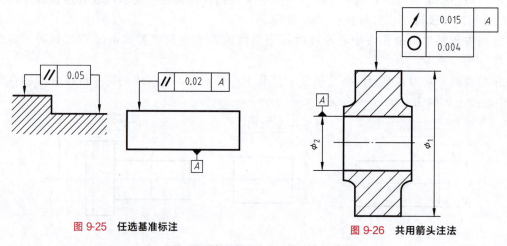

图 9-25 任选基准标注　　　　　　　图 9-26 共用箭头注法

(6)若多个被测要素有相同的几何公差(单项或多项)要求时,可以在从框格引出的指引线上绘制多个箭头并分别与各被测要素相连,如图 9-27 所示。

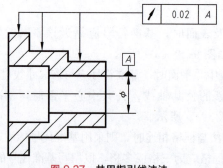

图 9-27 共用指引线注法

(7) 如需给出被测要素任一长度（或范围）的公差值时，其标注方法如图 9-28（a）所示。如不仅给出被测要素任一长度（或范围）的公差值，还需给出被测要素全长（或整个要素）内的公差值，其标注方法如图 9-28（b）所示。

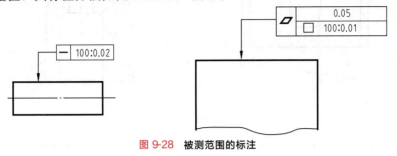

图 9-28 被测范围的标注

9.5 零件的工艺结构

零件的结构形状主要是根据它在机器（或部件）中的作用、置及其他零件之间的关系确定的，同时，还要考虑零件的结构形状必须便于加工制造和装配。零件上一些为满足加工制造、装配和测量等工艺需要而设计的结构称为零件的工艺结构。

9.5.1 铸造工艺结构

1. 铸件壁厚

铸件壁厚是否合理，对铸件质量有很大的影响。铸件的壁越厚，冷却越慢，就越容易产生缩孔；壁厚变化不均匀，在突变处容易产生裂缝，如图 9-29 所示，图（a）、（c）结构合理，图（b）、（d）结构不合理，即铸件壁厚要均匀，避免突然变厚和局部肥大。

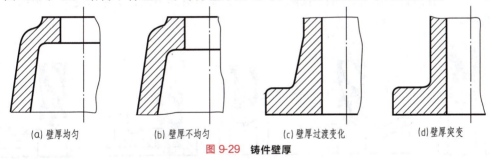

图 9-29 铸件壁厚

2. 起模斜度

在铸造生产中，为了从型砂中顺利取出木模而不破坏砂型，常沿模型的起模方向做成 3°～6°的斜度，这个斜度称为起模斜度。起模斜度在图样上可以不必画出，不加标注，由木模直接做出，如图 9-30（a）所示。

3. 铸造圆角

为了便于脱模和避免砂型尖角在浇铸时落砂，避免铸件尖角处产生裂纹和缩孔，在铸件表面转角处做成圆角，称为铸造圆角。一般铸造圆角半径 $R3～5$，如图 9-30（b）所示。

9.5.2 机械加工工艺结构

1. 倒角和倒圆

为了去除零件在机械加工后的锐边和毛刺，常在轴孔的端部加工成 30°、45°或 60°的倒

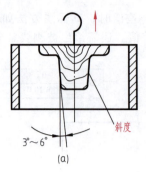 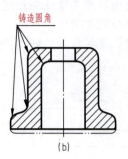

图 9-30　起模斜度、铸造圆角

角；为避免应力集中而产生裂纹，在轴肩处常采用圆角过渡，称为倒圆，如图 9-31 所示。当倒角、倒圆尺寸很小时，在图样上可不画出，但必须注明尺寸或在技术要求中加以说明。

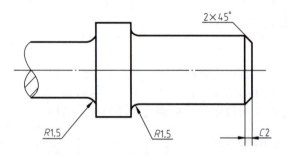

图 9-31　倒角和倒圆

2. 钻孔结构

钻孔时，钻头的轴线应与被加工表面垂直，否则会使钻头弯曲，甚至折断。当被加工面倾斜时，可设置凸台或凹坑；钻头钻透时的结构，要考虑到不使钻头单边受力，否则钻头也容易折断，如图 9-32 所示。

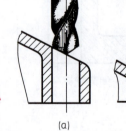 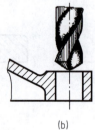  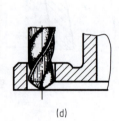 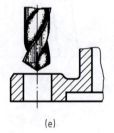

图 9-32　钻孔结构

3. 退刀槽和越程槽

零件在车削和磨削时，为保证加工质量，便于车刀的进入或退出以及砂轮的越程需要，常在轴肩处、孔的台肩处优先车削出退刀槽或砂轮的越程槽，如图 9-33 所示。具体尺寸与结构可查阅有关标准和设计手册。

4. 凸台和凹坑

两零件的接触面一般都要进行机械加工，为减少加工面积，并保证良好接触，常在零件的接触部位设置凸台或凹坑，如图 9-34 所示。

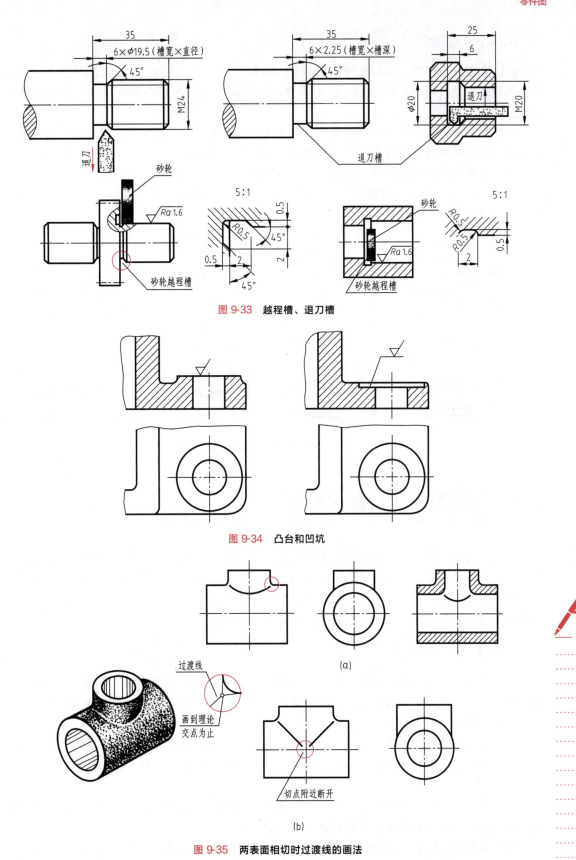

图 9-33 越程槽、退刀槽

图 9-34 凸台和凹坑

图 9-35 两表面相切时过渡线的画法

9.5.3 过渡线

在铸造零件上，两表面相交处一般都有小圆角光滑过渡，因而两表面之间的交线就不像加工面那么明显。为了看图时能分清不同表面的界限，在投影图中仍画出这种交线，即过渡线。

过渡线的画法和相贯线的画法相同，但为了区别于相贯线，过渡线用细实线绘制，在过渡线的两端与圆角的轮廓线之间应留有间隙，如图9-35所示。

当两曲面的轮廓线相切时，过渡线在切点附近应断开，如图9-35所示。

图9-36是连接板与圆柱相交时的过渡线情况，其过渡线的形状与连接板的截断面形状、连接板与圆柱的组合形式有关。

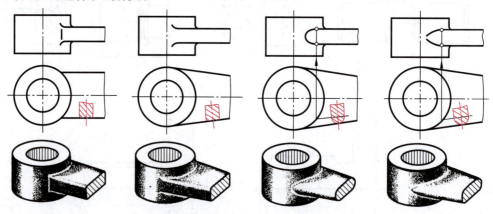

图 9-36　连接板与圆柱相交时过渡线的画法

9.6　几种典型零件图例分析

零件的结构形状虽然多种多样，但根据它们在机器（或部件）中的作用和形状特征，通过比较、分析和归纳，可以将它们分为轴套类、盘盖类、叉架类、箱体类四种类型。下面，以几张零件图为例，来讨论常见典型零件的结构、表达方法、尺寸标注、技术要求等特点，以便从中找出一些规律，为绘制和识读同类零件时提供参考。

9.6.1　轴套类零件

轴套类零件主要有轴、丝杠、套筒、衬套等。轴在机器中起着支撑和传递动力的作用。套一般是装在轴上，起轴向定位、传动或连接等作用。图9-37所示为一张轴的零件图。

1. 结构特点

大多数由位于同一轴线上数段直径不同的回转体组成，轴向尺寸一般比径向尺寸大。常有键槽、销孔、螺纹、退刀槽、越程槽、中心孔、油槽、倒角、倒圆、锥度等结构。

2. 表达方法

（1）轴套类零件一般在车床上加工，应按形状特征和加工位置确定主视图，轴线水平放置；主要结构形状是回转体，一般只画一个主要视图。

（2）轴套类零件的其他结构形状，如键槽、螺纹退刀槽和螺纹孔等可以用剖视、断面、局部视图和局部放大图等加以补充。如图9-37所示。

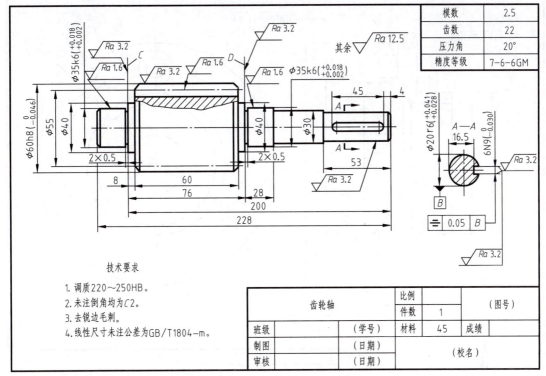

图 9-37 轴类零件

（3）实心轴没有剖开的必要，但轴上个别部分的内部结构形状可以采用局部剖视。

（4）对于形状简单而轴向尺寸较长的部分常断开后缩短绘制。

3. 尺寸标注

轴套类零件有径向尺寸和轴向尺寸。径向尺寸的尺寸基准为回转轴线，轴向尺寸的尺寸基准一般选取重要的定位面（即轴肩）或端面。

4. 技术要求

（1）有配合要求或相对运动的轴段，其表面粗糙度、尺寸公差和几何公差比其他轴段要求严格。

（2）为了提高强度和韧性，往往需要对轴类零件进行调质处理；对轴上或其他零件有相对运动的表面，为了增加其耐磨性，有时还需要进行表面淬火、渗碳、渗氮等热处理。对热处理方法和要求应在技术要求中注写清楚。如图9-37中"调质220～250HB"。

9.6.2 盘盖类零件

盘盖类零件包括齿轮、手轮、皮带轮、飞轮、法兰盘、端盖等。轮一般用来传递动力和扭矩。盘主要起支撑、轴向定位以及密封等作用。

1. 结构特点

图9-38所示为一法兰盘的零件图。从图中可以看出，盘盖类零件的基本形状为扁平的盘板状，其主体一般也由直径不同的回转体组成，径向尺寸比轴向尺寸大。常有退刀槽、凸台、凹坑、倒角、圆角、轮齿、轮辐、筋板、螺孔、键槽和作为定位或连接用孔等结构。

2. 表达方法

（1）零件一般水平放置，选择较大的一个侧面作为主视图的投影方向（常剖开绘制）。

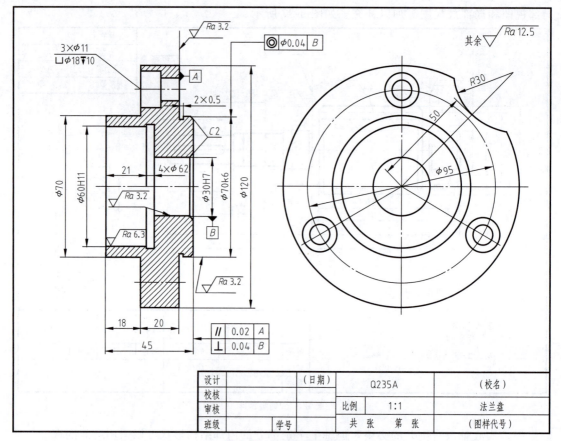

图 9-38 法兰盘零件图

(2) 常用一个俯视图或仰视图表示其上的结构分布情况。
(3) 未表达清楚的部分,用局部视图、局部剖视图等补充表达。

3. 尺寸标注

盘盖类零件主要有两个方向的尺寸,即径向尺寸和轴向尺寸。径向尺寸往往以轴线或对称面为基准,轴向尺寸以经过机械加工并与其他零件表面相接触的较大的端面为基准。

4. 技术要求

盘盖类零件有配合关系的内、外表面及其轴向定位作用的端面,其粗糙度要小。有配合关系的孔、轴的尺寸应给出恰当的尺寸公差;与其他零件表面相接触的表面,尤其是与运动零件相接触的表面应有平行度或垂直度要求。

9.6.3 叉架类零件

叉架类零件包括拨叉、连杆和支架。拨叉主要用在机床、内燃机的操纵机构上,操纵机器、调节速度。连杆起传动作用;支架主要起支撑和连接的作用。

1. 结构特点

此类零件多数由铸造或模锻制成毛坯,经机械加工而成。结构大都比较复杂,一般分为工作部分(与其他零件配合或连接的套筒、叉口、支承板等)和联系部分(高度方向尺寸较小的棱柱体,其上常有凸台、凹坑、销孔、螺纹孔、螺栓过孔和成型孔等结构)。如图 9-39 所示。

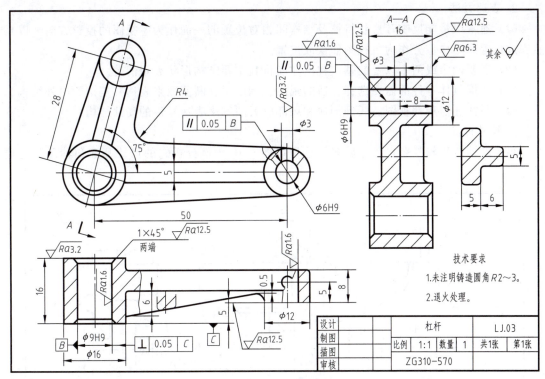

图 9-39 杠杆零件图

2. 表达方法

（1）叉架类零件一般是铸件，毛坯形状较复杂，不同的加工位置难以分出主次。选主视图时，主要按形状特征和工作位置（或自然位置）确定。

（2）除主视图以外，一般还需 1~2 个基本视图才能将零件的主要结构表达清楚。

（3）常用局部视图或局部剖视图表达零件上的凹坑、凸台等结构。

（4）筋板、杆体等连接结构常用断面图表示其断面形状。

（5）一般用斜视图表达零件上的倾斜结构。

3. 尺寸标注

叉架类零件的长、宽、高三个方向的尺寸基准一般为支承部分的轴线、对称面和较大的加工平面，如图 9-39 所示。

4. 技术要求

叉架类零件一般对表面粗糙度、尺寸公差和几何公差没有特别的要求。按一般的规律给出即可。

9.6.4 箱体类零件

箱体类零件多为铸造件。一般可起支承、容纳、定位和密封等作用。主要有各种箱体、外壳、座体等。

1. 结构特点

箱体类零件大致由以下几个部分构成：容纳运动零件和储存润滑液的内腔，由厚薄较均匀的壁部组成；其上有支承和安装运动零件的孔及安装端盖的凸台（或凹坑）、螺孔等；将箱体固定在机座上的安装底板及安装孔；加强筋、润滑油孔、油槽、放油螺孔等。

2. 表达方法

（1）通常以最能反映其形状特征及结构间相对位置的一面作为主视图的投影方向。以自然安放位置或工作位置作为主视图的摆放位置。

（2）需要两个或两个以上的基本视图才能将其主要结构形状表示清楚。

（3）根据具体零件的需要选择合适的视图、剖视图、断面图来表达其复杂的内外结构。

（4）往往还需局部视图、局部剖视和局部放大图等来表达零件的局部结构。

3. 尺寸标注

箱体的结构比较复杂，尺寸较多。这里以图 9-40 为例分析它的尺寸基准和轴孔的定位尺寸。

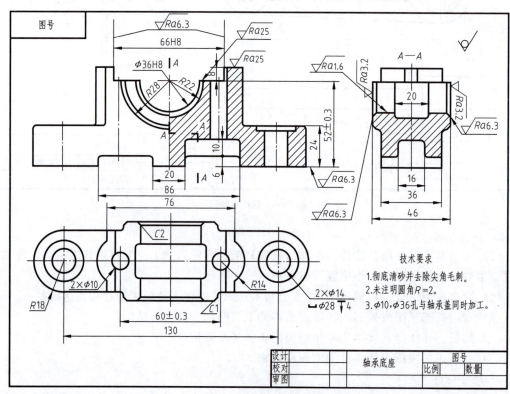

图 9-40 轴承座的零件图

（1）尺寸基准 图 9-40 的轴承底座，底面为安装基准，因此底面为高度方向的设计基准。此外，机械加工时首先加工底面，然后以底面为基准加工各轴孔，因此底面又是工艺基准。宽度方向尺寸和长度方向尺寸都以对称平面为尺寸基准。

（2）轴孔的定位尺寸 箱体类零件的尺寸标注应特别注意各轴孔的位置尺寸以及轴孔之间的位置尺寸，因为这些尺寸的正确与否，将直接影响传动轴的位置和传动的准确性，如图 9-40 中 52±0.3。

4. 技术要求

重要的箱体孔和重要的表面，其粗糙度的值要低。如图 9-40 中 $\phi 36H8$ 的表面粗糙度值 Ra 为 2.5μm，上端面的表面粗糙度 Ra 为 2.5μm，前后端面的表面粗糙度 Ra 为 3.2μm。箱体上重要的轴孔应根据要求注出尺寸公差，如图 9-40 中的尺寸 $\phi 36H8$，60±0.3 等。

对箱体上某些重要的表面和重要的轴孔中心线应给出几何公差要求。

9.7 零件的测绘

根据已有的零件画出其零件图的过程叫零件的测绘。在机械设计中，可在产品设计之前先对现有的同类产品进行测绘，作为设计产品的参考资料。在机器维修时，如果某零件损坏，又无配件或图纸时，可对零件进行测绘，画出零件图，作为制造该零件的依据。

9.7.1 零件测绘的步骤

1. 分析零件，确定表达方案

为了把被测零件准确完整地表达出来，应先对被测零件进行认真分析，了解零件的类型、在机器中的作用、所使用的材料及大致的加工方法。关于零件的表达方案，前面已经讨论过。需要重申的是，一个零件，其表达方案并非是唯一的，可多考虑几种方案，选择最佳方案。

2. 目测徒手画零件草图

零件的表达方案确定后，便可按下列步骤画出零件草图：

（1）确定绘图比例并定位布局：根据零件大小、视图数量、现有图纸大小，确定适当的比例。粗略确定各视图应占的图纸面积，在图纸上作出主要视图的作图基准线、中心线。注意留出标注尺寸和画其他补充视图的地方。

（2）详细画出零件内外结构和形状，检查、加深有关图线。注意各部分结构之间的比例应协调。

（3）画尺寸界线、尺寸线，将应该标注的尺寸界线、尺寸线全部画出，然后集中测量、注写各个尺寸。注意最好不要画一个、量一个、注写一个。这样不但费时，而且容易将某些尺寸遗漏或注错。

（4）注写技术要求：确定表面粗糙度，确定零件的材料、尺寸公差、形位公差及热处理等要求。

（5）最后检查、修改全图并填写标题栏，完成草图。

3. 绘制零件图

由于绘制零件草图时，往往受某些条件的限制，有些问题可能处理得不够完善。一般应将零件草图整理、修改后画成正式的零件工作图，经批准后才能投入生产。在画零件工作图时，要对草图进一步检查和校对，用仪器或计算机画出零件工作图。画出零件工作图后，整个零件测绘的工作就进行完了。

9.7.2 零件尺寸的测量

测量零件尺寸是测绘工作的重要内容之一。测量尺寸要做到：测量基准合理，使用测量工具适当，测量方法正确，测量结果准确。如图9-41给出了部分测绘示例。

测量基准一般是选择零件上磨损较轻、较大的加工表面作为测量基准。基准选择是否合理，将直接影响测量精度。各种量具精度不同，使用的范围也不同，应根据被测表面的精度、加工和使用情况适当地加以选择。

9.7.3 测绘注意事项

（1）测量尺寸时，应正确选择测量基准，以减少测量误差。零件上磨损部位的尺寸，应

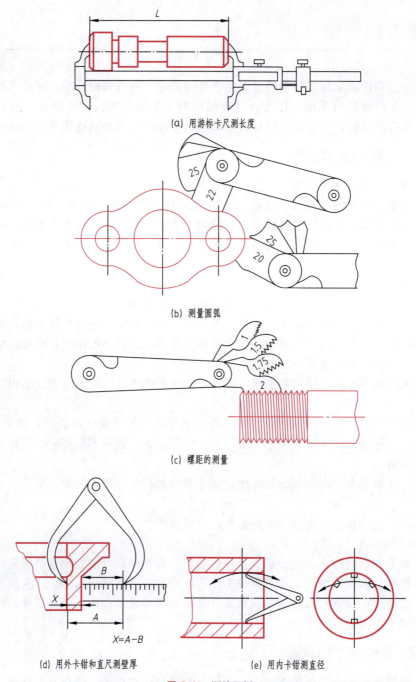

图 9-41 测绘示例

参考其配合的零件的相关尺寸，或参考有关的技术资料予以确定。

（2）零件间相配合结构的基本尺寸必须一致，并应精确测量，查阅有关手册，给出恰当的尺寸偏差。

（3）零件上的非配合尺寸，如果测得为小数，应圆整为整数标出。

（4）零件上的截交线和相贯线，不能机械地照实物绘制。因为它们常常由于制造上的缺陷而被歪曲。画图时要分析弄清它们是怎样形成的，然后用学过的相应方法画出。

(5) 要重视零件上的一些细小结构,如倒角、圆角、凹坑、凸台和退刀槽、中心孔等。如是标准结构,在测得尺寸后,应参照相应的标准查出其标准值,注写在图纸上。

(6) 对于零件上的缺陷,如铸造缩孔、砂眼、加工的疵点、磨损等,不要在图上画出。

9.8 读零件图

在零件设计制造、机器安装、机器的使用和维修及技术革新、技术交流等工作中,常常要看零件图。看零件图的目的是弄清零件图所表达零件的结构形状、尺寸和技术要求,以便指导生产和解决有关的技术问题,这就要求工程技术人员必须具有熟练阅读零件图的能力。

9.8.1 读零件图的基本要求

(1) 了解零件的名称、用途和材料。
(2) 分析零件各组成部分的几何形状、结构特点及作用。
(3) 分析零件各部分的定形尺寸和各部分之间的定位尺寸。
(4) 熟悉零件的各项技术要求。
(5) 初步确定出零件的制造方法。(在制图课中可不作此要求)。

9.8.2 读零件图的方法和步骤

1. 概括了解

从标题栏内了解零件的名称、材料、比例等,并浏览视图,初步得出零件的用途和形体概貌。

2. 详细分析

(1) 分析表达方案。分析视图布局,找出主视图、其他基本视图和辅助视图。根据剖视、断面的剖切方法、位置,分析剖视、断面的表达目的和作用。

(2) 分析形体、想出零件的结构形状。先从主视图出发,联系其他视图进行分析。用形体分析法分析零件各部分的结构形状,难于看懂的结构,运用线面分析法分析,最后想出整个零件的结构形状。分析时若能结合零件结构功能来进行,会使分析更加容易。

(3) 分析尺寸。先找出零件长、宽、高三个方向的尺寸基准,然后从基准出发,找出主要尺寸。再用形体分析法找出各部分的定形尺寸和定位尺寸。在分析中要注意检查是否有多余和遗漏的尺寸、尺寸是否符合设计和工艺要求。

(4) 分析技术要求。分析零件的尺寸公差、形位公差、表面粗糙度和其他技术要求,弄清哪些尺寸要求高,哪些尺寸要求低,哪些表面要求高,哪些表面要求低,哪些表面不加工,以便进一步考虑相应的加工方法。

3. 归纳总结

综合前面的分析,把图形、尺寸和技术要求等全面系统地联系起来思索,并参阅相关资料,得出零件的整体结构、尺寸大小、技术要求及零件的作用等完整的概念。

必须指出,在读零件图的过程中,上述步骤不能把它们机械地分开。另外,对于较复杂的零件图,往往要参考有关技术资料,如装配图,相关零件的零件图及说明书等,才能完全读懂。对于有些表达不够理想的零件图,需要反复仔细地分析,才能读懂。

9.8.3 读零件图举例

读懂图 9-42 所示的零件图。

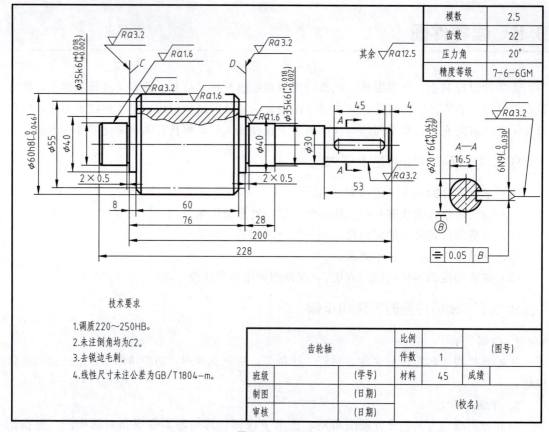

图 9-42 零件图

1. 概括了解

从标题栏可知，该零件叫齿轮轴。齿轮轴是用来传递动力和运动的，其材料为 45 钢，属于轴类零件。最大直径 60mm，总长 228mm，属于较小的零件。

2. 详细分析

(1) 分析表达方案和形体结构。表达方案由主视图和移出断面图组成，轮齿部分作了局部剖。主视图（结合尺寸）已将齿轮轴的主要结构表达清楚了，由几段不同直径的回转体组成，最大圆柱上制有轮齿，最右端圆柱上有一键槽，零件两端及轮齿两端有倒角，C、D 两端面处有砂轮越程槽。移出断面图用于表达键槽深度和进行有关标注。

(2) 分析尺寸。齿轮轴中两 $\phi 35k6$ 轴段及 $\phi 20r6$ 轴段用来安装滚动轴承及联轴器，径向尺寸的基准为齿轮轴的轴线。端面 C 用于安装挡油环及轴向定位，所以端面 C 为长度方向的主要尺寸基准，注出了尺寸 2、8、76 等。端面 D 为长度方向的第一辅助尺寸基准，注出了尺寸 2、28。齿轮轴的右端面为长度方向尺寸的另一辅助基准，注出了尺寸 4、53 等。键槽长度 45，齿轮宽度 60 等为轴向的重要尺寸，已直接注出。

(3) 分析技术要求。两个 $\phi 35$ 及 $\phi 20$ 的轴颈处有配合要求，尺寸精度较高，均为 6 级公差，相应的表面粗糙度要求也较高，分别为 $Ra1.6$ 和 3.2。对键槽提出了对称度要求。对热处理、倒角、未注尺寸公差等提出了 4 项文字说明要求。

3. 归纳总结

通过上述看图分析，对齿轮轴的作用、结构形状、尺寸大小、主要加工方法及加工中的主要技术指标要求，就有了较清楚认识。综合起来，即可得出齿轮轴的总体印象。具体形状如图 9-43 所示。

图 9-43　齿轮轴

小　　结

本章主要介绍了零件图视图的选择、尺寸标注和技术要求，画、读零件图的方法步骤以及零件的工艺结构和测绘等。零件图是加工和检验零件的重要依据，因此，在视图的选择、尺寸和技术要求的标注等方面都比组合体有进一步的严格要求。零件视图的选择要遵循特征、加工、工作位置原则；尺寸标注要考虑加工测量的方便与可能，重要的尺寸要直接注出，图样上的技术要求的标注应符合国家标准《技术制图》《机械制图》的规定。

第10章 装配图

装配图是表达产品中部件与部件、部件与零件或零件间的装配关系、连接方式以及主要零件的基本结构的图样。在设计过程中,一般是先画出装配图,然后再依照装配图将零件装配成部件或机器。因此,装配图既是制定装配工艺规程,进行装配、检验、安装及维修的技术文件,也是表达设计思想、指导生产和交流技术的重要技术文件。

10.1 装配图的内容

装配图不仅要表示机器(或部件)的结构,同时也要表达机器(或部件)的工作原理和装配关系。由图10-1所示滑动轴承的装配图可以看到,一张完整的装配图应具备如下内容。

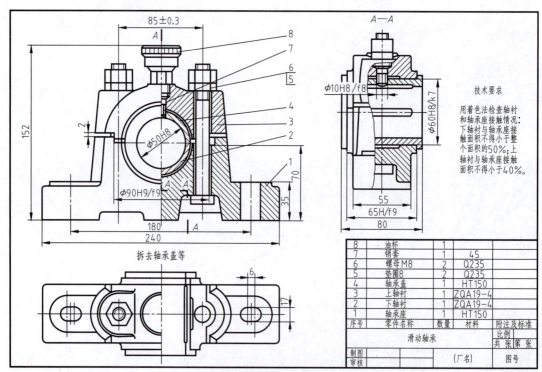

图 10-1 滑动轴承的装配图

(1) 一组图形 选择必要的一组图形和各种表达方法,将装配体的工作原理、零件的装配关系、零件的连接和传动情况,以及各零件的主要结构形状表达清楚。滑动轴承装配图是通过一组三视图,主、左视图采用半剖视,俯视图右半边拆去轴承盖的画法,将装配体表达得完整、清楚。

（2）必要的尺寸　装配图上应标注机器（或部件）的规格（性能）、外形、安装和各零件间的配合关系等方面的尺寸。

（3）技术要求　用文字说明或标记代号指明机器（或部件）在装配、检验、调试、运输和安装等方面所需要达到的技术要求。

（4）标题栏和明细表　在图纸的右下角处画出标题栏，表明装配图的名称、图号、比例和责任者签字等。各零件必须标注序号并编入明细表。明细表直接在标题栏之上画出，填写组成装配体的零件序号、名称、材料、数量、标准件代号等。

10.2　装配图视图的选择及画法规定

装配图要正确、清楚地表达装配体的结构、工作原理及零件间的装配关系，并不要求把每个零件的各部分结构均完整地表达出来。前面介绍的机件图样画法和选用原则，都能适用于装配图，但由于装配图和零件图所需要表达的重点不同，因此制图国家标准对装配图的画法另有相应的规定。

10.2.1　装配图视图的选择

1. 视图选择的基本要求

（1）完全　部件的功用、工作原理、装配关系及安装关系等内容表达要完全。

（2）正确　视图、剖视、规定画法及装配关系等的表示方法正确，符合国标规定。

（3）清楚　读图时清楚易懂。

2. 视图原理分析方法

（1）视图原理分析

① 工作原理，如图 10-2 所示，滑动轴承是用来支撑轴及轴上零件的一种装置。轴的两端分别装入滑动轴承的轴孔中转动，以传递扭矩。

② 结构分析，如图 10-3 所示。

（2）主视图选择原则

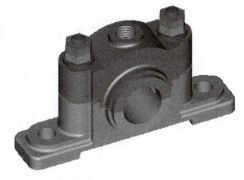

图 10-2　滑动轴承工作原理图

图 10-3　滑动轴承结构图

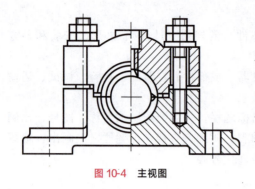

图 10-4 主视图

① 符合部件的工作状态（图 10-4）。

② 能清楚表达部件的工作原理、主要的装配关系或其结构特征。

(3) 其他视图的选择　为补充主视图上没有的表达清楚的而又必须表达的内容，应再选择其他视图进行表达。所选择的视图要重点突出，相互配合，避免重复。

10.2.2　装配图的规定画法

(1) 相邻两个零件的接触面和配合面之间，规定只画一条轮廓线；相邻两个零件的不同接触面（两零件的基本尺寸不同），不论间隙多小，均应留有间隙，如图 10-5 所示。

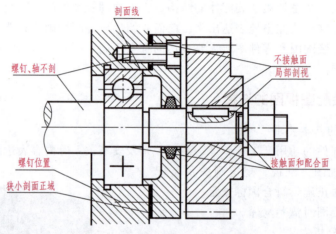

图 10-5　装配图的规定画法的基本画法

(2) 相邻两个被剖切的金属零件，它们的剖面线倾斜方向应相反。几个相邻零件被剖切，其剖面线可用间隙、倾斜方向错开等方法加以区别，但在同一张图纸上，表达同一零件的剖面线，其方向、间隔应相同。

剖面厚度小于 2mm 时，允许以涂黑代替剖面线。如图 10-5 所示。

(3) 实心零件的画法，在装配图中，对紧固件以及主轴、连杆、球、链、销等实心零件，若按纵横向剖切，且剖切平面通过其对称平面或轴线时，则这些零件均按不剖绘制，如图 10-5 所示。如果需要特别表明这些零件上的局部结构，如凹槽、键槽、销孔等，可用局部剖视表示，如图 10-5 所示。

(4) 被弹簧挡住的结构一般不画出，可见部分应从弹簧簧丝剖面中心或弹簧外径轮廓线画出。弹簧簧丝直径在图形上小于 2mm 的剖面可以涂黑，小于 1mm 的剖面可用示意图画法。

10.2.3　装配图的特殊表达方法

1. 拆卸画法

在装配图中，可假想沿某些零件的结合面剖切，即将剖切平面与观察者之间的零件拆掉后再进行投射，此时在零件结合面上不画剖线，但被切部分（如螺杆、螺钉等）必须画出剖面线。如图 10-1 中的俯视图，为了表示轴瓦与轴承座的装配情况，图的右半部分就是沿轴承盖与轴承座的结合面剖开画出的。

当装配体上某些零件，其位置和基本连接关系等在某个视图上已经表达清楚时，为了避免遮盖某些零件的投影，在其他视图上可假想将这些零件拆去不画。如图 10-1 的左视图就是拆去油杯之后的投影。当需要说明时，可在所得示例上方注出"拆去×××"字样。

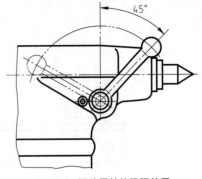

图 10-6 运动零件的极限位置

2. 假想画法

部件中某些零件的运动范围和极限位置，可以用细双点画线画出其轮廓。如图 10-6 所示，用细双点画线画出了车床尾座上手柄的另一个极限位置。

3. 展开画法

当轮系的各轴线不在同一平面内时，为了表示传动关系及各轴的装配关系，可假想用剖切平面按传动顺序沿它们的轴线剖开，然后将其展开画出图形，这种表达方法称展开画法，如图 10-7 所示。这种展开画法，在表达机床的主轴箱、进给箱以及汽车的变速器等较复杂的变速装置时经常使用。

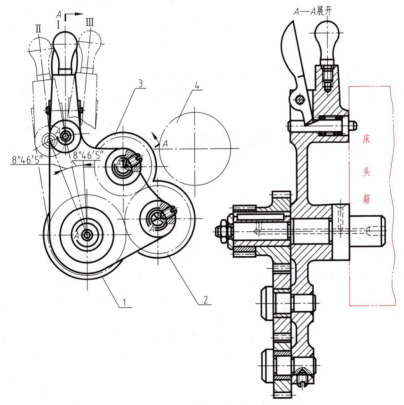

图 10-7 三星轮系展开画法

4. 简化画法

对于重复出现且有规律分布的螺纹连接零件组、键连接等，可详细地画出一组或几组，其余只需用细点画线表示其位置即可，如图 10-8 所示。

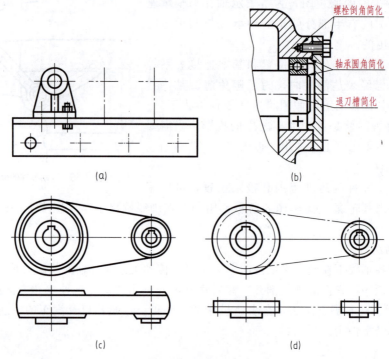

图 10-8 简化画法

5. 夸大画法

凡装配图中直径、斜度、锥度或厚度小于 2 的结构，如垫片、细小弹簧、金属丝等，可以不按实际尺寸画，允许在原来的尺寸上稍加夸大画出。实际尺寸大小应在零件图上给出。

10.3 装配图上的尺寸标注和技术要求

10.3.1 装配图的尺寸标注

装配图与零件图的作用不同，对尺寸标注的要求也不同。装配图是设计和装配机器（或部件）时用的图样，因此，不必把零件制造时所需要的全部尺寸都标注出来。

一般装配图应标注下面几类尺寸。

(1) 性能（规格）尺寸 表示装配体的工作性能或产品规格的尺寸。这类尺寸是设计产品的依据，如图 10-1 所示滑动轴承的轴孔尺寸 $\phi 50H8$。

(2) 装配尺寸 用以保证机器（或部件）装配性能的尺寸。装配尺寸有三种。

① 配合尺寸：零件间有公差配合要求的一些重要尺寸，如图 10-1 中配合尺寸 $92H8/h7$。

② 相对位置尺寸：表示装配体在装配时需要保证的零件间较重要的距离尺寸和间隙尺寸，如图 10-1 中轴承盖与轴承座之间的非接触面间距尺寸。

③ 零件间连接尺寸：如图 10-1 中的 85 ± 0.3。

(3) 安装尺寸 表示零、部件安装在机器上或机器安装在固定基础上所需要的对外安装时，连接用的尺寸，如图 10-1 中的孔 17,6 和孔距尺寸 180。

（4）总体尺寸　表示装配体所占有空间大小的尺寸，即长度、宽度和高度尺寸，如图10-1 中的尺寸 240、80、152。总体尺寸可供包装、运输和安装使用时提供所需要占有空间的大小。

（5）其他重要尺寸　根据装配体的结构特点和需要，必须标注的重要尺寸，如运动件的极限位置尺寸、零件间的主要定位尺寸、设计计算尺寸等。

总之，在装配图上标注尺寸要根据情况作具体分析。上述五类尺寸并不是每张装配图都必须全部标出，而是按需要来标注。

10.3.2　技术要求的注写

由于不同装配体的性能、要求各不相同，因此其技术也不同。拟订技术要求时，一般可从以下几个方面来考虑：

（1）装配要求　装配体在装配过程中需注意的事项及装配后装配体所必须达到的要求，如准确度、装配间隙、润滑要求等。

（2）检验要求　装配体基本性能的检验、试验及操作时的要求。

（3）使用要求　对装配体的规格、参数及维护、保养、使用时的注意事项及要求。

装配图上的技术要求应根据装配体的具体情况而定，用文字注写在明细表上方或图纸下方的空白处，如图 10-1 所示。

10.4　装配图中的零部件序号、明细表

10.4.1　零部件序号的编排

为了便于看图、管理图样和组织生产，装配图上需对每个不同的零、部件进行编号，这种编号称为序号。对于较复杂的较大部件来说，所编序号应包括所属较小部件及直属较大部件的零件。

1. 序号编排形式

序号的编排有两种形式。

（1）将装配图上所有的零件，包括标准件和专用件一起，依次统一编排序号。如图10-1 所示，零件按由下而上方向编排序号。

（2）将装配图上所有标准件的标记直接注写在图形中的指引线上，而将专用件按顺序进行编号。专用件按顺时针方向排列，标准件的标记直接注出，不编入序号。

2. 序号的编排方法

（1）序号应编注在视图周围，按顺时针或逆时针方向排列，在水平和铅垂方向应排列整齐，如图10-9所示。

（2）零件序号和所指零件之间用指引线连接，注写序号的指引线应自零件的可见轮廓线内引出，末端画一圆点；若所指的零件很薄或涂黑的剖面不宜画圆点时，可在指引线末端画出箭头，并指向该零件的轮廓，如图 10-9 所示。

（3）指引线相互不能相交，不能与零件的剖面线平行。一般指引线应画成直线，必要时允许曲折一次，如图 10-9 所示。

（4）对于一组紧固件以及装配关系清楚的零件组，允许采用公共指引线，如图 10-9 所示。

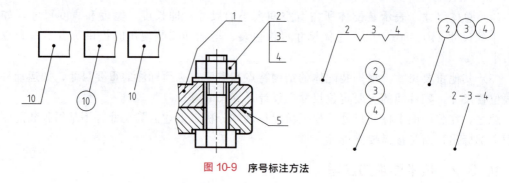

图 10-9　序号标注方法

(5) 每一种零件（无论件数多少），一般只编一个序号，必要时多处出现的相同零件允许重复采用相同的序号标注。

10.4.2　零件明细表的编制

零件明细表一般放在标题栏上方，并与标题栏对齐。填写序号时应由下向上排列，这样便于补充编排序号时被遗漏的零件。当标题栏上方位置不够时，可在标题栏左方继续列表由下向上接排。明细表的内容如图 10-1 所示。

10.5　装配体的工艺结构

为了保证装配体的质量，在设计装配体时，应注意到零件之间装配结构的合理性，装配图上需要把这些结构正确地反映出来。否则，会使装卸困难，甚至达不到设计要求。

10.5.1　接触面与配合面的机构

(1) 两个相接触的零件，同一方向上只能有一对接触面，如图 10-10 所示。这样既保证

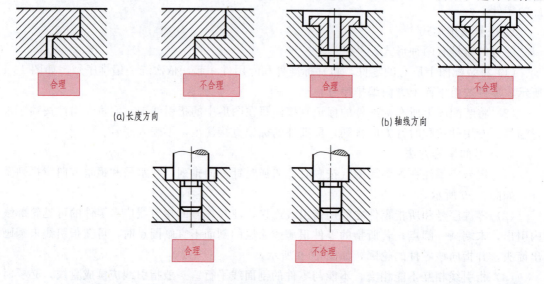

图 10-10　同一方向只能有一对接触面

装配工作能顺利地进行，而且给加工带来很大的方便。

（2）为了保证零件在转折面处接触良好，应在转折处加工成圆角、倒角或退刀槽等，如图10-11所示。

（3）在装配体中，尽可能合理地减少零件与零件之间的接触面积，这样使机械加工的面积减少，保证接触的可靠性，并可降低加工成本，如图10-12所示。

（4）采用密封装置，是为了防止内部的液体或气体向外渗漏，同时也防止外面的灰尘等异物进入机器，常采用密封装置，如图10-13所示。

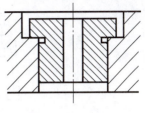

图 10-11　转折面处加工成退刀槽

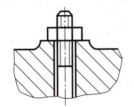 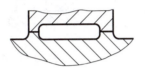

图 10-12　减少零件加工表面

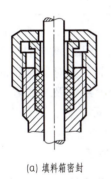 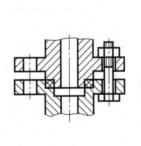 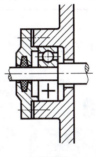

(a) 填料箱密封　　(b) 橡皮圈密封　　(c) 毡圈密封

图 10-13　密封装置

10.5.2　设计装配体时应注意到零件装拆的方便与可能

（1）滚动轴承在用轴肩或孔肩定位时，应注意到维修时拆卸的方便与可能，如图10-14所示。

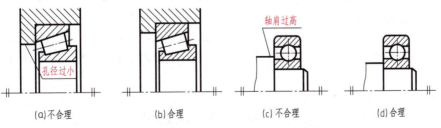

图 10-14　滚动轴承在用轴肩或孔肩定位方式

（2）当用螺纹连接件连接零件时，应考虑到拆装的可能性及拆装时的操作空间，如图10-15所示。

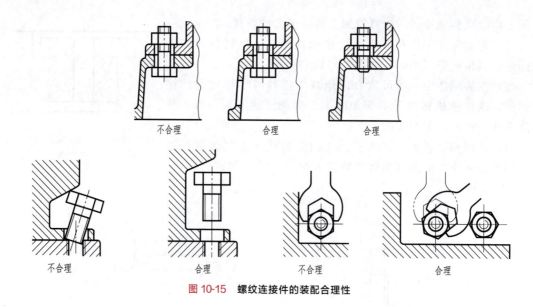

图 10-15　螺纹连接件的装配合理性

10.6　测绘装配图的方法和步骤

装配图的作用是表达机器或部件的工作原理、装配关系以及主要零件的结构、形状。因此在画装配图以前，要对所绘制的机器或部件的工作原理、装配关系以及主要零件的形状、零件与零件之间的相对位置、定位方式等仔细分析。现以滑动轴承为例说明装配体的测绘方法与步骤，如图 10-16 所示。

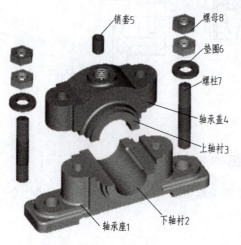

图 10-16　滑动轴承

10.6.1　测绘的方法与步骤

1. 测绘前的准备

测绘装配体之前，应根据其复杂程度编订进程计划，编组分工，并准备拆卸用工具，如扳手、锤头、铜棒、木棒，测量用钢皮尺、卡尺等量具及细铅丝、标签及绘图用品等。

2. 了解装配体

根据产品说明书、同类产品图纸等资料，或通过实地调查，初步了解装配体的用途、性能、工作原理、结构特点及零件之间的装配关系。

3. 拆卸零件，绘制装配示意图

为了便于装配体被拆散后仍能装配复原，在拆卸过程中应尽量做好原始记录，最简便常用的方法是绘制装配示意图，也可运用如照相乃至录像等手段。装配示意图只要求用简单的线条，大致的轮廓，将各零件之间的相对位置、装配、连接关系及传动情况表达清楚。在示意图上应编上零件序号，并注写零件的名称及数量。在拆下的每个（组）零件上，贴上标签，标签上注明与示意图相对应的序号及名称。

在拆卸零件时，要按顺序进行，对不可拆连接和过盈配合的零件尽量不拆，以免影响装配体的性能及精度。拆卸时使用工具要得当，拆下的零件应妥善放置，以免碰坏或丢失。

4. 画零件草图

组成装配体的每一个零件，除标准件外，都应画出草图，但画装配体的零件草图时，应尽可能注意到零件间的尺寸的协调。

5. 画装配图

根据装配示意图、零件草图，画出装配图。画装配图的过程，是一次检验、校对零件形状、尺寸的过程，草图中的形状和尺寸如有错误或不妥之处，应及时改正，保证使零件之间的装配关系能在装配图上正确地反映出来，以便顺利地拆画零件图。

6. 拆画零件工作图

根据装配图，拆画出每个零件的零件工作图，此时的图形和尺寸应比较正确、可靠。

10.6.2 装配图的画法

1. 准备阶段

对现有资料进行整理、分析，进一步了解装配体的性能及结构特点，对装配体的完整形状做到心中有数。

2. 确定表达方案

（1）决定主视图的方向。因装配体由许多零件装配而成，所以通常以最能反映装配体结构特点和较多地反映装配关系、工作原理的一面作为画主视图的方向。

（2）决定装配体的位置。通常将装配体按工作位置放置，使装配体的主体轴线或主要安装面呈水平或垂直位置。

（3）选择其他视图。选用较少数量的视图、剖视、剖面图形，准确、完整、简便地表达出各种零件的形状及装配关系。

由于装配图所表达的是各组成零件的结构形状及相互之间的装配关系，因此确定它的表达方案，就比确定单个零件的表达方案复杂得多，有时一种方案，不一定对其中每个零件都合适，只有灵活地运用各种表达方法，认真研究，周密比较，才能把装配体表达得更完善。

3. 画装配图的步骤

（1）定位布局。表达方案确定以后，画出各视图的主要基准线，一般是对称轴线、主要零件的中心线，零件上较大的平面或端面，如图10-17（a）所示。

（2）逐层画出图形。围绕着装配干线由里向外逐个画出零件的图形，这样可避免被遮盖部分的轮廓线也被徒劳地画出。剖开的零件，应直接画成剖开后的形状，不要先画好外形再改画成剖视图。作图时，应几个视图配合着画，以提高绘图速度，同时应解决好零件装配时的工艺结构问题，如轴向定位、零件的接触表面及相互遮挡等。如图10-17（b）～图10-17（f）所示。

（3）注出必要的尺寸及技术要求。

（4）校对、描深。

（5）编序号、填写明细表、标题栏［图10-17(g)］。

（6）检查全图、清洁、修饰图面。

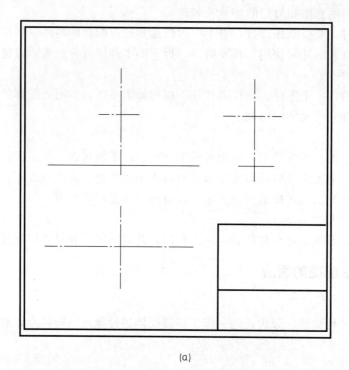

(a)

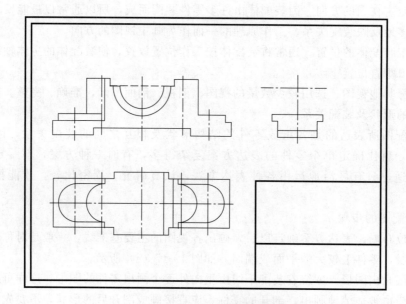

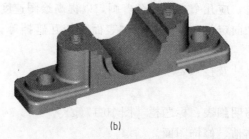

(b)

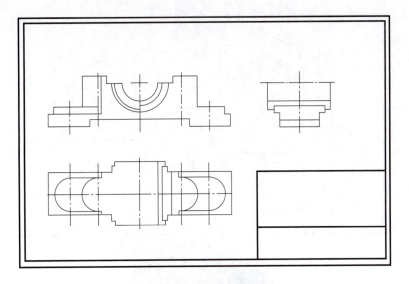

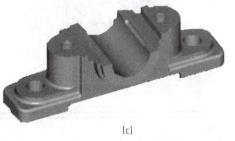

(c)

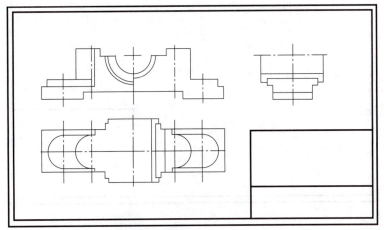

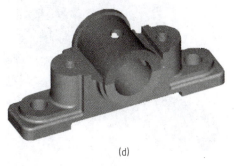

(d)

图 10-17

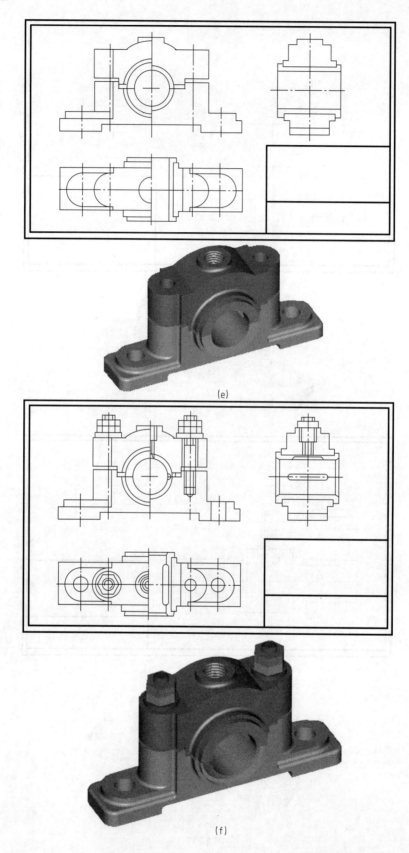

(e)

(f)

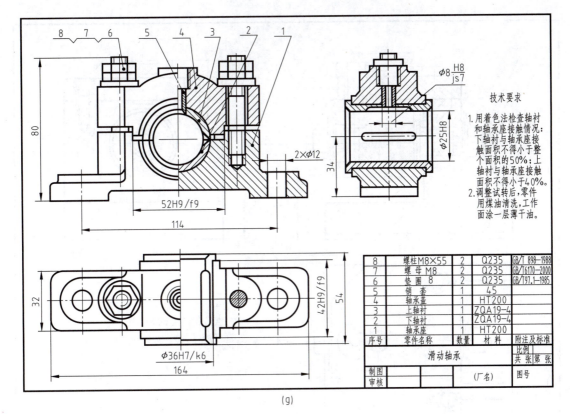

(g)

图 10-17　滑动轴承画法

10.7　读装配图和拆画零件图

10.7.1　读装配图的方法和步骤

读装配图就是根据装配图的图形、尺寸、符号和文字，搞清楚机器或部件的性能、工作原理、装配关系和各零件的主要的结构、作用及拆装顺序等等。工程技术人员必须具备熟练地识读装配图的能力。下面以图 10-18 的钻夹具为例，介绍读装配图的一般方法和步骤。

1. 概括了解

识读装配图时，首先通过标题栏了解部件的名称、用途。从明细表了解组成该部分的零件名称、数量、材料以及标准件的规格，并在视图中找出所表示的相应零件及所在位置。通过对视图的浏览，了解装配图的表达情况及装配体的复杂程度。从绘图比例和外形尺寸了解部件的大小。

钻夹具是安装在钻床工作台上，用于夹持工件进行钻孔的机床夹具，从明细表可以看出，钻夹具一共由 12 种零件组成，其中 6 种是标准件，6 种是非标准件。

2. 了解工作原理和装配关系

对比较复杂的部件，此过程可以结合说明书进行。分析时，应从机器或部件的传动路线或装配干线入手。钻夹具的工作原理是：主视图中细双点画线表示被加工零件，套在定位销 4 上，被加工零件用左端面和内孔定位，由开口垫圈 11 和螺母 9 夹紧工件，进行钻孔。钻

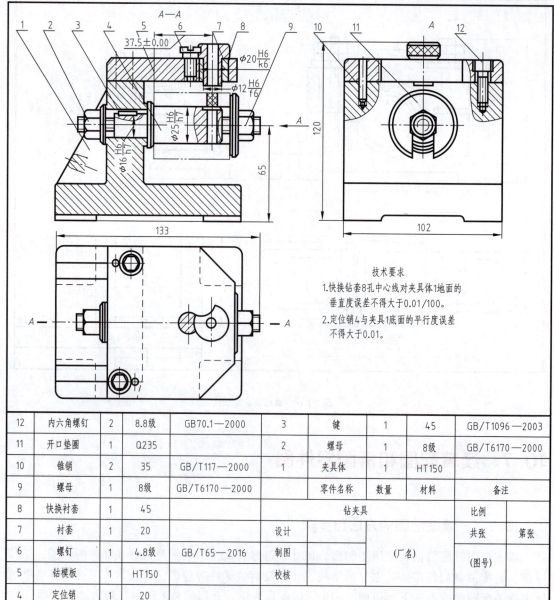

12	内六角螺钉	2	8.8级	GB70.1—2000	3	键	1	45	GB/T1096—2003
11	开口垫圈	1	Q235		2	螺母	1	8级	GB/T6170—2000
10	锥销	2	35	GB/T117—2000	1	夹具体	1	HT150	
9	螺母	1	8级	GB/T6170—2000	零件名称	数量	材料	备注	
8	快换衬套	1	45		钻夹具			比例	
7	衬套	1	20		设计			共张	第张
6	螺钉	1	4.8级	GB/T65—2016	制图		(厂名)	(图号)	
5	钻模板	1	HT150		校核				
4	定位销	1	20						

图 10-18 钻夹具装配图

孔结束后，先松开螺母9，再拆下开口垫圈11，就可以把工件拆下，再安装下一个工件。钻套和衬套起保护和引导作用。装配关系：定位销4与夹具体1用键3连接，采用 $\phi16$（H6/h7）间隙配合，与工件之间是 $\phi25$（H6/h7）间隙配合，快换钻套与衬套之间是 $\phi12$（H6/f6）间隙配合，衬套与钻模板之间是 $\phi20$（H6/k6）过渡配合。

3. 分析视图

了解视图的数量、名称、投射方向、剖切方法，各视图的表达意图和它们之间的关系。

钻夹具装配图共有三个视图，主视图采用通过定位销4的轴线的正平面剖开，表达定位销轴系上各零件的连接装配关系，以及快换钻套8和衬套7之间以及衬套与钻模板之间的装配关系，左视图表示钻夹具外形以及用两个局部剖表示销连接和螺钉连接的情况。俯视图表示各零件的位置关系。用这三个视图就可以把钻夹具的工作原理及各零件的连接装配关系表达清楚。

4．分析零件主要结构形状和用途

前面的分析是综合性的，为了深入了解部件，还应进一步分析零件的主要结构形状和用途。

常用的分析方法：

（1）利用剖面线的方向和间距来分析。国标规定：同一零件的剖面线在各个视图上的方向和间距应一致。

（2）利用规定画法来分析。如实心件在装配图中规定沿轴线剖开，不画剖面线，据此能很快地将实心轴、手柄、螺纹连接件、键、销等区分出来。

（3）利用零件序号，对照明细表来分析。

5．归纳总结

在以上分析的基础上，对整个装配体及其工作原理、连接、装配关系有了全面的认识，从而对其使用时操作过程有了进一步的了解。图 10-19 是该钻夹具的立体图。

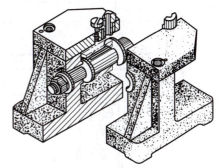

图 10-19　钻夹具的立体图

10.7.2　由装配图拆画零件图

由装配图拆画零件图，简称拆图。它是在读懂装配图的基础上进行的。拆图工作分为两种类型：一种是部件测绘过程中拆图，另一种是新产品设计过程中拆图。进行部件测绘中的拆图时，可根据画好后的装配图和零件草图进行；新产品设计中的拆图只能根据装配图进行。下面介绍拆画零件图的步骤和注意事项。以拆画图 10-18 的钻夹具为例。

1．确定零件的形状

装配图主要表达的是机器或部件的工作原理、零件间的装配关系，并不要求将每一个零件的结构形状都表达清楚，这就要求在拆画零件图时，首先要读懂装配图，根据零件在装配图中的作用及与相邻零件之间的关系，将要拆的零件从装配图中分离出来，再根据该零件在装配图中的投影及与相邻零件之间的关系想象出零件的形状。如图 10-20 所示为夹具体立体图。

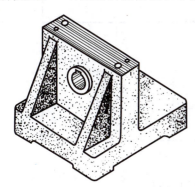

图 10-20　夹具体立体图

2．确定表达方案

拆画零件图时，零件的主视图方向不能从装配图中照抄照搬，应根据零件本身的结构特点来选择。夹具体的主视图方向符合工作位置，在各视图中，应将装配图中省略了的零件工艺结构补全，如倒角、倒圆、退刀槽、越程槽、轴的中心孔等（如图 10-21 所示）。

3．尺寸标注

首先确定尺寸基准，再根据零件图尺寸标注的要求进行标注。

拆画零件图尺寸的获得方法：

（1）装配图中所标注的尺寸，如 $\phi16H6$ 等。

（2）标准结构和工艺结构应查有关标准校对后再标注。

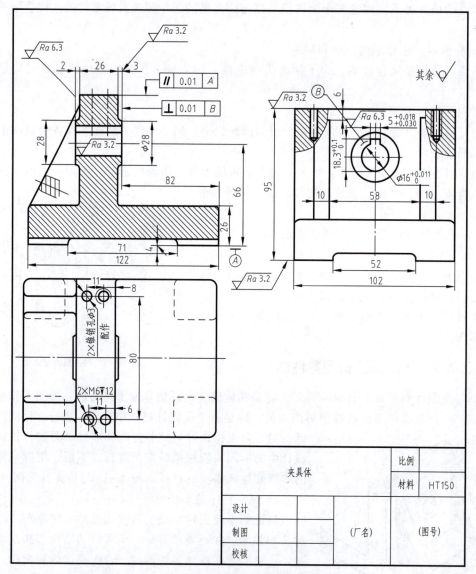

图 10-21　钻夹具夹具体零件图

（3）在装配图中未注出的尺寸，在图样比例准确时，可直接量取。

如果量得的尺寸不是整数，可按《标准尺寸》（GB/T 2822—2005）加以圆整后标注。

小　　结

通过本章的学习，应熟记装配图的规定画法。装配图是零件安装和机器调试、检验的重要技术文件，通过装配体测绘、装配图绘制和读装配图，能较熟练地掌握装配图的画法和部件的表达方法，对提高读图和绘图的能力有很大帮助。

第11章 计算机绘图

计算机绘图是计算机辅助设计（CAD）和计算机辅助制造（CAM）的重要组成部分。本章主要介绍 AutoCAD 软件的基础知识和基本操作方法，通过本章学习，学生将能够绘制简单的图形。

11.1 AutoCAD 2020 的绘图基础

（1）启动　在默认的情况下，成功地安装 AutoCAD 2020 中文版以后，在桌面上会产生一个 AutoCAD 2020 中文版快捷图标，并且在程序组里边也产生一个 AutoCAD 2020 中文版的程序组。与其他的基于 Windows 系统的应用程序一样，可以通过双击 AutoCAD 2020 中文版快捷图标或从程序组中选择 AutoCAD 2020 中文版来启动 AutoCAD 2020 中文版。

（2）AutoCAD 2020 的二维界面组成介绍　启动 AutoCAD 2020 中文版以后，它的操作界面如图 11-1 所示。与其他的 Windows 应用程序相似，界面主要由标题栏、功能区、绘图区、命令窗口和状态栏等组成。如果是第一次启动 AutoCAD 2020 中文版，界面可能与此稍有不同，但结构是一样的。

① 标题栏　位于应用程序窗口的最上面，用于显示当前正在运行的程序名及文件名等信息，如果是 AutoCAD 默认的图形文件，其名称为 DrawingN.dwg（N 是数字）。单击标题栏右端的按钮，可以最小化、最大化或关闭应用程序窗口。标题栏最左边是应用程序的小图标，单击它将会弹出一个 AutoCAD 窗口控制下拉菜单，可以执行最小化或最大化窗口、恢复窗口、移动窗口、关闭 AutoCAD 等操作。

② 下拉菜单栏　AutoCAD 2020 的菜单栏主要由"文件""编辑""视图"等菜单组成，它们几乎包括了 AutoCAD 中全部的功能和命令。默认的情况下有 11 个菜单项目，它有 4 种类型。

　　a. 普通菜单：单击该菜单中的某一项将直接执行相应的命令。
　　b. 子菜单：菜单的后面有向右的黑三角的即为该类型，鼠标在此菜单上时将弹出下一级菜单。
　　c. 对话框：菜单的后面有省略号的即为该类型，单击该菜单将弹出一个对话框。
　　d. 开关：表示某一选项被选中。

③ 功能区　用户除了利用菜单执行命令以外，还可以使用功能区来执行命令。

④ 绘图区　AutoCAD 界面的空白区域为绘图窗口，图形的绘制、编辑都是在这个区域

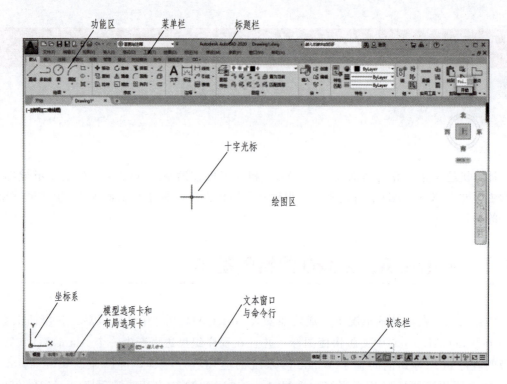

图 11-1 启动界面

中完成的。这个区域还显示用户当前使用的坐标系的图标，表示该坐标系的类型、原点及 X 轴、Y 轴、Z 轴的方向。在最底部有模型/布局选项卡，它用于模型空间与布局（图纸）空间之间的切换。

⑤ 文本窗口与命令行　命令行位于绘图区的底部，用于输入系统命令或显示命令提示信息。用户在功能区域工具栏中选择某个命令时，也会在命令行中显示提示信息，如果用户觉得命令行显示的信息太少，可以根据自己的需要通过拖动命令行与绘图区之间的分隔边框来改变命令行的大小。

文本窗口用于显示命令行中的各种信息，也包括出错信息。按 F2 键可以快速打开文本窗口。

⑥ 状态栏　用来显示 AutoCAD 当前的状态，状态栏位于命令行的下方，即屏幕的底部，如图 11-2 所示，显示了一些绘图状态切换工具、快速查看、注释相关、切换工作空间等重要信息。

图 11-2 状态栏

（3）AutoCAD 2020 的三维建模界面组成介绍　在 AutoCAD 2020 中，选择"工具"|"工作空间"|"三维建模"命令，或在"工作空间"工具栏的下拉列表框中选择"三维建模"选项，都可以快速切换到"三维建模"工作界面。如图 11-3 所示。

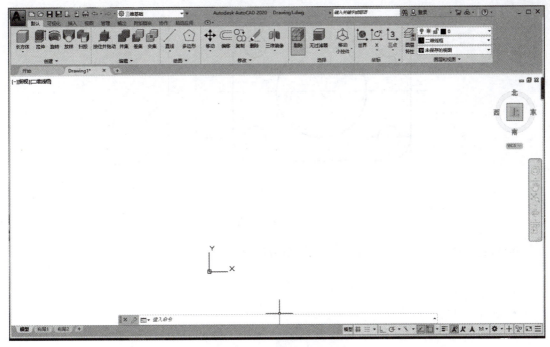

图 11-3　三维建模界面

11.2　尺寸标注概述与设置

11.2.1　尺寸标注概述

（1）尺寸标注的组成

一个完整的尺寸标注应由尺寸数字、尺寸线、尺寸界线和箭头符号等组成，如图 11-4 所示。在 AutoCAD 中，各尺寸组成的主要特点如下。

① 尺寸数字　用于表示实际测量值。可以使用由 AutoCAD 自动计算出的测量值，提供自定义的文字或完全不用文字。如果使用生成的文字，则可以附加"加/减公差、前缀和后缀"。

② 尺寸界线　表示尺寸线的开始和结束。通常从被标注对象延长至尺寸线，一般与尺寸线垂直。有些情况下，也可以选用某些图形对象的轮廓线或中心线代替尺寸界线。

③ 尺寸线　表示尺寸标注的范围。通常是带有箭头且平行于被标注对象的单线段。标注文字沿尺寸线放置。对于角度标注，尺寸线可以是一段圆弧。

④ 尺寸箭头　在尺寸线的两端，用于标记尺寸标注的起始和终止位置。AutoCAD 提供了多种形式的尺寸箭头，包括建筑标记、小斜线箭头、点和斜杠标记。读者也可以根据绘图需要创建自己的箭头形式。

在 AutoCAD 中，通常将尺寸的各个组成部分作为块处理，因此，在绘图过程中，一个尺寸标注就是一个对象。

（2）尺寸标注步骤　在 AutoCAD 中标注尺寸，可通过操作下拉菜单［标注］和工具栏中尺寸标注命令来完成，如图 11-5 所示。

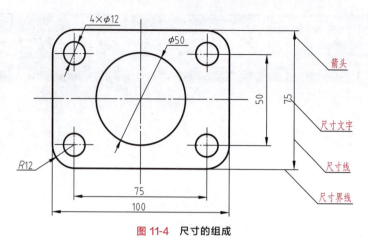

图 11-4　尺寸的组成

在 AutoCAD 中，对图形进行尺寸标注应遵循以下步骤：
- 建立尺寸标注层；
- 创建用于尺寸标注的文字样式；
- 设置尺寸标注的样式；
- 捕捉标注对象并进行尺寸标注。

图 11-5　尺寸标注命令

① 创建标注层　在 AutoCAD 中编辑、修改工程图样时，由于各种图线与尺寸混杂在一起，使得其操作非常不方便。为了便于控制尺寸标注对象的显示与隐藏，在 AutoCAD 中应为尺寸标注创建独立的图层，运用图层技术使其与图形的其他信息分开，以便于操作。

② 建立用于尺寸标注的文字样式　为了方便在尺寸标注时修改所标注的各种文字，应建立专用于尺寸标注的文字样式。在建立尺寸标注文字类型时，应将文字高度设置为 0，如果文字类型的默认高度值不为 0，则"标注样式"对话框中"文字"选项卡中的"文字高度"命令将不起作用。

③ 尺寸标注样式设置　标注样式是尺寸标注对象的组成方式。诸如标注文字的位置和大小，箭头的形状等。设置尺寸标注样式可以控制尺寸标注的格式和外观，有利于执行相关的绘图标准。

a. 默认的尺寸标注样式。在 AutoCAD 中，如果在绘图时选择公制单位，则系统自动提供一个默认的 ISO-25（国际标准化组织）标注样式。单击"样式"工具栏 命令图标，在弹出的"标注样式管理器"对话框中，可看到如图 11-6 中"预览：ISO-25"窗口所示的标注样式。单击该对话框中 按钮，出现"修改标注样式"对话框，如图 11-7 所示。单击各选项卡可以显示各选项卡设置的详细内容。

(a) "线"：用于设置尺寸线、尺寸界线、箭头和圆心标记的格式和位置。
(b) "文字"：用于设置标注文字的外观、位置和对齐方式。
(c) "调整"：用来设置文字与尺寸线的管理规则以及标注特征比例。
(d) "主单位"：用于设置线性尺寸和角度标注单位的格式和精度等。
(e) "换算单位"：用于设置换算单位的格式。

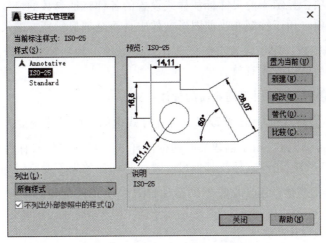

图 11-6 "标注样式管理器"对话框

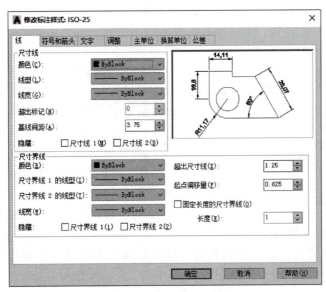

图 11-7 "修改标注样式"对话框

(f)"公差":用于设置公差值的格式和精度。

各选项的详细操作将在后面详细叙述。

b. 新建标注样式。在 AutoCAD 中,除了使用 ISO 默认的样式外,用户还可以根据需要建立自己的标注样式,因为 ISO 的标准毕竟与我国的标准不尽相同。

11.2.2 设置尺寸标注样式

在 AutoCAD 中,新建一个自己的标注样式,其方法如下。

① 选择→【格式】→【标注样式】菜单命令

② 单击【样式】工具栏中的"标注样式管理器"按钮

③ 输入命令:DIMSTYLE

启用"标注样式"命令后,系统弹出"标注样式管理器"对话框,各选项功能如下。

①【样式】选项:显示当前图形文件中已定义的所有尺寸标注样式。

② 【预览】选项：显示当前尺寸标注样式设置的各种特征参数的最终效果图。

③ 【列出】选项：用于控制在当前图形文件中是否全部显示所有的尺寸标注样式。

④ 置为当前(U) 按钮：用于设置当前标注样式。对每一种新建立的标注样式或对原样式修改后，均要置为当前设置才有效。

⑤ 新建(N)... 按钮：用于创建新的标注样式。

⑥ 修改(M)... 按钮：用于修改已有标注样式中的某些尺寸变量。

⑦ 替代(O)... 按钮：用于创建临时的标注样式。当采用临时标注样式标注某一尺寸后，再继续采用原来的标注样式标注其他尺寸时，其标注效果不受临时标注样式的影响。

⑧ 比较(C)... 按钮：用于比较不同标注样式中不相同的尺寸变量，并用列表的形式显示出来。

创建尺寸样式的操作步骤如下。

① 利用上述任意一种方法启用"标注样式"命令，弹出"标注样式管理器"对话框，在"样式"列表下显示了当前使用图形中已存在的标注样式，如图 11-6 所示。

② 单击新建按钮，弹出"创建新标注样式"对话框，在"新样式名"选项的文本框中输入新的样式名称；在"基础样式"选项的下拉列表中选择新标注样式是基于哪一种标注样式创建的；在"用于"选项的下拉列表中选择标注的应用范围，如应用于所有标注、半径标注、对齐标注等，如图 11-8 所示。

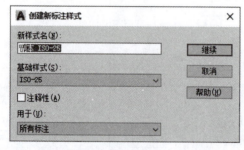

图 11-8　"创建新标注样式"对话框

③ 单击继续按钮，弹出"新建标注样式"对话框，此时用户即可应用对话框中的 7 个选项卡进行设置。

④ 设置完毕，单击"确定"按钮，这时将得到一个新的尺寸标注样式。

⑤ 在"标注样式管理器"对话框的"样式"列表中选择新创建的样式（如"标注样式"），单击"置为当前"按钮，将其设置为当前样式，如图 11-9 所示。

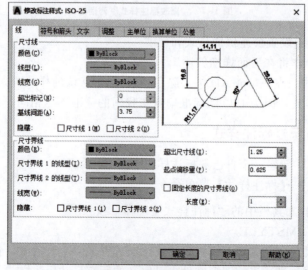

图 11-9　新建标注样式

11.2.3 设置尺寸线、尺寸界线、箭头和圆心标记的格式和位置

利用"新建标注样式"对话框中的"线"选项卡,可以设置尺寸线、尺寸界线,利用符号和箭头选项卡,可以设置箭头大小和圆心标记的样式,如图 11-9 和图 11-10 所示。

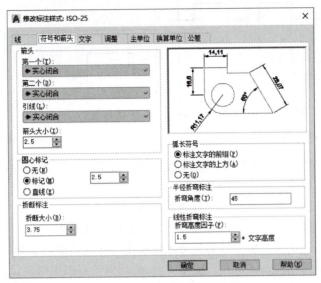

图 11-10　定义标注样式的内容

(1) 尺寸线　"尺寸线"设置区设置尺寸线的颜色、线宽、超出标记、基线间距和隐藏情况等,设置时要注意以下几点。

① 【颜色】下拉列表框:用于选择尺寸线的颜色。

② 【线宽】下拉列表框:用于指定尺寸线的宽度,线宽建议选择 0.13。

③ 【超出标记】:用于控制在使用倾斜、建筑标记、积分箭头或无箭头时,尺寸线延长到尺寸界线外面的长度。图 11-11(a)、图 11-11(b) 分别展示出了超出标记为 0 和不为 0 时的标注效果。

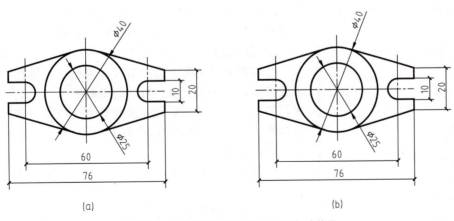

图 11-11　超出标记为 0 和不为 0 时的标注效果

④ 【基线间距】:指控制使用基线型尺寸标注时,两条尺寸线之间的距离,如图 11-12 所示。

⑤【隐藏】：通过选择"尺寸线 1"和"尺寸线 2"复选框，可以控制尺寸线两个组成部分的可见性。在 AutoCAD 中，尺寸线被标注文字分成两部分，即使标注文字未被放置在尺寸线内也是如此，如图 11-13 所示。

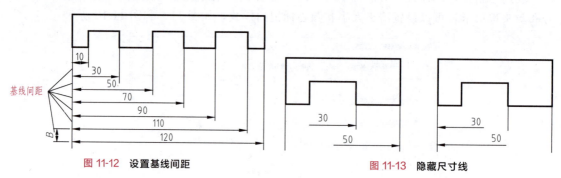

图 11-12　设置基线间距　　　　　　　　图 11-13　隐藏尺寸线

（2）尺寸界线　"尺寸界线"设置区设置尺寸界线的颜色、线宽、超出尺寸线的长度、起点偏移量和隐藏控制等，其意义如下：

①【颜色】列表框：用于选择尺寸界线的颜色。

②【线宽】列表框：用于指定尺寸界线的宽度，建议设置为 0.13。

③【超出尺寸线】选项：用于控制尺寸界线超出尺寸线的距离，如图 11-14 所示，通常规定尺寸界线的超出尺寸为 2~3mm，使用 1∶1 的比例绘制图形时，设置此选项为 2 或 3。

④【起点偏移量】选项：用于设置自图形中定义标注的点到尺寸界线的偏移距离，如

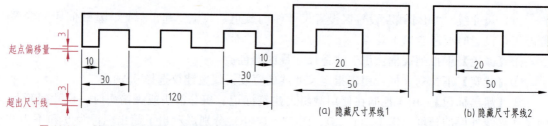

图 11-14　"超出尺寸线和起点偏移量"图例　　　图 11-15　隐藏尺寸界线

图 11-14 所示。通常尺寸界线与标注对象间有一定的距离，能够较容易地区分尺寸标注和被标注对象。

⑤【隐藏】：通过选择"尺寸界线 1"和"尺寸界线 2"，可以控制第 1 条和第 2 条尺寸界线的可见性，定义点不受影响，图 11-15（a）所示的是隐藏尺寸界线 1 时的状况；图 11-15（b）所示的是隐藏尺寸界线 2 时的状况。尺寸界线 1、2 与标注时的起点有关。

（3）箭头

①【第一个】下拉列表框：用于设置第一条尺寸线的箭头样式。

②【第二个】下拉列表框：用于设置第二条尺寸线的箭头样式。当改变第一个箭头的类型时，第二个箭头将自动改变以同第一个箭头相匹配。

AutoCAD2020 提供了 19 种标准的箭头类型，其中设置有建筑制图专用箭头类型，如图 11-16 所示，可以通过

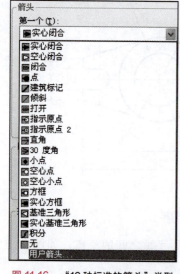

图 11-16　"19 种标准的箭头"类型

滚动条来进行选取。要指定用户定义的箭头块,可以选择"用户箭头"命令,弹出"选择自定义箭头块"对话框,选择用户定义的箭头块的名称,单击确定按钮即可。

③【引线】下拉列表框:用于设置引线标注时的箭头样式。

④【箭头大小】选项:用于设置箭头的大小。

(4) 圆心标记

①【圆心标记】选项组:该选项组提供了"无""标记"和"直线"3个单选项,可以设置圆心标记或画中心线,效果如图11-17所示。

②【大小】选项:用于设置圆心标记或中心线的大小。

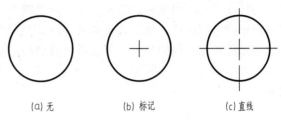

图 11-17 "圆心标记"选项

11.3 尺寸标注

11.3.1 线性标注

(1) 功能:线性尺寸标注是指标注线性方面的尺寸,常用来标注水平尺寸、垂直尺寸和旋转尺寸。可以通过AutoCAD提供的DIMLINEAR命令标注。

(2) 执行方式:

标注工具栏:

下拉菜单:[标注][线性]

命令窗口:DIMLINEAR✓

(3) 操作步骤:

命令:(输入命令)

指定第一条尺寸界线原点或＜选择对象＞:捕捉交点　　//指定第一条尺寸界线原点

指定第二条尺寸界线原点:捕捉圆心　　　　　　　　　//指定第二条尺寸界线原点

根据提示及需要进行其他选项的操作。例如"垂直标注"。

指定尺寸线位置或[多行文字(M)/文字(T)/角度(A)/水平(H)/垂直(V)/旋转(R)]:V✓

　　　　　　　　　　　　　　　　　　　//指定线性标注的类型创建垂直标注

拖动确定尺寸线的位置。

【例】 给图 11-18 标注 AB 边长尺寸 50。

命令:dimlinear　　//启用线性标注命令

指定第一条尺寸界线原点或＜选择对象＞:

＜对象捕捉 开＞　　　　//单击 A 点

指定第二条尺寸界线原点:

　　　　　　　　　　　//单击 B 点

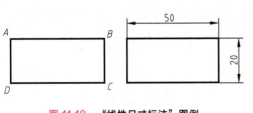

图 11-18 "线性尺寸标注"图例

指定尺寸线位置或[多行文字(M)/文字(T)/角度(A)/水平(H)/垂直(V)/旋转(R)]:

　　　　　　　　　　　　　　　　　　//在 AB 上方单击一点

标注文字 50

在创建线性标注时，要注意以下几点：

① 线性标注有 3 种方式，即水平（H）、垂直（V）和旋转（R）。其中，水平方式用于测量平行于水平方向两个点之间的距离；垂直方式用于测量平行于垂直方向两个点之间的距离；旋转方式用于测量倾斜方向上两个点之间的距离，此时需要输入旋转角度。因此，即使测量点相同，使用这 3 种方式得到的标注结果也会不同，如图 11-19 所示。同时，在标注时通过将光标移至不同的位置，可由系统自动指定标注水平尺寸还是垂直尺寸。将光标移至图形的上方（或下方），则标注垂直尺寸；将光标移至图形的左侧（或右侧），则标注水平尺寸。

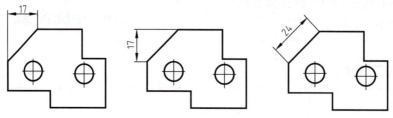

图 11-19　线性标注的 3 种方式

② 多行文字（M）：在线性标注的命令提示行中输入 M，可打开"多行文字编辑器"对话框。其中，尖括号"＜＞"表示在标注输出时显示系统自动测量生成的标注文字，用户可以将其删除再输入新的文字，也可以在尖括号前后输入其他内容，如图 11-20 所示。通常情况下，当需要在标注尺寸中添加其他文字或符号时，需要选择此选项。如在尺寸前加 φ 等。

图 11-20　使用多行文字编辑器修改添加文字

尖括号"＜＞"用于表示 AutoCAD 自动生成的标注文字，如果将其删除，则会失去尺寸标注的关联性。当标注对象改变时，标注尺寸数字不能自动调整。

③ 文字（T）：在命令提示行中输入 T，可直接在命令提示行输入新的标注文字。

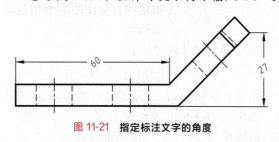

图 11-21　指定标注文字的角度

此时可修改标注尺寸或添加新的内容。

④ 角度（A）：在命令提示行中输入 A，可指定标注文字的角度，如图 11-21 所示。

11.3.2　对齐标注

（1）功能　经常遇到斜线或斜面的尺寸标注，AutoCAD 提供 DIMALIGNED 命令可以进行该类型的尺寸标注。

（2）执行方式

标注工具栏：

下拉菜单：［标注］［对齐］

命令窗口：dimaligned↵

（3）操作步骤　在此，AutoCAD 提示与线性标注相同。

① 利用捕捉在图样中指定第一条尺寸界线原点。

② 指定第二条尺寸界线原点。

③ 拖动鼠标，在尺寸线位置处单击，确定尺寸线的位置，其标注结果如图 11-22 所示。

【例】　采用对齐标注方式标注图 11-22 所示的边长 780。

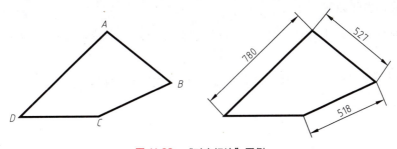

图 11-22　"对齐标注"图例

11.3.3　角度标注

（1）功能　使用角度标注可以测量圆和圆弧的角度、两条直线间的角度或者 3 点间的角度。

（2）执行方式　标注工具栏：

下拉菜单：[标注] [角度]

命令窗口：dimangular↵

（3）操作步骤

命令：（输入命令）

选择圆弧、圆、直线或＜指定顶点＞：单击直线　　　//选择标注对象的一条直边

选择第二条直线：单击直线　　　//选择另一条斜边

指定标注弧线位置或 [多行文字（M）/文字（T）/角度（A）]：单击一点
　　　　　　　　　　　　　　　　　　　　　　　　　//确定标注位置

使用"角度标注"标注圆、圆弧和 3 点间的角度时，其操作要点是：

① 标注圆时，首先在圆上单击确定第 1 个点（如点 1），然后指定圆上的第 2 个点（如点 2），再确定放置尺寸的位置。

② 标注圆弧时，可以直接选择圆弧。

③ 标注直线间夹角时，选择两直线的边即可。

④ 标注 3 点间的角度时，按↵键，然后指定角的顶点 1 和另两个点 2 和 3，如图 11-23

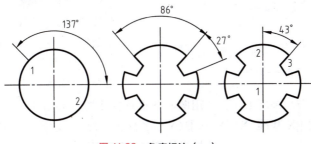

图 11-23　角度标注（一）

所示。角度标注的各种效果如图 11-24 所示。

⑤ 在机械制图中，角度尺寸的尺寸线为圆弧的同心弧，尺寸界线沿径向引出。

【提示、注意、技巧】

① 在机械制图中，国标要求角度的数字一律写成水平方向，注在尺寸线中断处，必要时可以写在尺寸线上方或外边，也可以引出，如图 11-24 所示。

② 为了满足国标要求，在使用 AutoCAD 设置标注样式时，用户可以用下面的方法创建角度尺寸样式，步骤如下。

a. 单击标注或样式工具栏：<kbd>标</kbd> 发出设置"标注样式"命令，打开"标注样式管理器"对话框。

b. 单击 <kbd>新建(N)...</kbd> 按钮，打开"创建新标注样式"对话框，在"用于"下拉列表框中选择"角度标注"选项，如图 11-25 所示。

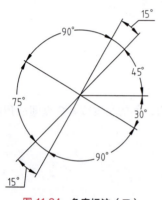

图 11-24　角度标注（二）

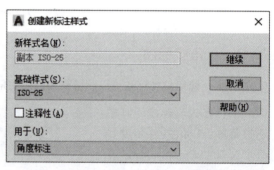

图 11-25　"创建新标注样式"对话框

c. 单击"继续"按钮，打开"新建标注样式"对话框。在"文字"选项卡的"文字对齐"设置区中，选择"水平"单选钮，如图 11-26 所示。单击"确定"按钮，将新建样式置为当前，这时就可以使用该角度标注样式来标注角度尺寸了。

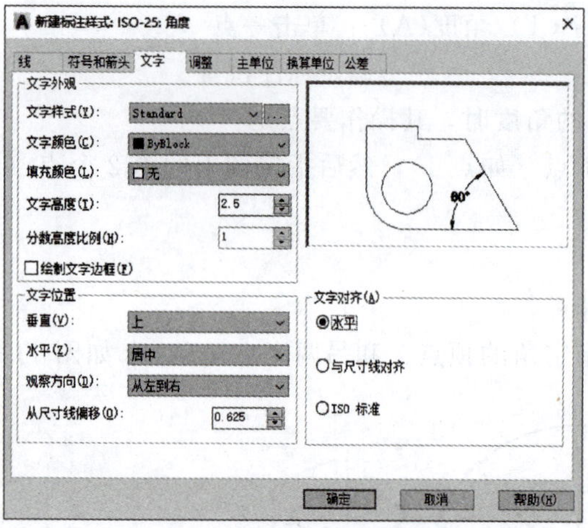

11.3.4　坐标标注

（1）功能　坐标标注以当前 UCS 的原点为基准，显示任意图形点的 X 或 Y 轴坐标。

（2）执行方式

标注工具栏：<kbd>坐</kbd>

下拉菜单：[标注]　[坐标]

命令窗口：dimordinate ↙

（3）操作步骤

命令：(输入命令)：

图 11-26　设置角度标注样式

指定点坐标：单击小圆圆心　　//利用圆心捕捉选择小圆圆心点 1

指定引线端点或 [X 基准(X)/Y 基准(Y)/多行文字(M)/文字(T)/角度(A)]：

拖动单击　　　　　　　　　　//选择引线位置，拖动引线至合适位置单击，指定引线端点

【提示、注意、技巧】

① 在命令提示行中，输入 X 或 Y 可以指定一个 X 或 Y 轴基准坐标，并通过单击鼠标来确定引线放置位置。注意 X 坐标值按垂直方向标注，Y 坐标值按水平方向标注。

② 输入 M，可以打开"多行文字编辑器"来编辑标注文字。

③ 输入 T，可以在命令行中编辑标注文字。

④ 输入 A，可以旋转标注文字的角度。

11.3.5 基线标注

对于从一条尺寸界线出发的基线尺寸标注，可以快速进行标注，无须手动设置两条尺寸线之间的间隔。

启用"基线标注"命令有三种方法。

① 选择→【标注】→【基线】菜单命令

② 单击【标注】工具栏中的"基线"按钮

③ 输入命令：DIMBASELINE

【例】 采用基线标注方式标注图 11-27 中的尺寸。

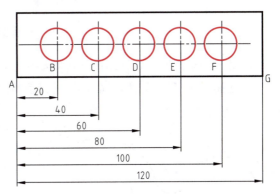

图 11-27　基线标注图例

11.3.6 连续标注

连续尺寸标注是工程制图（特别是多用于建筑制图）中常用的一种标注方式，指一系列首尾相连的尺寸标注。其中，相邻的两个尺寸标注间的尺寸界线作为公用界线。

启用"连续标注"命令有三种方法。

① 选择→【标注】→【连续】菜单命令

② 单击【标注】工具栏中的"连续"按钮

③ 输入命令：DCO（DIMCONTINUE）

启用"连续标注"命令后，命令行提示如下：

命令：_dimcontinue

选择连续标注：

或［放弃(U)/选择(S)］＜选择＞：

其中的参数：

a.【选择连续标注】：选择以线性标注为连续标注的基准标注。如上一个标注为线性标注，则不出现该提示，自动以上一个线性标注为基准标注。否则，应选择"选择"参数并点取一个线性尺寸来确定连续标注。

b.【指定第二条尺寸界线原点】：定义连续标注中第二条尺寸界线，第一条尺寸界线由标注基准确定。

c.【放弃（U）】：放弃上一个连续标注。

d.【选择（S）】：重新选择一个线性尺寸为连续标注的基准。

【例】 对图 11-28 中的图形进行连续标注。

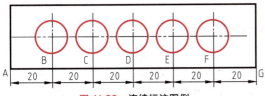

图 11-28　连续标注图例

11.3.7 折断标注

折断标注可以在尺寸线或尺寸界线与几何对象或其他标注相交的位置将其并断。

启用"折断标注"命令有三种方法。

① 选择→【标注】→【折断标注】菜单命令

② 单击【标注】工具栏中的"折断标注"按钮

③ 输入命令：DIMBREAK

【例】将图 11-29 所示的左图尺寸标注，通过折断命令编辑成图 11-29 右图所示。

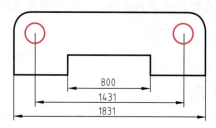 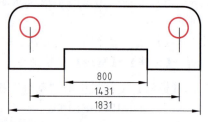

图 11-29　创建折断标注

① 单击"标注"工具栏中的"折断标注"按钮。

② 选择 1431 尺寸标注，输入 M 进行手动打断。

③ 选择适当的点，完成折断标注，如图 11-30 右图所示。

11.3.8 弧长标注

弧长尺寸标注用于测量圆弧或多段线弧线段上的距离。

启用"弧长标注"命令有三种方法。

① 选择→【标注】→【弧长】菜单命令

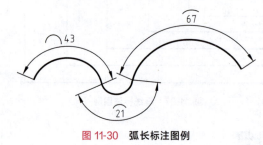

图 11-30　弧长标注图例

② 单击【标注】工具栏中的"弧长"按钮

③ 输入命令：DIMARO

选择"弧长"工具，光标变为拾取框，选择圆弧对象后，系统自动生成弧长标注，只需移动鼠标确定尺寸线的位置即可，效果如图 11-30 所示。

11.3.9 角度标注

角度尺寸标注用于标注圆或圆弧的角度、两条非平行直线间的角度、3 点之间的角。AutoCAD 提供了"角度"命令，用于创建角度尺寸标注。

启用"角度"命令有三种方法。

① 选择→【标注】→【角度】菜单命令

② 单击【标注】工具栏中的【角度标注】按钮

③ 输入命令：DIMANGULAR

启用命令后，操作如下。

(1) 圆或圆弧的角度标注　选择"角度标注"工具，在圆形上单击，选中圆形的同时，确定角度的顶点位置；再单击确定角度的第二端点，在圆形上测量出角度的大小。

【例】 标注图 11-31 所示圆中 AB 弧段角度值。

命令：_dimangular　　　　　　　　　　　　　　//启用角度标注命令
选择圆弧、圆、直线或＜指定顶点＞：　　　　　　//单击圆的 B 点位置
指定角的第二个端点：　　　　　　　　　　　　　//单击圆的 A 点位置
指定标注弧线位置或［多行文字(M)/文字(T)/角度(A)］：　//移动鼠标，单击确定位置
标注文字＝50

选择"角度标注"工具 标注圆弧的角度时，选择圆弧对象后，系统自动生成角度标注，只需移动鼠标确定尺寸线的位置即可，效果如图 11-32 所示。

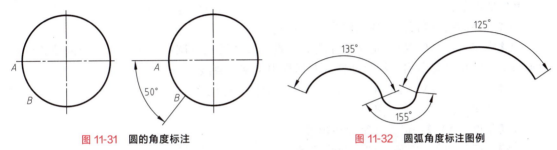

图 11-31　圆的角度标注　　　　　　　图 11-32　圆弧角度标注图例

（2）两条非平行直线间的角度标注　使用"角度标注"工具 ，测量非平行直线间夹角的角度时，AutoCAD 将两条直线作为角的边，直线之间的交点作为角度顶点来确定角度。如果尺寸线不与被标注的直线相交，AutoCAD 将根据需要通过延长一条或两条直线来添加尺寸界线；该尺寸线的张角始终小于 180°，角度标注的位置由鼠标的位置来确定。

【例】 标注图 11-33 所示的角的不同方向尺寸。

（3）三点之间的角度标注　使用"角度标注"命令 ，测量自定义顶点及两个端点组成的角度时，角度顶点可以同时为一个角度端点；如果需要尺寸界线，那么角度端点可用作尺寸界线的起点，尺寸界线从角度端点绘制到尺寸线交点；尺寸界线之间绘制的圆弧为尺寸线。

【例】 标注图 11-34 所示∠AOB 的值。

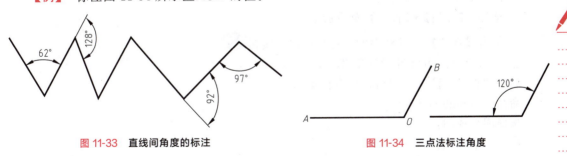

图 11-33　直线间角度的标注　　　　　　　图 11-34　三点法标注角度

11.3.10　标注半径尺寸

半径标注是由一条具有指向圆或圆弧的箭头的半径尺寸线组成，测量圆或圆弧半径时，自动生成的标注文字前将显示一个表示半径长度的字母"R"。

启用"半径标注"命令有三种方法：

① 选择→【标注】→【半径】菜单命令

② 单击【标注】工具栏中的"半径标注"按钮

③ 输入命令：DIMRADIUS

启用"半径标注"命令后，命令行提示如下：

命令：_dimradius

选择圆弧或圆：

标注文字＝XX

指定尺寸线位置或 [多行文字(M)/文字(T)/角度(A)]：

其中的参数：

① 【选择圆弧或圆】：选择标注半径的对象。

② 【指定尺寸线位置】：定义尺寸线的位置，尺寸线通过圆心。确定尺寸线的位置的拾取点对文字的位置有影响，和尺寸样式对话框中文字、直线、箭头的设置有关。

③ 【多行文字（M）】：通过多行文字编辑器输入标注文字。

④ 【文字（T）】：输入单行文字。

⑤ 【角度（A）】：定义文字旋转角度。

【例】 标注图 11-35 所示圆弧和圆的半径尺寸。

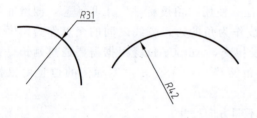

图 11-35　半径标注图例

11.3.11　标注直径尺寸

与圆或圆弧半径的标注方法相似。

启用"直径标注"命令有三种方法。

① 选择→【标注】→【直径】菜单命令

② 单击【标注】工具栏中的"直径标注"按钮

③ 输入命令：DIMDIAMETER

启用"直径标注"命令后，命令行提示如下：

命令：_dimdiameter

选择圆弧或圆：

标注文字＝XX

指定尺寸线位置或 [多行文字(M)/文字(T)/角度(A)]：

其中的参数：

① 【选择圆弧或圆】：选择标注直径的对象。

② 【指定尺寸线位置】：定义尺寸线的位置，尺寸线通过圆心。确定尺寸线的位置的拾取点对文字的位置有影响，和尺寸样式对话框中文字、直线、箭头的设置有关。

③【多行文字（M）】：通过多行文字编辑器输入标注文字。

④【文字（T）】：输入单行文字。

⑤【角度（A）】：定义文字旋转角度。

【例】 标注图 11-36 所示圆和圆弧的直径。

图 11-36　直径标注图例

11.3.12　圆心标记

一般情况下是先定圆和圆弧的圆心位置再绘制圆或圆弧，但有时却是先有圆或圆弧再标记其圆心。AutoCAD 可以在选择了圆或圆弧后，自动找到圆心并进行指定的标记。

启用"圆心标记"命令有三种方法。

① 选择→【标注】→【圆心标记】菜单命令

② 单击【标注】工具栏中的"圆心标记"按钮 ⊕

③ 输入命令：DIMCENTER

启用"圆心标记"命令后，命令行提示如下：

命令：_dimcenter

选择圆弧或圆：

其中的参数：

【选择圆弧或圆】：选择要加标记的圆或圆弧。

【例】 在图 11-37 所示的圆及圆弧中增加圆心标记，分别为"标记"和"直线"。

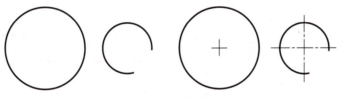

图 11-37　圆心标记图例

在"尺寸样式"中设置圆心标记为"＋"　●标记(M)

命令：_dimcenter　　　　　　　　　//启用直径标注命令

选择圆弧或圆：　　　　　　　　　//鼠标单击圆在"尺寸样式"中设置圆心标记

　　　　　　　　　　　　　　　　　为"直线"　●直线(E)

命令：_dimcenter　　　　　　　　　//启用直径标注命令 ⊕

选择圆弧或圆：　　　　　　　　　//鼠标单击圆

结果如图 11-37 所示。

11.3.13　折弯标注

折弯标注是当圆弧或圆的中心位于布局外并且无法在其实际位置显示时使用，使用"折弯"标注可以创建折弯半径标注，也称为"缩放的半径标注"。可以在更方便的位置指定标注的原点。

启用"折弯"命令有三种方法。

① 选择→【标注】→【折弯】菜单命令

② 单击【标注】工具栏中的"折弯"按钮
③ 输入命令：DIMJOGGED

使用"折弯标注"工具按钮 进行标注时，鼠标单击圆弧边上的某一点，系统测量选定对象的半径，并显示前面带有一个半径符号的标注文字；接着指定新中心点的位置，用于替代实际中心点；然后确定尺寸线的位置；最后指定折弯的中点位置。

【例】 用折弯标注法标注图 11-38 所示的圆弧的半径。

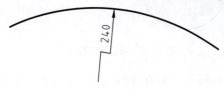

图 11-38　折弯标注图例

命令：_dimjogged　　　　　　　　　　　　　//启用折弯标注命令
选择圆弧或圆：　　　　　　　　　　　　　　//单击选择圆弧
指定中心位置替代：　　　　　　　　　　　　//单击指定折弯半径标注新中心点
标注文字＝240
指定尺寸线位置或［多行文字(M)/文字(T)/角度(A)］：
　　　　　　　　　　　　　　　　　　　　　//移动鼠标，单击确定尺寸线位置
指定折弯位置：　　　　　　　　　　　　　　//移动鼠标，单击指定折弯的位置
结果如图 11-38 所示。

11.3.14　引线标注

启用"引线"命令有三种方法。

① 标注工具栏：
② 下拉菜单：［标注］［引线］
③ 命令窗口：qleader↙

以图 11-39 中尺寸 φ8 为例，说明创建引线标注的步骤如下。

命令：_qleader↙
AutoCAD 提示：
指定第一个引线点或［设置(S)］＜设置＞：S↙　　//改变引线格式
出现如图 11-40 所示对话框。
设置其中的"引线""箭头"及"角度约束"等项如图 11-40（a）所示，注释各选项如图 11-40（b）所示，"附着"各选项如图 11-40（c）所示。

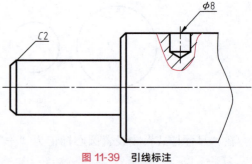

图 11-39　引线标注

单击确定后出现提示信息：
指定第一个引线点或［设置(S)］＜设置＞：捕捉并单击第一点　　//选择第一引线点
指定下一点：单击第二点　　　　　　　　　　　　　　　　　　//选择放置引线第二点
指定文字宽度＜7＞：6↙　　　　　　　　　　　　　　　　　　//设置文字宽度
输入注释文字的第一行＜多行文字(M)＞：↙　　　　　　　　　//设置文字输入形式
出现文字输入对话框后输入文字即可。

11.3.15　快速标注

使用快速标注功能，可以快速创建成组的基线、连续、阶梯和坐标标注，快速标注多个

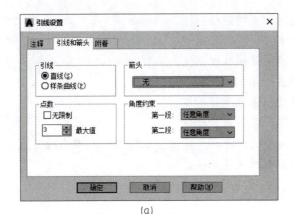

图 11-40 引线设置对话框

圆、圆弧以及编辑现有标注的布局。

启用"快速标注"命令有三种方法。

① 标注工具栏：

② 下拉菜单：[标注][快速标注]

③ 命令窗口：qdim↙

以图 11-41 为例，说明创建快速标注的步骤如下。

在"标注"工具栏中单击"快速标注"按钮。

AutoCAD 提示：

选择要标注的几何图形：依次选择各几何图形↙   //选择各轴向直线段

指定尺寸线位置或[连续(C)/并列(S)/基线(B)/坐标(O)/半径(R)/直径(D)/基准点(P)/编辑(E)/设置(T)]＜连续＞：

单击一点   //选择标注形式和尺寸线，位置默认的是"连续"

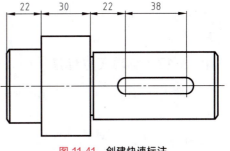

图 11-41 创建快速标注

标注结果如图 11-41 所示。

若在图 11-42 中选择三个圆，并按提示输入 D（圆的直径）↙，则可一次注出三个圆的直径。

创建快速标注时，可以根据命令提示输入一个选项，这些选项的意义如下。

图 11-42 圆的快速标注

① 连续（C）：创建一系列连续标注。
② 并列（S）：创建一系列层叠标注。
③ 基线（B）：创建一系列基线标注。
④ 坐标（O）：创建一系列坐标标注。
⑤ 半径（R）：创建一系列半径标注。
⑥ 直径（D）：创建一系列直径标注。
⑦ 基准点（P）：为基线标注和坐标标注设置新的基准点或原点。
⑧ 编辑（E）：用于编辑快速标注。

11.3.16 尺寸公差标注

尺寸公差是为了有效控制零件的加工精度，许多零件图上需要标注极限偏差或公差带代号，它的标注形式是通过标注样式中的公差格式来设置的。

以图 11-43 为例说明尺寸公差的设置步骤：

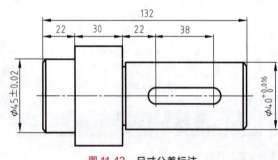

图 11-43 尺寸公差标注

① 标注完长度尺寸以后，要标注直径尺寸时，需要通过改变公差格式的设置来完成。在下拉菜单［标注］中选择［样式］，在"标注样式管理器"中创建新的样式："ISO-25 公差 1"。打开"公差"选项卡，在公差格式区设置"方式"为"极限偏差"。在"精度"栏选择"0.000"；输入"上偏差"："0.016"；"高度比例"："0.5"；"垂直位置"："中"。

② 在样式工具栏中选中该样式，利用"线性标注"标注尺寸 $\phi 40^{+0.016}_{0}$。

③ 同上述步骤，建立"ISO-25 公差 2"样式，改变公差标注方式为"对称"。可标注 $\phi 45 \pm 0.01$。

11.3.17 编辑尺寸标注

（1）使用"编辑标注"命令编辑尺寸文字

启用"编辑标注"命令方法如下。

① 标注工具栏：
② 命令窗口：dimedit ↙

使用"编辑标注"命令，可以修改原尺寸为新文字、调整文字到默认位置、旋转文字和倾斜尺寸界线。如图 11-44 所示，修改标注文字"20"为"$\phi 20$"，其步骤如下：

① 在"标注"工具栏中单击"编辑标注"按钮。

AutoCAD 提示：

输入标注编辑类型 ［默认(H)/新建(N)/旋转(R)/倾斜(O)］＜默认＞：N↙
　　　　　　　　　　　　　　　　　　　　　　　　//选择标注编辑类型。

② 此时打开"多行文字编辑器"对话框。
③ 在文字编辑框中输入直径符号"%%C"。
④ 在图形中选择需要编辑的标注对象。
⑤ 按 ↙ 键结束对象选择，标注结果如图 11-45 所示。

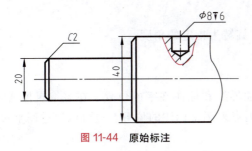
图 11-44　原始标注

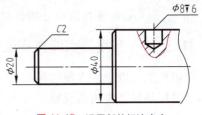
图 11-45　设置新的标注文字

各参数的功能介绍如下。
① 默认（H）：选择该项，可以移动标注文字到默认位置。
② 新建（N）：选择该项，可以在打开的"多行文字编辑器"对话框中修改标注文字。
③ 旋转（R）：选择该项，可以旋转标注文字。
④ 倾斜（O）：选择该项，可以调整线性标注尺寸界限的倾斜角度。
如果要改变如图 11-45 所示文字"φ20"的角度，可使用旋转选项，具体操作步骤如下：
① 在"标注"工具栏中单击"编辑标注"按钮。
② 在命令提示行输入 R，旋转标注文字。
③ 指定标注文字的角度，如 45°。
④ 在图形中选择需要编辑的标注对象。
⑤ 按↙键结束对象选择，则标注结果如图 11-46 所示。
（2）用"编辑标注文字"命令调整文字位置

启用"编辑标注文字"命令方法如下。
① 标注工具栏：
② 命令窗口：dimtedit↙

使用"编辑标注文字"命令可以移动和旋转标注文字。例如，要将如图 11-46 所示的标注文字"φ20"左对齐，可按如下步骤进行操作：

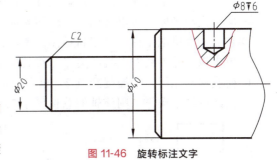
图 11-46　旋转标注文字

发出"编辑标注文字"命令：在"标注"工具栏中单击"编辑标注文字"按钮。
选择标注尺寸对象后 AutoCAD 提示：
指定标注文字的新位置或［左(L)/右(R)/中心(C)/默认(H)/角度(A)］：L↙
　　　　　　　　　　　　　　　　　　　　　　　　//选择文字位置
这时标注文字将沿尺寸线左对齐，如图 11-47 所示。

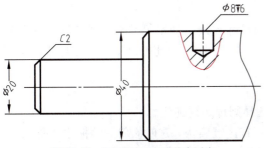
图 11-47　标注文字沿尺寸线左对齐

AutoCAD 提示选项的意义如下：
① 左（L）：选择该项，可以使文字沿尺寸线左对齐，适于线性、半径和直径标注。
② 右（R）：选择该项，可以使文字沿尺寸线右对齐，适于线性、半径和直径标注。
③ 中心（C）：选择该项，可以将标注文字放在尺寸线的中心。
④ 默认：选择该项，可以将标注文字移

至默认位置。

⑤ 角度（A）：选择该项，可以将标注文字旋转为指定的角度。

11.3.18 利用夹点调整标注位置

使用夹点可以非常方便地移动尺寸线、尺寸界线和标注文字的位置。在该编辑模式下，可以通过调整尺寸线两端或标注文字所在处的夹点来调整标注的位置，也可以通过调整尺寸界线夹点来调整标注长度。

例如，要调整如图 11-48 所示的轴段尺寸"25"的标注位置以及在此基础上再增加标注长度，可按如下步骤进行操作。

① 用鼠标单击尺寸标注，这时在该标注上将显示夹点，如图 11-49 所示。

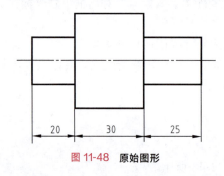

图 11-48　原始图形

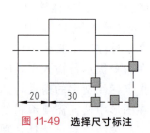

图 11-49　选择尺寸标注

② 单击标注文字所在处的夹点，该夹点将被选中。

③ 向下拖动光标，可以看到夹点跟随光标一起移动。

④ 在点 1 处单击鼠标，确定新标注位置，如图 11-50 所示。

⑤ 单击该尺寸界线左上端的夹点，将其选中，如图 11-51 所示。

⑥ 向左移动光标，并捕捉到点 2，单击确定捕捉到的点，如图 11-51 所示。

⑦ 按↵键结束操作，则该轴的总长尺寸 75 被注出，如图 11-52 所示。

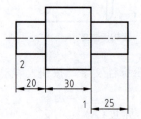

图 11-50　调整标注位置

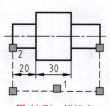

图 11-51　捕捉点

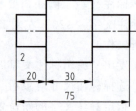

图 11-52　调整标注长度

11.3.19 倾斜标注

默认情况下，AutoCAD 创建与尺寸线垂直的尺寸界线。如果尺寸界线过于贴近图形轮廓线时，允许倾斜标注（如图 11-53 所示长度为 60 的尺寸）。因此可以修改尺寸界线的角度实现倾斜标注。创建倾斜尺寸界线的步骤如下：

① 单击下拉菜单：[标注] [倾斜] 命令。

② 选择需要倾斜的尺寸标注对象，若不再选择则按↵键确认。

③ 在命令提示行输入倾斜的角度，如"60°"，按↵键确认。这时倾斜后的标注如图 11-54 所示。

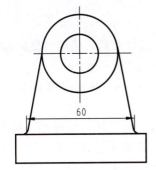
图 11-53　尺寸界线过于贴近轮廓线

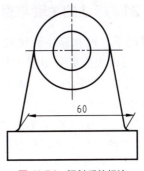
图 11-54　倾斜后的标注

该项操作也可利用尺寸标注编辑来完成。

11.3.20　编辑尺寸标注特性

启用"特性"命令方法如下。
① 下拉菜单：[修改][特性]
② 命令窗口：PROPERTIES↙

在 AutoCAD 中，通过"特性"窗口可以了解到图形中所有的特性，例如线型、颜色、文字位置以及由标注样式定义的其他特性。因此，可以使用该窗口查看和快速编辑包括标注文字在内的任何标注特性，步骤如下。

① 在图形中选择需要编辑其特性的尺寸标注，如图 11-55 所示。
② 选择[修改][特性]菜单，打开"特性"窗口，单击"选择对象"按钮。这时在"特性"窗口中将显示该尺寸标注的所有信息，如图 11-56 所示。

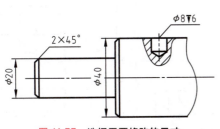
图 11-55　选择需要修改的尺寸

图 11-56　显示标注的特性

③ 在"特性"窗口中可以根据需要修改标注特性，如颜色、线型等。
④ 如果要将修改的标注特性保存到新样式中，可右击修改后的标注，从弹出的快捷菜单中选择[标注样式][另存为新样式]。
⑤ 在"另存为新样式"对话框中输入新样式名，然后单击"确定"按钮，如图 11-57 所示。

图 11-57　"另存为新标注样式"对话框

11.3.21 标注的关联与更新

通常情况下，尺寸标注和样式是相关联的，当标注样式修改后，使用"更新标注"命令（Dimstyle）可以快速更新图形中与标注样式不一致的尺寸标注。

例如，使用"更新标注"命令将如图 11-58 所示的 $\phi 20$、$R5$ 的文字改为水平方式，可按如下步骤进行操作：

① 在"标注"工具栏中单击"标注样式"按钮，打开"标注样式管理器"对话框。
② 单击"替代"按钮，在打开的"替代当前样式"对话框中选择"文字"选项卡。
③ 在"文字对齐"设置区中选择"水平"单选钮，然后单击"确定"按钮。
④ 在"标注样式管理器"对话框中单击"关闭"按钮。
⑤ 在"标注"工具栏中单击"更新标注"按钮。
⑥ 在图形中单击需要修改其标注的对象，如 $\phi 20$、$R5$。
⑦ 按↙键，结束对象选择，则更新后的标注如图 11-59 所示。

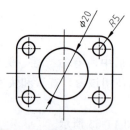

图 11-58　更新前的尺寸标注

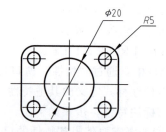

图 11-59　更新后的尺寸标注

11.3.22 尺寸标注实例

任务：绘制支座两视图并标注尺寸及公差，如图 11-60 所示。
目的：综合运用尺寸标注知识。
知识储备：基本绘图、编辑知识、各种标注知识。

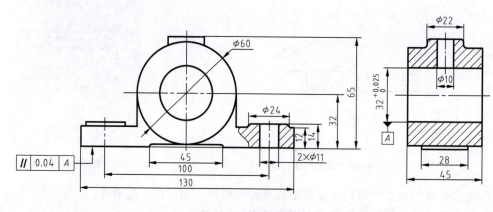

图 11-60　支座两视图

绘图步骤分解：

（1）建图层　分别建立中心线层、细实线层、粗实线层、尺寸线层、剖面线层，并设定各层线型、颜色等。用绘图、编辑等命令，完成图形绘制。

(2) 标注线性尺寸

① 标注长度尺寸 130、100、45；高度尺寸 32、65、12、14；宽度尺寸 28、45。

单击标注工具栏：┤├ 命令，AutoCAD 提示：
指定第一条尺寸界线原点或 <选择对象>：捕捉 130 左端点　　//指定第一条尺寸界线原点

指定第二条尺寸界线原点：捕捉 130 右端点　　//指定第二条尺寸界线原点

指定尺寸线位置或 [多行文字(M)/文字(T)/角度(A)/水平(H)/垂直(V)/旋转(R)]：H↙
　　　　　　　　　　　　　　　　　　　　　　　　　　　　　　　　　　//创建水平标注

同样方法注出其他线性尺寸。

② 标注各直径尺寸。

单击标注工具栏：⊘ 命令或利用线性标注和快捷菜单标注 $\phi 60$、$\phi 24$、$\phi 22$、$\phi 10$、$2 \times \phi 11$ 各圆的直径尺寸。

其中，利用捕捉和线性标注选择 $\phi 22$ 两条边，当选择尺寸线位置时右击将出现快捷菜单，如图 11-61 所示，选择其中的多行文字(M)，将出现图 11-62 所示文字格式编辑器。

(3) 标注尺寸公差　建立一新的公差样式，如 ISO-25 公差，将上极限偏差设为 0.025，下极限偏差设为 0。标注 $\phi 32^{+0.025}_{\ 0}$。

(4) 标注形位公差　利用引线标注，设置"注释"为"公差"形式，标注形位公差。

按上述方法步骤即可完成图 11-60 示例中的所有尺寸的标注。

图 11-61　右键快捷菜单

图 11-62　多行文字格式编辑器

11.4　绘制机械图样应用实例

11.4.1　机械图样实例 1——轴的零件图绘制

绘制如图 11-63 所示的平面图形。

(1) 绘图步骤分解　调用样板图，开始绘新图。

① 在绘制一幅新图之前应根据所绘图形的大小及个数，确定绘图比例和图纸尺寸，建立或调用符合国家机械制图标准的样板图。绘图应尽量采用 1∶1 比例，假如需要一张 1∶5 的机械图样，通常的作法是，先按 1∶1 比例绘制图形，然后用比例命令（SCALE）将所绘图形缩小到原图的 1/5，再将缩小后的图形移至样板图中。

② 如果没有所需样板图，则应先设置绘图环境。设置包括绘图界限、单位、图层、颜色和线型、文字及尺寸样式等内容。

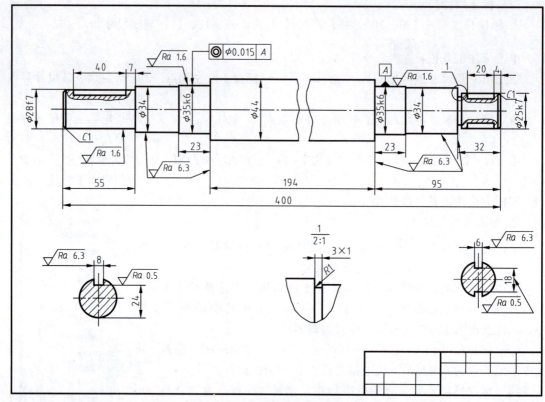

图 11-63 实例 1——轴零件图

本例选择 A3 图纸，绘图比例 1∶1，图层、颜色和线型设置如表 11-1，全局线型比例 1∶1。
③ 用 SAVERS 命令指定路径保存图形文件，文件名为"轴零件图.dwg"。

表 11-1　图层、颜色、线型设置

图层名	颜色	线型	线宽
粗实线	绿色	Continuous	0.5
细实线	白色	Continuous	0.25
虚线	黄色	HIDDEN	0.25
中心线	红色	CENTER	0.25
文字	白色	Continuous	0.25
尺寸	白色	Continuous	0.25

（2）绘制图形　绘图前应先分析图形，设计好绘图顺序，合理布置图形，在绘图过程中要充分利用缩放、对象捕捉、极轴追踪等辅助绘图工具，并注意切换图层。

① 绘制主视图。

轴的零件图具有一对称轴，且整个图形沿轴线方向排列，大部分线条与轴线平行或垂直。根据图形这一特点，可先画出轴的上半部分，然后用镜像命令复制出轴的下半部分。

方法 1：用偏移（OFFSET）、修剪（TRIM）命令绘图。根据各段轴径和长度，平移轴线和左端面垂线，然后修剪多余线条绘制各轴段，如图 11-64（a）所示。

方法 2：用直线（LINE）命令，结合极轴追踪、自动追踪功能先画出轴外部轮廓线，如图 11-64（b）所示，再补画其余线条。

② 用倒角命令（CHAMFER）绘轴端倒角，用圆角命令（FILLET）绘制轴肩圆角，如图 11-64（c）所示。

③ 绘键槽。用样条曲线绘制键槽局部剖面图的波浪线，并进行图案填充。然后用样条曲线命令和修剪命令将轴断开，结果如图 11-64（d）所示。

④ 绘键槽剖面图和轴肩局部视图，如图 11-64（e）所示。

⑤ 整理图形，修剪多余线条，将图形调整至合适位置。

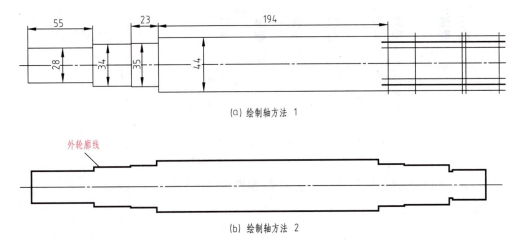

(a) 绘制轴方法 1

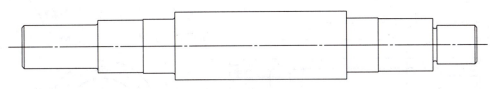

(b) 绘制轴方法 2

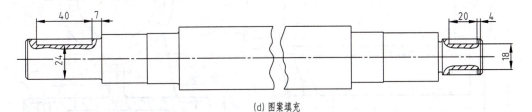

(c) 绘倒角、轴肩圆角

(d) 图案填充

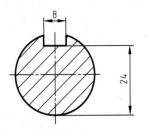

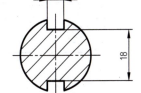

(e) 绘局部视图、剖视图

图 11-64　绘制轴

(3) 标注尺寸和公差　在此仅以图中同轴度公差为例，说明公差的标注方法。

① 选择［标注］［公差］后，弹出"形位公差"对话框，如图 11-65（a）所示。
② 单击"符号"按钮，选取"同轴度"符号"◎"。
③ 在"公差 1"单击左边黑方框，显示"φ"符号，在中间白框内输入公差值"0.015"。
④ 在"基准 1"左边白方框内输入基准代号字母"A"。
⑤ 单击"确定"按钮，退出"形位公差"对话框。
⑥ 用旁注线命令（LEADER）绘指引线，结果如图 11-65（b）所示。

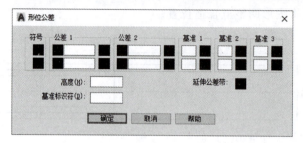
(a) 形位公差对话框

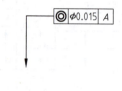
(b) 形位公差实例

图 11-65　标注公差

11.4.2　机械图样实例 2——座体类零件图绘制

绘制如图 11-66 所示平面图形。

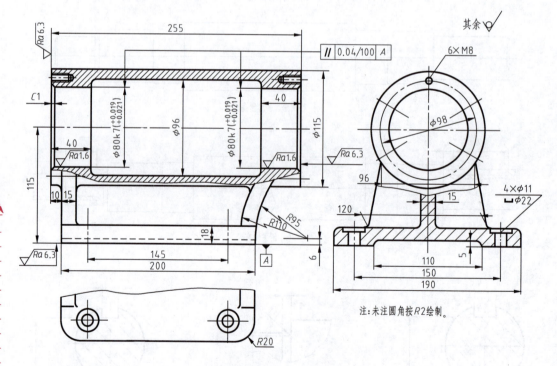

图 11-66　实例 2——铣刀头底座零件图

绘图步骤分解：

调用样板图开始绘新图：同实例 1。

绘制图形：

① 打开正交、对象捕捉、极轴追踪功能，并设置 0 层为当前层，用直线（LINE）、偏移（OFFSET）命令绘制基准线，如图 11-67 所示。

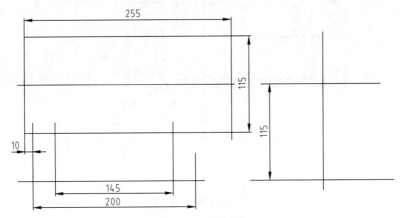

图 11-67　绘基准线

② 绘主视图、左视图上半部分。用偏移（OFFSET）、修剪（TRIM）命令绘制主视图及左视图上半部分。用画圆命令（CIRCLE）绘 $\phi 115$、$\phi 80$ 圆。对称图形可只画一半，另一半用镜像命令（MIRROR）复制，结果如图 11-68 所示。

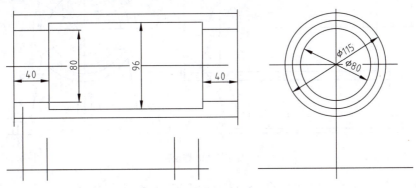

图 11-68　主视图、左视图上半部分

③ 绘主视图、左视图下半部分。先绘制左视图下半部分左侧图形，用镜像命令复制出右侧图形。然后绘制主视图下半部分图形，注意投影关系，如图 11-69 所示。

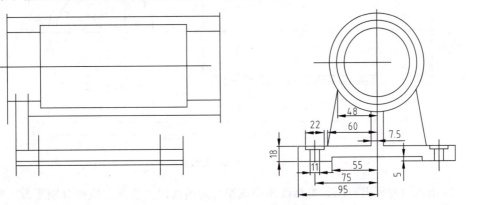

图 11-69　主视图、左视图下半部分

④ 作辅助线 AB，以 A 点为圆心，以 $R95$ 为半径作辅助圆，确定圆心 O。以 O 点为圆心，绘 $R110$、$R95$ 两圆弧，如图 11-70 所示。

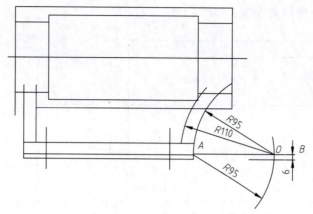

图 11-70　绘 R95、R110 圆弧

⑤ 绘 M8 螺纹孔。在中心线图层，用环形阵列绘制左视图螺纹孔中心线，如图 11-71 所示。

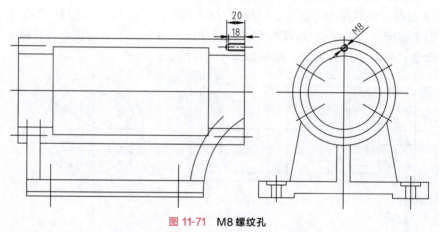

图 11-71　M8 螺纹孔

⑥ 倒角、绘波浪线。用倒角命令（CHAMFER）绘主视图两端倒角，用圆角命令（FILLET）绘制各处圆角。用样条曲线绘制波浪线。结果如图 11-72 所示。

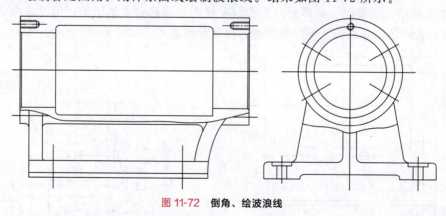

图 11-72　倒角、绘波浪线

⑦ 绘俯视图并根据制图标准修改图中线型。绘俯视图并将图中线型分别更改为粗实线、细实线、中心线和虚线。如图 11-73 所示。

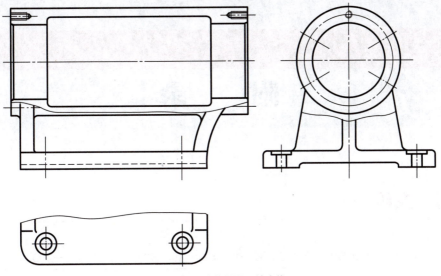

图 11-73　绘俯视图、轮廓线

⑧ 用剖面线命令（HATCH）绘剖面线，结果图 11-74 所示。

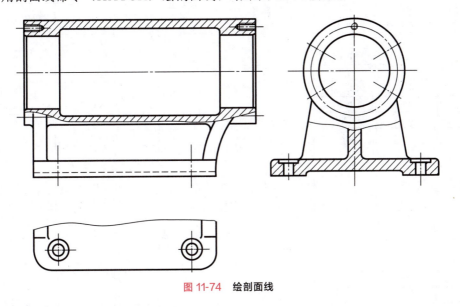

图 11-74　绘剖面线

⑨ 标注尺寸、书写标题栏及技术要求。

座体零件图绘制完成。

本 章 小 结

通过本章的学习，除了掌握 AutoCAD 2020 基本操作以外，应重点掌握 AutoCAD 2020 绘图的基本技能，因此要多上机练习，以便熟练掌握计算机绘图的技能和技巧。AutoCAD 2020 绘图的基本技能主要包括：绘图环境的设置、常用绘图、修改命令、文字与标注、目标捕捉、图层等。

附　录

附录1　螺纹

附表1-1　普通螺纹的直径与螺距（摘自 GB/T 193—2003　GB/T 196—2003）

标记示例：
M10—6g（粗牙普通外螺纹、公称直径 $d=10$、右旋、中径及顶径公差带代号均为 6g、中等旋合长度）
M10×1LH—6H（细牙普通内螺纹、公称直径 $D=10$、螺距 $P=1$、左旋、中径及顶径公差带代号均为6H、中等旋合长度）

mm

公称直径 D、d		螺距 P		粗牙中径 D_2、d_2	粗牙小径 D_1、d_1
第一系列	第二系列	粗牙	细牙		
3		0.5	0.35	2.675	2.459
	3.5	(0.6)		3.110	2.850
4		0.7	0.50	3.545	3.242
	4.5	(0.75)		4.013	3.688
5		0.8		4.480	4.134
6		1	0.75	5.350	4.917
8		1.25	1,0.75	7.188	6.647
10		1.5	1.25,1,0.75	9.026	8.376
12		1.75	1.5,1.25,1	10.863	10.106
	14	2	1.5,(1.25),1	12.701	11.835
16		2	1.5,1	14.701	13.835
	18	2.5		16.376	15.294
20		2.5	2,1.5,1	18.376	17.294
	22	2.5		20.376	19.294
24		3		22.051	20.752
	27	3		25.051	23.752
30		3.5	(3),2,1.5,1	27.727	26.211
	33	3.5	(3),2,1.5	30.727	29.211
36		4	3,2,1.5	33.402	31.670
	39	4		36.402	34.670
42		4.5		39.007	37.129
	45	4.5		42.007	40.129
48		5	4,3,2,1.5	44.752	42.587
	52	5		48.752	46.587
56		5.5		52.428	50.046
	60	5.5		56.428	54.046
64		6		60.103	57.505
	68	6		64.103	61.505

注：1. 优先选用第一系列，第三系列未列入。
　　2. 括号内尺寸尽可能不用。
　　3. M14×1.25 仅用于火花塞。

附表 1-2 普通螺纹中径公差（摘自 GB/T 197—2018）

基本大径 $D(d)$ /mm	螺距 P/mm	内螺纹中径公差 TD_2/μm					外螺纹中径公差 Td_2/μm					
		公差等级					公差等级					
		4	5	6	7	8	3	4	5	6	7	8	9
>2.8~5.6	0.35	56	71	90	—	—	34	42	53	67	85	—	—
	0.5	63	80	100	125	—	38	48	60	75	95	—	—
	0.6	71	90	112	140	—	42	53	67	85	106	—	—
	0.7	75	95	118	150	—	45	56	71	90	112	—	—
	0.75	75	95	118	150	—	45	56	71	90	112	—	—
	0.8	80	100	125	160	200	48	60	75	95	118	150	190
>5.6~11.2	0.75	85	106	132	170	—	50	63	80	100	125	—	—
	1	95	118	150	190	236	56	71	90	112	140	180	224
	1.25	100	125	160	200	250	60	75	95	118	150	190	236
	1.5	112	140	180	224	280	67	85	106	132	170	212	265
>11.2~22.4	1	100	125	160	200	250	60	75	95	118	150	190	236
	1.25	112	140	180	224	280	67	85	106	132	170	212	265
	1.5	118	150	190	236	300	71	90	112	140	180	224	280
	1.75	125	160	200	250	315	75	95	118	150	190	236	300
	2	132	170	212	265	335	80	100	125	160	200	250	315
	2.5	140	180	224	280	355	85	106	132	170	212	265	335
>22.4~45	1	106	132	170	212	—	63	80	100	125	160	200	250
	1.5	125	160	200	250	315	75	95	118	150	190	236	300
	2	140	180	224	280	355	85	106	132	170	212	265	335
	3	170	212	265	335	425	100	125	160	200	250	315	400
	3.5	180	224	280	355	450	106	132	170	212	265	335	425
	4	190	236	300	375	475	112	140	180	224	280	355	450
	4.5	200	250	315	400	500	118	150	190	236	300	375	475
>45~90	1.5	132	170	212	265	335	80	100	125	160	200	250	315
	2	150	190	236	300	375	90	112	140	180	224	280	355
	3	180	224	280	355	450	106	132	170	212	265	335	425
	4	200	250	315	400	500	118	150	190	236	300	375	475
	5	212	265	335	425	530	125	160	200	250	315	400	500
	5.5	224	280	355	450	560	132	170	212	265	335	425	530
	6	236	300	375	475	600	140	180	224	280	355	450	560

附表 1-3 普通螺纹顶径公差（摘自 GB/T 197—2018）

螺距 P/mm	内螺纹小径公差 TD_1/μm					外螺纹大径公差 Td/μm		
	公差等级					公差等级		
	4	5	6	7	8	4	6	8
0.35	63	80	100	—	—	53	85	—
0.4	71	90	112	—	—	60	95	—
0.45	80	100	125	—	—	63	100	—
0.5	90	112	140	180	—	67	106	—
0.6	100	125	160	200	—	80	125	—
0.7	112	140	180	224	—	90	140	—
0.75	118	150	190	236	—	90	140	—
0.8	125	160	200	250	315	95	150	236
1	150	190	236	300	375	112	180	280

续表

螺距 P/mm	内螺纹小径公差 $TD_1/\mu m$ 公差等级					外螺纹大径公差 $Td/\mu m$ 公差等级		
	4	5	6	7	8	4	6	8
1.25	170	212	265	335	425	132	212	335
1.5	190	236	300	375	475	150	236	375
1.75	212	265	335	425	530	170	265	425
2	236	300	375	475	600	180	280	450
2.5	280	355	450	560	710	212	335	530
3	315	400	500	630	800	236	375	600
3.5	355	450	560	710	900	265	425	670
4	375	475	600	750	950	300	475	750
4.5	425	530	670	850	1060	315	500	800
5	450	560	710	900	1120	335	530	850
5.5	475	600	750	950	1180	355	560	900
6	500	630	800	1000	1250	375	600	950
8	630	800	1000	1250	1600	450	710	1180

附表 1-4 内外螺纹的基本偏差（摘自 GB/T 197—2018）

螺距 P/mm	基本偏差/μm					
	内螺纹		外螺纹			
	G EI	H EI	e es	f es	g es	h es
0.35	+19	0	—	−34	−19	0
0.4	+19	0	—	−34	−19	0
0.45	+20	0	—	−35	−20	0
0.5	+20	0	−50	−36	−20	0
0.6	+21	0	−53	−36	−21	0
0.7	+22	0	−56	−38	−22	0
0.75	+22	0	−56	−38	−22	0
0.8	+24	0	−60	−38	−24	0
1	+26	0	−60	−40	−26	0
1.25	+28	0	−63	−42	−28	0
1.5	+32	0	−67	−45	−32	0
1.75	+34	0	−71	−48	−34	0
2	+38	0	−71	−52	−38	0
2.5	+42	0	−80	−58	−42	0
3	+48	0	−85	−63	−48	0
3.5	+53	0	−90	−70	−53	0
4	+60	0	−95	−75	−60	0
4.5	+63	0	−100	−80	−63	0
5	+71	0	−106	−85	−71	0
5.5	+75	0	−112	−90	−75	0
6	+80	0	−118	−95	−80	0
8	+100	0	−140	−118	−100	0

附表 1-5 螺纹旋合长度（摘自 GB/T 197—2018） mm

基本大径 D、d		螺距 P	旋合长度			
			S	N		L
>	≤		≤	>	≤	>
2.8	5.6	0.35	1	1	3	3
		0.5	1.5	1.5	4.5	4.5
		0.6	1.7	1.7	5	5
		0.7	2	2	6	6
		0.75	2.2	2.2	6.7	6.7
		0.8	2.5	2.5	7.5	7.5
5.6	11.2	0.75	2.4	2.4	7.1	7.1
		1	3	3	9	9
		1.25	4	4	12	12
		1.5	5	5	15	15
11.2	22.4	1	3.8	3.8	11	11
		1.25	4.5	4.5	13	13
		1.5	5.6	5.6	16	16
		1.75	6	6	18	18
		2	8	8	24	24
		2.5	10	10	30	30
22.4	45	1	4	4	12	12
		1.5	6.3	6.3	19	19
		2	8.5	8.5	25	25
		3	12	12	36	36
		3.5	15	15	45	45
		4	18	18	53	53
		4.5	21	21	63	63
45	90	1.5	7.5	7.5	22	22
		2	9.5	9.5	28	28
		3	15	15	45	45
		4	19	19	56	56
		5	24	24	71	71
		5.5	28	28	85	85
		6	32	32	95	95

附录 2　螺纹紧固件

附表 2-1　六角头螺栓

六角头螺栓——C 级（摘自 GB/T 5780—2016）
六角头螺栓——A 级和 B 级（摘自 GB/T 5782—2016）

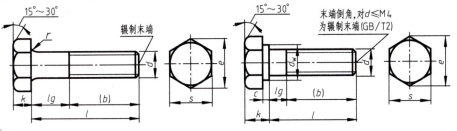

标记示例：
螺纹规格 $d=12$、公称长度 $l=80$、性能等级为 8.8 级、表面氧化、A 级的六角头螺栓
记为：螺栓　GB/T 5782　M12×80

单位：mm

续表

螺纹规格 d			M3	M4	M5	M6	M8	M10	M12	M16	M20	M24	M30	M36	M42
b 参考	$l \leqslant 125$		12	14	16	18	22	26	30	38	46	54	66		
	$125 < l \leqslant 200$		18	20	22	24	28	32	36	44	52	60	72	84	96
	$l > 200$		31	33	35	37	41	45	49	57	65	73	85	97	109
c			0.4	0.4	0.5	0.5	0.6	0.6	0.6	0.8	0.8	0.8	0.8	0.8	1
d_w	产品等级	A	4.57	5.88	6.88	8.88	11.63	14.63	16.63	22.49	28.19	33.61	—	—	—
		B、C	4.45	5.74	6.74	8.74	11.47	14.47	16.47	22	27.7	33.25	42.75	51.11	59.95
e	产品等级	A	6.01	7.66	8.79	11.05	14.38	17.77	20.03	26.75	33.53	39.98	—	—	—
		B、C	5.88	7.50	8.63	10.89	14.20	17.59	19.85	26.17	32.95	39.55	50.85	60.79	72.02
k 公称			2	2.8	3.5	4	5.3	6.4	7.5	10	12.5	15	18.7	22.5	26
r			0.1	0.2	0.2	0.25	0.4	0.4	0.6	0.6	0.8	0.8	1	1	1.2
s 公称			5.5	7	8	10	13	16	18	24	30	36	46	55	65
l（商品规格范围）			20~30	25~40	25~50	30~60	40~80	45~100	50~120	65~160	80~200	90~240	110~300	140~360	160~440
l 系列			12,16,20,25,30,35,40,45,50,55,60,65,70,80,90,100,110,120,130,140,150,160,180,200,220,240,260,280,300,320,340,360,380,400,420,440,460,480,500												

注：1. A 级用于 $d=1.6 \sim 24$ 和 $l \leqslant 10d$ 或 $\leqslant 150mm$ 的螺栓；B 级用于 $d>24$ 和 $l>10d$ 或 >150 的螺栓。
2. 螺纹规格 d 范围：GB/T 5780 为 M5～M64；GB/T 5782 为 M1.6～M64。
3. 公称长度范围：GB/T 5780 为 25～500；GB/T 5782 为 12～500。

附表 2-2　螺母

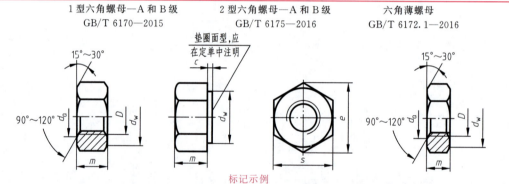

1 型六角螺母—A 和 B 级　　　2 型六角螺母—A 和 B 级　　　六角薄螺母
GB/T 6170—2015　　　　　　GB/T 6175—2016　　　　　　GB/T 6172.1—2016

标记示例

螺纹规格 $D=M12$、性能等级为 8 级、不经表面处理、产品等级为 A 级 1 型六角螺母，其标记为：
螺母　GB/T 6170　M12

螺纹规格 $D=M12$、性能等级为 9 级、表面不经处理、产品等级为 A 级的 2 型六角螺母其标记为：
螺母　GB/T 6175　M12

螺纹规格 $D=M12$、性能等级为 04 级、不经表面处理的六角薄螺母，其标记为：
螺母　GB/T 6172.1　M12

单位：mm

螺纹规格 d			M3	M4	M5	M6	M8	M10	M12	M16	M20	M24	M30	M36
e		min	6.01	7.66	8.79	11.05	14.38	17.77	20.03	26.75	32.95	39.55	50.85	60.79
s		max	5.50	7.00	8.00	10.0	13.00	16.00	18.00	24.00	30.00	36.00	46.00	55.00
		min	5.32	6.78	7.78	9.78	12.73	15.73	17.73	23.67	29.16	35.00	45.00	53.80
c		max	0.40	0.40	0.50	0.50	0.60	0.60	0.60	0.80	0.80	0.80	0.80	0.80
d_w		min	4.60	5.90	6.90	8.90	11.60	14.60	16.60	22.50	27.70	33.30	42.80	51.10
d_a		max	3.45	4.60	5.75	6.75	8.75	10.80	13.00	17.30	21.60	25.90	32.40	38.90
GB/T 6170 —2015		max	2.40	3.20	4.70	5.20	6.80	8.40	10.80	14.80	18.00	21.50	25.60	31.00
		min	2.15	2.90	4.40	4.90	6.44	8.04	10.37	14.10	16.9	20.20	24.30	29.40
GB/T 6172.1 —2016		max	1.80	2.20	2.70	3.20	4.00	5.00	6.00	8.00	10.00	12.00	15.00	18.00
		min	1.55	1.95	2.45	2.90	3.70	4.70	5.70	7.42	9.10	10.90	13.90	16.90

续表

螺纹规格 d		M3	M4	M5	M6	M8	M10	M12	M16	M20	M24	M30	M36
GB/T 6175 —2016	max	—	—	5.10	5.70	7.50	9.30	12.00	16.40	20.30	23.90	28.60	34.70
	min	—	—	4.80	5.40	7.14	8.94	11.57	15.70	19.00	22.60	27.30	33.10

注：1. A 级用于 $D \leqslant 16$；B 级用于 $D > 16$。
2. 2 型六角螺母的范围没有 M3、M4 螺母。

附表 2-3 垫圈

小垫圈——A 级(GB/T 848—2002)
平垫圈——A 级(GB/T 97.1—2002)
平垫圈　倒角型——A 级(GB/T 97.2—2000)

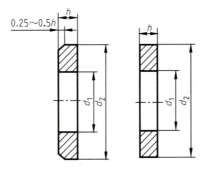

标记示例：
　　标准系列、公称直径 $d=8$mm、性能等级为 140HV 级、不经表面处理的平垫圈，记为：垫圈　GB/T 97.1—2002　8

mm

公称尺寸 （螺纹规格 d）		1.6	2	2.5	3	4	5	6	8	10	12	14	16	20	24	30	36
d_1	GB/T 848	1.7	2.2	2.7	3.2	4.3	5.3	6.4	8.4	10.5	13	15	17	21	25	31	37
	GB/T 97.1	1.7	2.2	2.7	3.2	4.3	5.3	6.4	8.4	10.5	13	15	17	21	25	31	37
	GB/T 97.2						5.3	6.4	8.4	10.5	13	15	17	21	25	31	37
d_2	GB/T 848	3.5	4.5	5	6	8	9	11	15	18	20	24	28	34	39	50	60
	GB/T 97.1	4	5	6	7	9	10	12	16	20	24	28	30	37	44	56	66
	GB/T 97.2						10	12	16	20	24	28	30	37	44	56	66
h	GB/T 848	0.3	0.3	0.5	0.5	0.5	1	1.6	1.6	1.6	2	2.5	2.5	3	4	4	5
	GB/T 97.1	0.3	0.3	0.5	0.5	0.5	0.8	1	1.6	1.6	2	2.5	2.5	3	4	4	5
	GB/T 97.2						1	1.6	1.6	2	2.5	2.5	3	4	4	5	

附表 2-4 弹簧垫圈

标准型弹簧垫圈(摘自 GB/T 93—1987)
轻型弹簧垫圈(摘自 GB/T 859—1987)

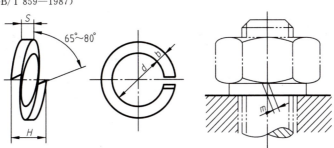

标记示例：
　　规格 16mm、材料为 65Mn、表面氧化的标准型弹簧垫圈，记为：垫圈　GB/T 93—1987　16

mm

续表

规格(螺纹大径)		3	4	5	6	8	10	12	(14)	16	(18)	20	(22)	24	(27)	30
d		3.1	4.1	5.1	6.1	8.1	10.2	12.2	14.2	16.2	18.2	20.2	22.5	24.5	27.5	30.5
H	GB/T 93	1.6	2.2	2.6	3.2	4.2	5.2	6.2	7.2	8.2	9	10	11	12	13.6	15
	GB/T 859	1.2	1.6	2.2	2.6	3.2	4	5	6	6.4	7.2	8	9	10	11	12
$S(b)$	GB/T 93	0.8	1.1	1.3	1.6	2.1	2.6	3.1	3.6	4.1	4.5	5	5.5	6	6.8	7.5
S	GB/T 859	0.6	0.8	1.1	1.3	1.6	2	2.5	3	3.2	3.6	4	4.5	5	5.5	6
$m \leqslant$	GB/T 93	0.4	0.55	0.65	0.8	1.05	1.3	1.55	1.8	2.05	2.25	2.5	2.75	3	3.4	3.75
	GB/T 859	0.3	0.4	0.55	0.65	0.8	1	1.25	1.5	1.6	1.8	2	2.25	2.5	2.75	3
b	GB/T 859	1	1.2	1.5	2	2.5	3	3.5	4	4.5	5	5.5	6	7	8	9

注：1. 括号内的规格尽可能不用。
2. m 应大于零。

附表 2-5 双头螺柱

双头螺柱——$b_m = 1d$（摘自 GB/T 897—1988）
双头螺柱——$b_m = 1.25d$（摘自 GB/T 898—1988）
双头螺柱——$b_m = 1.5d$（摘自 GB/T 899—1988）
双头螺柱——$b_m = 2d$（摘自 GB/T 900—1988）

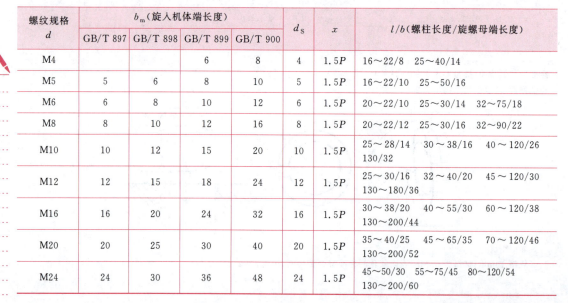

标记示例：
　　两端均为粗牙普通螺纹，$d=10$mm，$l=50$mm，性能等级为 4.8 级，B 型，$b_m=1d$　记为：螺柱 GB/T 897—1988 M10×50
旋入机体一端为粗牙普通螺纹，旋母一端为 $P=1$mm 的细牙普通螺纹，$d=10$mm，$l=50$mm，性能等级为 4.8 级，A 型，$b_m=1d$ 记为：螺柱 GB/T 897—1988 AM10—M10×1×50 旋入机体一端为过渡配合的第一种配合，旋螺母一端为粗牙普通螺纹，$d=10$mm，$l=50$mm，性能等级为 8.8 级，镀锌钝化，B 型 $b_m=1d$　记为：螺柱 GB/T 897—1988 GM10—M10×50—8.8—Zn·D

mm

螺纹规格 d	b_m（旋入机体端长度）				d_s	x	l/b（螺柱长度/旋螺母端长度）
	GB/T 897	GB/T 898	GB/T 899	GB/T 900			
M4			6	8	4	1.5P	16～22/8　25～40/14
M5	5	6	8	10	5	1.5P	16～22/10　25～50/16
M6	6	8	10	12	6	1.5P	20～22/10　25～30/14　32～75/18
M8	8	10	12	16	8	1.5P	20～22/12　25～30/16　32～90/22
M10	10	12	15	20	10	1.5P	25～28/14　30～38/16　40～120/26　130/32
M12	12	15	18	24	12	1.5P	25～30/16　32～40/20　45～120/30　130～180/36
M16	16	20	24	32	16	1.5P	30～38/20　40～55/30　60～120/38　130～200/44
M20	20	25	30	40	20	1.5P	35～40/25　45～65/35　70～120/46　130～200/52
M24	24	30	36	48	24	1.5P	45～50/30　55～75/45　80～120/54　130～200/60

续表

螺纹规格 d	b_m（旋入机体端长度）				d_s	x	l/b（螺柱长度/旋螺母端长度）
	GB/T 897	GB/T 898	GB/T 899	GB/T 900			
M30	30	38	45	60	30	$1.5P$	60～65/40　70～90/50　95～120/66 130～200/72　210～250/85
M36	36	45	54	72	36	$1.5P$	65～75/45　80～110/60　120/78　130～ 200/84　210～300/97
M42	42	52	65	84	42	$1.5P$	70～80/50　85～110/70　120/90　130～ 200/96　210～300/109
M48	48	60	72	96	48	$1.5P$	80～90/60　95～110/80　120/102 130～200/108　210～300/121
l 系列	12,(14),16,(18),20,(22),25,(28),30,(32),35,(38),40,45,50,(55),60,(65),70,(75), 80,(85),90,(95),100,110～260(10 进位),280,300						

注：1. 括号内的规格尽可能不用。
2. P 为螺距。
3. $b_m=1d$，一般用于钢对钢；$b_m=1.25d$、$b_m=1.5d$，一般用于钢对铸铁；$b_m=2d$，一般用于钢对铝合金。

附表 2-6　开槽沉头螺钉（摘自 GB/T 68—2016）

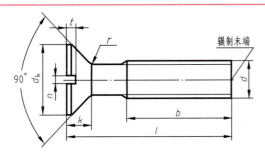

标记示例
螺纹规格 d＝M5、公称长度 l＝20、性能等级为 4.8 级、不经表面处理的 A 级开槽沉头螺钉，其标记为：
螺钉　GB/T68　M5×20

单位：mm

螺纹规格 d	M1.6	M2	M2.5	M3	M4	M5	M6	M8	M10
P（螺距）	0.35	0.4	0.45	0.5	0.7	0.8	1	1.25	1.5
b	25	25	25	25	38	38	38	38	38
d_k	3.6	4.4	5.5	6.3	9.4	10.4	12.6	17.3	20
k	1	1.2	1.5	1.65	2.7	2.7	3.3	4.65	5
n nom	0.4	0.5	0.6	0.8	1.2	1.2	1.6	2	2.5
r max	0.4	0.5	0.6	0.8	1	1.3	1.5	2	2.5
t max	0.5	0.6	0.75	0.85	1.3	1.4	1.6	2.3	2.6
公称长度 l	2.5～16	3～20	4～25	5～30	6～40	8～50	8～60	10～80	12～80
l 系列	2.5,3,4,5,6,8,10,12,(14),16,20,25,30,35,40,45,50,(55),60,(65),70,(75),80								

注：1. 括号内的规格尽可能不采用。
2. M1.6～M3 的螺钉、公称长度 $l\leqslant 30$ 的，制出全螺纹；M4～M10 的螺钉、公称长度 $l\leqslant 45$ 的，制出全螺纹。

附表 2-7　开槽圆柱头螺钉（摘自 GB/T 65—2016）

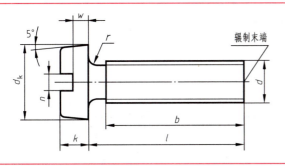

标记示例
螺纹规格 d＝M5、公称直径 l＝20、性能等级为 4.8 级、不经表面氧化的 A 级开槽圆柱头螺钉，其标记为：
螺钉　GB/T 65　M5×20

单位：mm

续表

螺纹规格 d	M4	M5	M6	M8	M10
P（螺距）	0.7	0.8	1	1.25	1.5
b	38	38	38	38	38
d_k	7	8.5	10	13	16
k	2.6	3.3	3.9	5	6
n	1.2	1.2	1.6	2	2.5
r	0.2	0.2	0.25	0.4	0.4
w	1.1	1.3	1.6	2	2.4
公称长度 l	5～40	6～50	8～60	10～80	12～80
l 系列	5,6,8,10,12,(14),16,20,25,30,35,40,45,50,(55),60,(65),70,(75),80				

注：1. 公称长度 $l \leqslant 40$ 的螺钉，制出全螺纹。
2. 括号内的规格尽可能不采用。
3. 螺纹规格 $d=$M1.6～M10；公称长度 $l=2$～80。

附表 2-8　开槽紧定螺钉

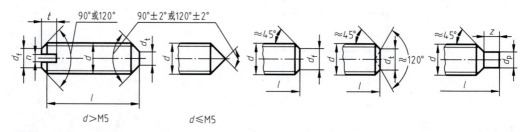

锥端(GB/T 71—2000)　　平端(GB/T 73—2000)　　长圆柱端(GB/T 75—2000)　　凹端(GB/T 74—2000)

标记示例

螺纹规格 $d=$M5、公称长度 $l=12$mm、性能等级为14H级、表面氧化的开槽锥端紧定螺钉，其标记为：
螺钉　GB/T 71—2000—M5×12

螺纹规格 $d=$M8、公称长度 $l=20$mm、性能等级为14H级、表面氧化的开槽长圆柱端紧定螺钉，其标记为：
螺钉　GB/T 75—2000—M8×20

单位：mm

螺纹规格 d	M1.6	M2	M2.5	M3	M4	M5	M6	M8	M10	M12
P（螺距）	0.35	0.4	0.45	0.5	0.7	0.8	1	1.25	1.5	1.75
d_f	螺纹小径									
n	0.25	0.25	0.4	0.4	0.6	0.8	1	1.2	1.6	2
t_{max}	0.74	0.84	0.95	1.05	1.42	1.63	2	2.5	3	3.6
d_{tmax}	0.16	0.2	0.25	0.3	0.4	0.5	1.5	2	2.5	3
d_{pmax}	0.8	1	1.5	2	2.5	2.5	4	5.5	7	8.5
z	1.05	1.25	1.5	1.5	2	2.5	3	4	5	6
l	2～8	3～10	3～12	4～16	6～20	8～25	8～30	10～40	12～50	14～60
l 系列	2,2.5,3,4,5,6,8,10,12,(14),16,20,25,30,35,40,45,50,(55),60									

注：1. l 为公称长度。
2. 括号内的规格尽可能不采用。

附录 3 　键与销

附表 3-1 　平键和键槽的尺寸与公差（摘自 GB/T 1095—2003 和 GB/T 1096—2003）

标注示例：
键　B16×100　GB/T 1096—2003
平头普通平键（B型）$b=16$mm、$h=10$mm、$L=100$mm。

mm

轴	键			键槽								
公称直径 d	公称尺寸 $b×h$	宽度极限偏差(h8)	高度h极限偏差(h11)	宽度 b						深度		
				公称尺寸 b	极限偏差					轴 t_1		毂 t_2
					松联结		正常联结		紧密联结	基本尺寸	极限偏差	基本尺寸	极限偏差
					轴 H9	毂 D10	轴 N9	毂 JS9	轴和毂 P9				
自 6～8	2×2	0 −0.014	—	2	+0.025 0	+0.060 +0.020	−0.004 −0.029	±0.0125	−0.006 −0.031	1.2	+0.1 0	1.0	+0.1 0
>8～10	3×3			3						1.8		1.4	
>10～12	4×4	0 −0.018	—	4	+0.030 0	+0.078 +0.030	0 −0.030	±0.015	−0.012 −0.042	2.5		1.8	
>12～17	5×5			5						3.0		2.3	
>17～22	6×6			6						3.5		2.8	
>22～30	8×7	0 −0.022	0 −0.090	8	+0.036 0	+0.098 +0.040	0 −0.036	±0.018	−0.015 −0.051	4.0		3.3	
>30～38	10×8			10						5.0		3.3	
>38～44	12×8	0 −0.027		12	+0.043 0	+0.120 +0.050	0 −0.043	±0.0215	−0.018 −0.061	5.0		3.3	
>44～50	14×9			14						5.5		3.8	
>50～58	16×10			16						6.0	+0.2 0	4.3	+0.2 0
>58～65	18×11			18						7.0		4.4	
>65～75	20×12	0 −0.033	0 −0.110	20	+0.052 0	+0.149 +0.065	0 −0.052	±0.026	−0.022 −0.074	7.5		4.9	
>75～85	22×14			22						9.0		5.4	
>85～95	25×14			25						9.0		5.4	
>95～100	28×16			28						10.0		6.4	

附表 3-2 　销

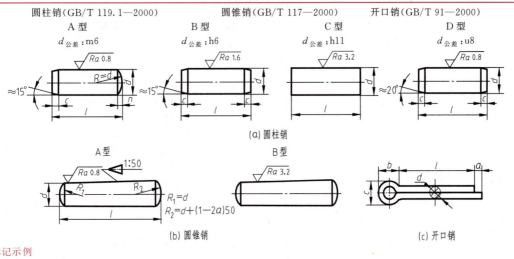

标记示例
公称直径 10mm、长 50mm 的 A 型圆柱销，其标记为：销　GB/T 119.1 　10×50
公称直径 10mm、长 60mm 的 A 型圆锥销，其标记为：销　GB/T 117 　10×60
公称直径 5mm、长 50mm 的开口销，其标记为：销　GB/T 91 　5×50

mm

续表

名称	公称直径 d	1	1.2	1.5	2	2.5	3	4	5	6	8	10	12
圆柱销 (GB/T 119.1—2000)	$n\approx$	0.12	0.16	0.20	0.25	0.30	0.40	0.50	0.63	0.80	1.0	1.2	1.6
	$c\approx$	0.20	0.25	0.30	0.35	0.40	0.50	0.63	0.80	1.2	1.6	2	2.5
开口销 (GB/T 91—2000)	d(公称)	0.6	0.8	1	1.2	1.6	2	2.5	3.2	4	5	6.3	8
	c	1	1.4	1.8	2	2.8	3.6	4.6	5.8	7.4	9.2	11.8	15
	$b\approx$	2	2.4	3	3	3.2	4	5	6.4	8	10	12.6	16
	a	1.6	1.6	1.6	2.5	2.5	2.5	2.5	4	4	4	4	4
	l(商品规格范围公称长度)	4~12	5~16	6~10	8~16	8~12	10~40	12~50	14~65	18~80	22~100	30~120	40~160
l 系列		2,3,4,5,6,8,10,12,14,16,18,20,22,24,26,28,30,32,35,40,45,50,55,60,65,70,75,80,85,90,95,100,120											

附录4 滚动轴承

附表4-1 常用滚动轴承

1. 深沟球轴承(GB/T 276—2013)

6000型

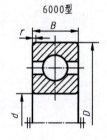

标记示例

内径 $d=20$ 的6000型深沟球轴承,尺寸系列为(0)2,组合代号为62,其标记为:

滚动轴承 6204 GB/T 276—2013

说明:r_{smin} 为 r 的最小单一倒角尺寸

深沟球轴承各部分尺寸

轴承代号	基本尺寸/mm				轴承代号	基本尺寸/mm			
	d	D	B	r_{smin}		d	D	B	r_{smin}
1(0)系列						(0)3系列			
6001	12	28	8	0.3	6301	12	37	12	1
6002	15	32	9	0.3	6302	15	42	13	1
6003	17	35	10	0.3	6303	17	47	14	1
6004	20	42	12	0.6	6304	20	52	15	1.1
6005	25	47	12	0.6	6305	25	62	17	1.1
6006	30	55	13	1	6306	30	72	19	1.1
6007	35	62	14	1	6307	35	80	21	1.5
6008	40	68	15	1	6308	40	90	23	1.5
6009	45	75	16	1	6309	45	100	25	1.5
6010	50	80	16	1	6310	50	110	27	2
6011	55	90	18	1.1	6311	55	120	29	2
6012	60	95	18	1.1	6312	60	130	31	2.1
6013	65	100	18	1.1	6313	65	140	33	2.1
6014	70	110	20	1.1	6314	70	150	35	2.1
6015	75	115	20	1.1	6315	75	160	37	2.1

续表

轴承代号	基本尺寸/mm				轴承代号	基本尺寸/mm			
	d	D	B	r_{smin}		d	D	B	r_{smin}
(0)2 系列					(0)4 系列				
6201	12	32	10	0.6	6403	17	62	17	1.1
6202	15	35	11	0.6	6404	20	72	19	1.1
6203	17	40	12	0.6	6405	25	80	21	1.5
6204	20	47	14	1	6406	30	90	23	1.5
6205	25	52	15	1	6407	35	100	25	1.5
6206	30	62	16	1	6408	40	110	27	2
6207	35	72	17	1.1	6409	45	120	29	2
6208	40	80	18	1.1	6410	50	130	31	2.1
6209	45	85	19	1.1	6411	55	140	33	2.1
6210	50	90	20	1.1	6412	60	150	35	2.1
6211	55	100	21	1.5	6413	65	160	37	2.1
6212	60	110	22	1.5	6414	70	180	42	3
6213	65	120	23	1.5	6415	75	190	45	3
6214	70	125	24	1.5	6416	80	200	48	3
6215	75	130	25	1.5	6417	85	210	52	4

2. 推力球轴承(GB/T 301—2015)

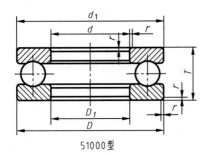

51000 型

标 记 示 例

内径 $d=20$mm,尺寸系列代号为 12 的推力球轴承,其标记为:

滚动轴承　51204　GB/T 301—2015

轴承代号	尺寸/mm					
51000 型	d	D	T	D_1 min	d_1 max	r min
11 系列						
51100	10	24	9	11	24	0.3
51101	12	26	9	13	26	0.3
51102	15	28	9	16	28	0.3
51103	17	30	9	18	30	0.3
51104	20	35	10	21	35	0.3
51105	25	42	11	26	42	0.3
51106	30	47	11	32	47	0.6
51107	35	52	12	37	52	0.6
51108	40	60	13	42	60	0.6
51109	45	65	14	47	65	0.6
51110	50	70	14	52	70	0.6
51111	55	78	16	57	78	0.6
51112	60	85	17	62	85	1
51113	65	90	18	67	90	1
51114	70	95	18	72	95	1
51115	75	100	19	77	100	1
51116	80	105	19	82	105	1
51117	85	110	19	87	110	1
51118	90	120	22	92	120	1
51120	100	135	25	102	135	1

续表

轴承代号	尺寸/mm					
51000 型	d	D	T	D_1 min	d_1 max	r min
12 系列						
51201	12	28	11	14	28	0.6
51202	15	32	12	17	32	0.6
51203	17	35	12	19	35	0.6
51204	20	40	14	22	40	0.6
51205	25	47	15	27	47	0.6
51206	30	52	16	32	52	0.6
51207	35	62	18	37	62	1
51208	40	68	19	42	68	1
51209	45	73	20	47	73	1
51210	50	78	22	52	78	1
51211	55	90	25	57	90	1
51212	60	95	26	62	95	1
51213	65	100	27	67	100	1
51214	70	105	27	72	105	1
51215	75	110	27	77	110	1
51216	80	115	28	82	115	1
51217	85	125	31	88	125	1
51218	90	135	35	93	135	1.1
51220	100	150	38	103	150	1.1
13 系列						
51304	20	47	18	22	47	1
51305	25	52	18	27	52	1
51306	30	60	21	32	60	1
51307	35	68	24	37	68	1
51308	40	78	26	42	78	1
51309	45	85	28	47	85	1
51310	50	95	31	52	95	1.1
51311	55	105	35	57	105	1.1
51312	60	110	35	62	110	1.1
51313	65	115	36	67	115	1.1
51314	70	125	40	72	125	1.1
51315	75	135	44	77	135	1.5
51316	80	140	44	82	140	1.5
51317	85	150	49	88	150	1.5
51318	90	155	50	93	155	1.5
51320	100	170	55	103	170	1.5
51322	110	190	63	113	187	2
51324	120	210	70	123	205	2.1
51326	130	225	75	134	220	2.1
51328	140	240	80	144	235	2.1
51330	150	250	80	154	245	2.1
14 系列						
51405	25	60	24	27	60	1
51406	30	70	28	32	70	1
51407	35	80	32	37	80	1.1
51408	40	90	36	42	90	1.1
51409	45	100	39	47	100	1.1
51410	50	110	43	52	110	1.5
51411	55	120	48	57	120	1.5
51412	60	130	51	62	130	1.5
51413	65	140	56	68	140	2
51414	70	150	60	73	150	2
51415	75	160	65	78	160	2

续表

轴承代号	尺寸/mm					
51000 型	d	D	T	D_1 min	d_1 max	r min
14 系列						
51416	80	170	68	83	170	2.1
51417	85	180	72	88	177	2.1
51418	90	190	77	93	187	2.1
51420	100	210	85	103	205	3
51422	110	230	95	113	225	3
51424	120	250	102	123	245	4
51426	130	270	110	134	265	4
51428	140	280	112	144	275	4
51430	150	300	120	154	295	4
51432	160	320	130	164	315	5
51434	170	340	135	174	335	5
51436	180	360	140	184	355	5

附表 4-2 轴和孔的表面粗糙度参数推荐值

应用场合			$Ra/\mu m$		
示例	公差等级	表面	基本尺寸/mm		
			≤50	>50~500	
经常装拆零件的配合表面（如挂轮、滚刀等）	IT5	轴	≤0.2	≤0.4	
		孔	≤0.4	≤0.8	
	IT6	轴	≤0.4	≤0.8	
		孔	≤0.8	≤1.6	
	IT7	轴	≤0.8	≤1.6	
		孔			
	IT8	轴	≤0.8	≤1.6	
		孔	≤1.6	≤3.2	
			>50~120	>50~500	≤50
过盈配合的配合表面：(1)用压力机装配；(2)用热孔法装配	IT5	轴	≤0.2	≤0.4	≤0.4
		孔	≤0.4	≤0.8	≤0.8
	IT6~IT7	轴	≤0.4	≤0.8	≤1.6
		孔	≤0.8	≤1.6	≤1.6
	IT8	轴	≤0.8	≤1.6	≤3.2
		孔	≤1.6	≤3.2	≤3.2
	IT9	轴	≤1.6	≤3.2	≤3.2
		孔	≤3.2	≤3.2	≤3.2
滚动轴承的配合表面	IT6~IT9	轴	≤0.8		
		孔	≤1.6		
	IT10~IT12	轴	≤3.2		
		孔	≤3.2		
示例	公差等级	表面	径向跳动公差/μm					
			2.5	4	6	10	16	25
精密定心零件的配合表面	IT5~IT8	轴	≤0.05	≤0.1	≤0.1	≤0.2	≤0.4	≤0.8
		孔	≤0.1	≤0.2	≤0.2	≤0.4	≤0.8	≤1.6

附录 5 极限与配合

附表 5-1 轴的优先及常用轴公差带极限偏差数值表（摘自 GB/T 1800.2—2020）

公称尺寸 /mm	常用及优先公差带（带圈者为优先公差带）/μm												
	a		b			c		d			e		
	11	11	12	9	10	⑪	8	⑨	10	11	7	8	9
≤3	−270 −330	−140 −120	−140 −240	−60 −85	−60 −100	−60 −120	−20 −34	−20 −45	−20 −60	−20 −80	−14 −24	−14 −28	−14 −24
>3~6	−270 −345	−140 −215	−140 −260	−70 −100	−70 −118	−70 −145	−30 −48	−30 −60	−30 −78	−30 −105	−20 −32	−20 −38	−20 −50
>6~10	−280 −370	−150 −240	−150 −300	−80 −116	−80 −138	−80 −170	−40 −62	−40 −79	−40 −98	−40 −130	−25 −40	−25 −47	−25 −61
>10~14	−290 −400	−150 −260	−150 −330	−95 −138	−95 −165	−95 −205	−50 −77	−50 −93	−50 −120	−50 −160	−32 −50	−32 −59	−32 −75
>14~18													
>18~24	−300 −430	−160 −290	−160 −370	−110 −162	−110 −194	−110 −240	−65 −98	−65 −117	−65 −149	−65 −195	−40 −61	−40 −73	−40 −92
>24~30													
>30~40	−310 −470	−170 −330	−170 −420	−120 −182	−120 −220	−120 −280	−80 −119	−80 −142	−80 −180	−80 −240	−50 −75	−50 −89	−50 −112
>40~50	−320 −480	−180 −340	−180 −430	−130 −192	−130 −230	−130 −290							
>50~65	−340 −530	−190 −380	−190 −490	−140 −214	−140 −260	−140 −330	−100 −146	−100 −174	−100 −220	−100 −290	−60 −90	−60 −106	−60 −134
>65~80	−360 −550	−200 −390	−200 −500	−150 −224	−150 −270	−150 −340							
>80~100	−380 −600	−200 −440	−220 −570	−170 −257	−170 −310	−170 −390	−120 −174	−120 −207	−120 −260	−120 −340	−72 −109	−72 −126	−72 −159
>100~120	−410 −630	−240 −460	−240 −590	−180 −267	−180 −320	−180 −400							
>120~140	−460 −710	−260 −510	−260 −660	−200 −300	−200 −360	−200 −450	−145 −208	−145 −245	−145 −305	−145 −395	−85 −125	−85 −148	−85 −185
>140~160	−520 −770	−280 −530	−280 −680	−210 −310	−210 −370	−210 −460							
>160~180	−580 −830	−310 −560	−310 −710	−230 −330	−230 −390	−230 −480							
>180~200	−660 −950	−340 −630	−340 −800	−240 −355	−240 −425	−240 −530	−170 −242	−170 −285	−170 −355	−170 −460	−100 −146	−100 −172	−100 −215
>200~225	−740 −1030	−380 −670	−380 −840	−260 −375	−260 −445	−260 −550							
>225~250	−820 −1110	−420 −710	−420 −880	−280 −395	−280 −465	−280 −570							
>250~280	−920 −1240	−480 −800	−480 −1000	−300 −430	−300 −510	−300 −620	−190 −271	−190 −320	−190 −400	−190 −510	−110 −162	−110 −191	−110 −240
>280~315	−1050 −1370	−540 −860	−540 −1060	−330 −460	−330 −540	−330 −650							
>315~355	−1200 −1560	−600 −960	−600 −1170	−360 −500	−360 −590	−360 −720	−210 −299	−210 −350	−210 −440	−210 −570	−125 −182	−125 −214	−125 −265
>355~400	−1350 −1710	−680 −1040	−680 −1250	−400 −540	−400 −630	−400 −760							
>400~450	−1500 −1900	−760 −1160	−760 −1390	−440 −595	−440 −690	−440 −840	−230 −327	−230 −385	−230 −480	−230 −630	−135 −198	−135 −232	−135 −290
>450~500	−1650 −2050	−840 −1240	−840 −1470	−480 −635	−480 −730	−480 −880							

注：公称尺寸小于 1mm 时，各级的 a 和 b 均不采用

续表

公称尺寸 /mm	常用及优先公差带(带圈者为优先公差带)/μm													
	f					g			h						
	5	6	⑦	8	9	5	⑥	7	5	⑥	⑦	8	⑨	10	⑪	12
≤3	−6 −10	−6 −12	−6 −16	−6 −20	−6 −31	−2 −6	−2 −8	−2 −12	0 −4	0 −6	0 −10	0 −10	0 −25	0 −40	0 −60	0 −100
>3~6	−10 −15	−10 −18	−10 −22	−10 −28	−10 −40	−4 −9	−4 −12	−4 −16	0 −5	0 −8	0 −12	0 −18	0 −30	0 −48	0 −75	0 −120
6~10	−13 −19	−13 −22	−13 −28	−13 −35	−13 −49	−5 −11	−5 −14	−5 −20	0 −6	0 −9	0 −15	0 −22	0 −36	0 −58	0 −90	0 −150
>10~14 >14~18	16 −24	−16 −24	−16 −24	−16 −24	−16 −24	−6 −14	−6 −17	−6 −24	0 −8	0 −11	0 −18	0 −27	0 −43	0 −70	0 −110	0 −180
>18~24 >24~30	−20 −29	−20 −33	−20 −41	−20 −53	−20 −72	−7 −16	−7 −20	−7 −28	0 −9	0 −13	0 −21	0 −33	0 −52	0 −84	0 −130	0 −210
>30~40 >40~50	−25 −36	−25 −41	−25 −50	−25 −64	−25 −87	−9 −20	−9 −25	−9 −34	0 −11	0 −16	0 −25	0 −39	0 −62	0 −100	0 −160	0 −250
>50~65 >65~80	−30 −43	−30 −49	−30 −60	−30 −76	−30 −104	−10 −23	−10 −29	−10 −40	0 −13	0 −19	0 −30	0 −46	0 −74	0 −120	0 −190	0 −300
>80~100 >100~120	−36 −51	−36 −58	−36 −71	−36 −90	−36 −123	−12 −27	−12 −34	−12 −47	0 −15	0 −22	0 −35	0 −54	0 −87	0 −140	0 −220	0 −350
>120~140 >140~160 >160~180	−43 −61	−43 −68	−43 −83	−43 −106	−43 −143	−14 −32	−14 −39	−14 −54	0 −18	0 −25	0 −40	0 −63	0 −100	0 −160	0 −250	0 −400
>180~200 >200~225 >225~250	−50 −70	−50 −79	−50 −96	−50 −122	−50 −165	−15 −35	−15 −44	−15 −61	0 −20	0 −29	0 −46	0 −72	0 −115	0 −185	0 −290	0 −460
>250~280 >280~315	−56 −79	−56 −88	−56 −108	−56 −137	−56 −186	−17 −40	−17 −49	−17 −69	0 −23	0 −32	0 −52	0 −81	0 −130	0 −210	0 −320	0 −520
>315~355 >355~400	−62 −87	−62 −98	−62 −119	−62 −151	−62 −202	−18 −43	−18 −54	−18 −75	0 −25	0 −36	0 −57	0 −89	0 −140	0 −230	0 −360	0 −570
>400~450 >450~500	−68 −95	−68 −105	−68 −131	−68 −165	−68 −223	−20 −47	−20 −60	−20 −83	0 −27	0 −40	0 −63	0 −97	0 −155	0 −250	0 −400	0 −630

续表

公称尺寸 /mm	常用及优先公差带(带圈者为优先公差带)/μm											
	js			k			m			n			p		
	5	⑥	7	5	⑥	7	5	6	7	5	⑥	7	5	⑥	7
≤3	±2	±3	±5	+4 0	+6 0	+10 0	+6 +2	+8 +2	+12 +2	+8 +4	+10 +4	+14 +4	+10 +6	+12 +6	+16 +6
>3~6	±2.5	±4	±6	+6 +1	+9 +1	+13 +1	+9 +4	+12 +4	+16 +4	+13 +8	+16 +8	+20 +8	+17 +12	+20 +12	+24 +12
>6~10	±3	±4.5	±7	+7 +1	+10 +1	+16 +1	+12 +6	+15 +6	+21 +6	+16 +10	+19 +10	+25 +10	+21 +15	+24 +15	+30 +15
>10~14	±4	±5.5	±9	+9 +1	+12 +1	+19 +1	+15 +7	+18 +7	+25 +7	+20 +12	+23 +12	+30 +12	+26 +18	+29 +18	+36 +18
>14~18															
>18~24	±4.5	±6.5	±10	+11 +2	+15 +2	+23 +2	+17 +8	+21 +8	+29 +8	+24 +15	+28 +15	+36 +15	+31 +22	+35 +22	+43 +22
>24~30															
>30~40	±5.5	±8	±12	+13 +2	+15 +2	+16 +2	+12 +9	+15 +9	+21 +9	+16 +17	+19 +17	+25 +17	+21 +26	+24 +26	+30 +26
>40~50															
>50~65	±6.5	±9.5	±15	+15 +2	+21 +2	+32 +2	+24 +11	+30 +11	+41 +11	+33 +20	+39 +20	+50 +20	+45 +32	+51 +32	+62 +32
>65~80															
>80~100	±7.5	±11	±17	+18 +3	+25 +3	+38 +3	+28 +13	+35 +13	+48 +13	+38 +23	+45 +23	+58 +23	+52 +37	+59 +37	+72 +37
>100~120															
>120~140	±9	±12.5	±20	+21 +3	+28 +3	+43 +3	+33 +15	+40 +15	+55 +15	+45 +27	+52 +27	+67 +27	+61 +43	+68 +43	+83 +43
>140~160															
>160~180															
>180~200	±10	±14.5	±23	+24 +4	+33 +4	+50 +4	+37 +17	+46 +17	+63 +17	+51 +31	+60 +31	+77 +31	+70 +50	+79 +50	+96 +50
>200~225															
>225~250															
>250~280	±11.5	±16	±26	+27 +4	+36 +4	+56 +4	+43 +20	+52 +20	+72 +20	+57 +34	+66 +34	+86 +34	+79 +56	+88 +56	+108 +56
>280~315															
>315~355	±12.5	±18	±28	+29 +4	+40 +4	+61 +4	+46 +21	+57 +21	+78 +21	+62 +37	+73 +37	+94 +37	+87 +62	+98 +62	+119 +62
>355~400															
>400~450	±13.5	±20	±31	+32 +5	+45 +5	+68 +5	+50 +23	+63 +23	+86 +23	+67 +40	+80 +40	+103 +40	+95 +68	+108 +68	+131 +68
>450~500															

续表

公称尺寸 /mm	常用及优先公差带(带圈者为优先公差带)/μm													
	r			s			t			u		v	x	y	z
	5	6	7	7	5	⑥	5	6	7	⑥	7	6	6	6	6
≤3	+14 +10	+16 +10	+20 +10	+18 +14	+20 +14	+24 +14	—	—	—	+24 +18	+28 +18	—	+26 +20	—	+32 +26
>3~6	+20 +15	+23 +15	+27 +15	+24 +19	+27 +19	+31 +19				+31 +23	+35 +23	—	+36 +28	—	+43 +35
>6~10	+25 +19	+28 +19	+34 +19	+29 +23	+32 +23	+38 +23				+37 +28	+43 +28	—	+43 +34	—	+51 +42
>10~14	+31 +23	+34 +23	+41 +23	+36 +28	+39 +28	+46 +28				+44 +33	+51 +33	—	+51 +40	—	+61 +50
>14~18												+50 +39	+56 +45	—	+71 +60
>18~24	37 +28	+41 +28	+49 +28	+44 +35	+48 +35	+56 +35	—	—	—	+54 +41	+62 +41	+60 +47	+67 +54	+76 +63	+86 +73
>24~30							+50 +41	+54 +41	+62 +41	+61 +48	+69 +48	+68 +55	+77 +64	+88 +75	+101 +88
>30~40	45 +34	+50 +34	+59 +34	+54 +43	+59 +43	+68 +43	+59 +48	+64 +48	+73 +48	+76 +60	+85 +60	+84 +68	+96 +80	+110 +94	+128 +112
>40~50							+65 +54	+70 +54	+79 +54	+86 +70	+95 +70	+97 +81	+113 +97	+130 +114	+152 +136
>50~65	+54 +41	+60 +41	+71 +41	+66 +53	+72 +53	+83 +53	+79 +66	+85 +66	+96 +66	+106 +87	+117 +87	+121 +102	+141 +122	+163 +144	+191 +172
>65~80	+56 +43	+62 +43	+73 +43	+72 +59	+78 +59	+89 +59	+88 +75	+94 +75	+105 +75	+121 +102	+132 +102	+139 +120	+165 +146	+193 +174	+229 +210
>80~100	+66 +51	+73 +51	+86 +51	+86 +71	+93 +71	+106 +71	+106 +91	+113 +91	+126 +91	+146 +124	+159 +124	+168 +146	+200 +178	+236 +214	+280 +258
>100~120	+69 +54	+76 +54	+89 +54	+94 +79	+101 +79	+114 +79	+110 +104	+126 +104	+136 +104	+166 +144	+179 +144	+194 +172	+232 +210	+276 +254	+332 +310
>120~140	+81 +63	+88 +63	+103 +63	+110 +92	+117 +92	+132 +92	+140 +122	+147 +122	+162 +122	+195 +170	+210 +170	+227 +202	+273 +248	+325 +300	+390 +365
>140~160	+83 +65	+90 +65	+105 +65	+118 +100	+125 +100	+140 +100	+152 +134	+159 +134	+174 +134	+215 +190	+230 +190	+253 +228	+305 +280	+365 +340	+440 +415
>160~180	+86 +68	+93 +68	+108 +68	+126 +108	+133 +108	+148 +108	+164 +146	+171 +146	+186 +146	+235 +210	+250 +210	+277 +252	+335 +310	+405 +380	+490 +465
>180~200	+97 +77	+106 +77	+123 +77	+142 +122	+151 +122	+168 +122	+186 +166	+195 +166	+212 +166	+265 +236	+282 +236	+313 +284	+379 +350	+454 +425	+549 +520
>200~225	+100 +80	+109 +80	+126 +80	+150 +130	+159 +130	+176 +130	+200 +180	+209 +180	+226 +180	+287 +258	+304 +258	+339 +310	+414 +385	+499 +470	+604 +575
>225~250	+104 +84	+113 +84	+130 +84	+160 +140	+169 +140	+186 +140	+216 +196	+225 +196	+242 +196	+313 +284	+330 +284	+369 +340	+454 +425	+549 +520	+669 +640
>250~280	+117 +94	+126 +94	+146 +94	+181 +158	+290 +158	+210 +158	+241 +218	+250 +218	+270 +218	+347 +315	+367 +315	+417 +385	+507 +475	+612 +580	+742 +710
>280~315	+121 +98	+130 +98	+150 +98	+193 +170	+202 +170	+222 +170	+263 +240	+272 +240	+292 +240	+382 +350	+402 +350	+457 +425	+557 +525	+682 +650	+822 +790
>315~355	+133 +108	+144 +108	+165 +108	+215 +190	+226 +190	+247 +190	+293 +268	+304 +268	+325 +268	+426 +390	+447 +390	+511 +475	+626 +590	+766 +730	+936 +900
>355~400	+139 +114	+150 +114	+171 +114	+233 +208	+244 +208	+265 +208	+319 +294	+330 +294	+351 +294	+471 +435	+492 +435	+566 +530	+696 +660	+856 +820	+1036 +1000
>400~450	+153 +126	+166 +126	+189 +126	+259 +232	+272 +232	+295 +232	+357 +330	+370 +330	+393 +330	+530 +490	+553 +490	+635 +595	+780 +740	+960 +920	+1140 +1100
>450~500	+159 +132	+172 +132	+195 +132	+279 +252	+292 +252	+315 +252	+387 +360	+400 +360	+423 +360	+580 +540	+603 +540	+700 +660	+860 +820	+1040 +1000	+1290 +1250

附表 5-2 孔的优先及常用公差带极限偏差数值表（摘自 GB/T 1800.2—2020）

公称尺寸 /mm	常用及优先公差带（带圈者为优先公差带）/μm												
	A	B		C	D				E		F		
	11	11	12	⑪	8	⑨	10	11	8	9	6	7	⑧	9
≤3	+330 +270	+200 +140	+240 +140	+120 +60	+34 +20	+45 +20	+60 +20	+80 +20	+28 +14	+39 +14	+12 +6	+16 +6	+20 +6	+31 +6
>3~6	+345 +270	+215 +140	+260 +140	+145 +70	+48 +30	+60 +30	+78 +30	+105 +30	+38 +20	+50 +20	+18 +10	+22 +10	+28 +10	+40 +10
>6~10	+370 +280	+240 +150	+300 +150	+170 +80	+62 +40	+76 +40	+98 +40	+130 +40	+47 +25	+61 +25	+22 +13	+28 +13	+35 +13	+49 +13
>10~14	+400 +290	+260 +150	+330 +150	+205 +95	+77 +50	+93 +50	+120 +50	+160 +50	+59 +32	+75 +32	+27 +16	+34 +16	+43 +16	+59 +16
>14~18														
>18~24	+430 +300	+290 +160	+370 +160	+240 +110	+98 +65	+117 +65	+149 +65	+195 +65	+73 +40	+92 +40	+33 +20	+41 +20	+53 +20	+72 +20
>24~30														
>30~40	+470 +310	+330 +170	+420 +170	+280 +120	+119 +80	+142 +80	+180 +80	+240 +80	+89 +50	+112 +50	+41 +25	+50 +25	+64 +25	+87 +25
>40~50	+480 +320	+340 +180	+430 +180	+290 +130										
>50~65	+530 +340	+380 +190	+490 +190	+330 +140	+146 +100	+170 +100	+220 +100	+290 +100	+106 +6	+134 +80	+49 +30	+60 +30	+76 +30	+104 +30
>65~80	+550 +360	+390 +200	+500 +200	+340 +150										
>80~100	+600 +380	+440 +220	+570 +220	+390 +170	+174 +120	+207 +120	+260 +120	+340 +120	+126 +72	+159 +72	+58 +36	+71 +36	+90 +36	+123 +36
>100~120	+630 +410	+460 +240	+590 +240	+400 +180										
>120~140	+710 +460	+510 +260	+660 +260	+450 +200	+208 +145	+245 +145	+305 +145	+395 +145	+148 +85	+185 +85	+68 +43	+83 +43	+106 +43	+143 +43
>140~160	+770 +520	+530 +280	+680 +280	+460 +210										
>160~180	+830 +580	+560 +310	+710 +310	+480 +230										
>180~200	+950 +660	+630 +340	+800 +340	+530 +240	+242 +170	+285 +170	+355 +170	+460 +170	+172 +100	+215 +100	+79 +50	+96 +50	+122 +50	+165 +50
>200~225	+1030 +740	+670 +380	+840 +380	+550 +260										
>225~250	+1110 +820	+710 +420	+880 +420	+570 +280										
>250~280	+1240 +920	+800 +480	+1000 +480	+620 +300	+271 +190	+320 +190	+400 +190	+510 +190	+191 +110	+240 +110	+88 +56	+108 +56	+137 +56	+186 +56
>280~315	+1370 +1050	+860 +540	+1060 +540	+650 +330										
>315~355	+1560 +1200	+960 +600	+1170 +600	+720 +360	+299 +210	+350 +210	+440 +210	+570 +210	+214 +125	+265 +125	+98 +62	+119 +62	+151 +62	+202 +62
>355~400	+1710 +1350	+1040 +680	+1250 +680	+760 +400										
>400~450	+1900 +1500	+1160 +760	+1390 +760	+840 +440	+327 +230	+385 +230	+480 +230	+630 +230	+232 +135	+290 +135	+108 +68	+131 +68	+165 +68	+223 +68
>450~500	+2050 +1650	+1240 +840	+1470 +840	+880 +480										

注：公称尺寸小于 1mm 时，各级的 A 和 B 均不采用。

续表

公称尺寸 /mm	常用及优先公差带（带圈者为优先公差带）/μm															
	G		H						JS			K			M		
	6	⑦	6	⑦	8	⑨	10	⑪	12	6	7	8	6	⑦	8	6	7	8
≤3	+8 +2	+12 +2	+6 0	+10 0	+14 0	+25 0	+40 0	+60 0	+100 0	±3	±5	±7	0 −6	0 −10	0 −14	−2 −8	−2 −12	−2 −16
>3～6	+12 +4	+16 +4	+8 0	+12 0	+18 0	+30 0	+48 0	+75 0	+120 0	±4	±6	±9	+2 −6	+3 −9	+5 −13	−1 −9	0 −12	+2 −16
>6～10	+14 +5	+20 +5	+9 0	+15 0	+22 0	+36 0	+58 0	+90 0	+150 0	±4.5	±7	±11	+2 −7	+5 −10	+6 −16	−3 −12	0 −15	+1 −21
>10～14 >14～18	+17 +6	+24 +6	+11 0	+18 0	+27 0	+43 0	+70 0	+110 0	+180 0	±5.5	±9	±13	+2 −9	+6 −12	+8 −19	−4 −15	0 −18	+2 −25
>18～24 >24～30	+20 +7	+28 +7	+13 0	+21 0	+33 0	+52 0	+84 0	+130 0	+210 0	±6.5	±10	±16	+2 −11	+6 −15	+10 −23	−4 −17	0 −21	+4 −29
>30～40 >40～50	+25 +9	+34 +9	+16 0	+25 0	+39 0	+62 0	+100 0	+160 0	+250 0	±8	±12	±19	+3 −13	+7 −18	+12 −27	−4 −20	0 −25	+5 −34
>50～65 >65～80	+29 +10	+40 +10	+19 0	+30 0	+46 0	+74 0	+120 0	+190 0	+300 0	±9.5	±15	±23	+4 −15	+9 −21	+14 −32	−5 −24	0 −30	+5 −41
>80～100 >100～120	+34 +12	+47 +12	+22 0	+35 0	+54 0	+87 0	+140 0	+220 0	+350 0	±11	±17	±27	+4 −18	+10 −25	+16 −38	−6 −28	0 −35	+6 −48
>120～140 >140～160 >160～180	+39 +14	+54 +14	+25 0	+40 0	+63 0	+100 0	+160 0	+250 0	+400 0	±12.5	±20	±31	+4 −21	+12 −28	+20 −43	−8 −33	0 −40	+8 −55
>180～200 >200～225 >225～250	+44 +15	+61 +15	+29 0	+46 0	+72 0	+115 0	+185 0	+290 0	+460 0	±14.5	±23	±36	+5 −24	+13 −33	+22 −50	−8 −37	0 −46	+9 −63
>250～280 >280～315	+49 +17	+69 +17	+32 0	+52 0	+81 0	+130 0	+210 0	+320 0	+520 0	±16	±26	±40	+5 −27	+16 −36	+25 −56	−9 −41	0 −52	+9 −72
>315～355 >355～400	+54 +18	+75 +18	+36 0	+57 0	+89 0	+140 0	+230 0	+360 0	+570 0	±18	±28	±44	+7 −29	+17 −40	+28 −61	−10 −46	0 −57	+11 −78
>400～450 >450～500	+60 +20	+83 +20	+40 0	+63 0	+97 0	+155 0	+250 0	+400 0	+630 0	±20	±31	±48	+8 −32	+18 −45	+29 −68	−10 −50	0 −63	+11 −86

续表

公称尺寸 /mm	常用及优先公差带（带圈者为优先公差带）/μm											
	N			P		R			S		T		U
	6	⑦	8	6	⑦	6	7	9	⑦	6	7	⑦
≤3	−4 −10	−4 −14	−4 −18	−6 −12	−6 −16	−10 −16	−10 −20	−14 −20	−14 −24	—	—	−18 −28
>3~6	−5 −13	−4 −16	−2 −20	−9 −17	−8 −20	−12 −20	−11 −23	−16 −24	−15 −27			−19 −31
>6~10	−7 −16	−4 −19	−3 −25	−12 −21	−9 −24	−16 −25	−13 −28	−20 −29	−17 −32			−22 −37
>10~14	−9 −20	−5 −23	−3 −30	−15 −26	−11 −29	−20 −31	−16 −34	−25 −36	−21 −39			−26 −44
>14~18												
>18~24	−11 −24	−7 −28	−3 −36	−18 −31	−14 −35	−24 −37	−20 −41	−31 −44	−27 −48	—	—	−33 −54
>24~30										−37 −50	−33 −54	−40 −61
>30~40	−12 −28	−8 −33	−3 −42	−21 −37	−17 −42	−29 −45	−25 −50	−38 −54	−34 −59	−43 −59	−39 −64	−51 −76
>40~50										−49 −65	−45 −70	−61 −86
>50~65	−14 −33	−9 −39	−4 −50	−26 −45	−21 −51	−35 −54	−30 −60	−47 −66	−42 −72	−60 −79	−55 −85	−76 −106
>65~80						−37 −56	−32 −62	−53 −72	−48 −78	−69 −88	−64 −94	−91 −121
>80~100	−16 −38	−10 −45	−4 −58	−30 −52	−24 −59	−44 −66	−38 −73	−64 −86	−58 −93	−84 −106	−78 −113	−111 −146
>100~120						−47 −69	−41 −76	−72 −94	−66 −101	−97 −119	−91 −126	−131 −166
>120~140	−20 −45	−12 −52	−4 −67	−36 −61	−28 −68	−56 −81	−48 −88	−85 −110	−77 −117	−115 −140	−104 −147	−155 −195
>140~160						−58 −83	−50 −90	−93 −118	−85 −125	−127 −152	−119 −159	−175 −215
>160~180						−61 −86	−53 −93	−101 −126	−93 −133	−139 −164	−131 −171	−195 −235
>180~200	−22 −51	−14 −60	−5 −77	−41 −70	−33 −79	−68 −97	−60 −106	−113 −142	−105 −151	−157 −186	−149 −195	−219 −265
>200~225						−71 −100	−63 −109	−121 −150	−113 −159	−171 −200	−163 −209	−241 −287
>225~250						−75 −104	−67 −113	−131 −160	−123 −169	−187 −216	−179 −225	−267 −313
>250~280	−25 −57	−14 −66	−5 −86	−47 −79	−36 −88	−85 −117	−74 −126	−149 −181	−138 −190	−209 −241	−198 −250	−295 −347
>280~315						−89 −121	−78 −130	−161 −193	−150 −202	−231 −263	−220 −272	−330 −382
>315~355	−26 −62	−16 −73	−5 −94	−51 −87	−41 −98	−97 −133	−87 −144	−179 −215	−169 −226	−257 −293	−247 −304	−369 −426
>335~400						−103 −139	−93 −150	−197 −233	−187 −244	−283 −319	−273 −330	−414 −471
>400~450	−27 −67	−17 −80	−6 −103	−55 −95	−45 −108	−113 −153	−103 −166	−219 −259	−209 −272	−317 −357	−307 −370	−467 −530
>450~500						−119 −159	−109 −172	−239 −279	−229 −292	−347 −387	−337 −400	−517 −580

附录 6 常用材料

附表 6-1 铁和钢

牌号		应用举例	说明
1. 灰铸铁(GB/T 9439—2010)			
HT 100		用于低强度铸铁,如盖、手轮、支架等	"HT"表示灰铸铁,后面的数字表示抗拉强度值(MPa)
HT 150		用于中强度铸铁,如底座、刀架、轴承座、胶带轮、端盖等	
HT 200		用于高强度铸铁,如床身、机座、齿轮、凸轮、汽缸泵体、联轴器等	
HT 250			
HT 300		用于高强度耐磨铸件,如齿轮、凸轮、重载荷床身、高压泵、阀壳体、锻模、冷冲压模等	
HT 350			
2. 球墨铸铁(GB/T 1348—2009)			
QT 800-2		具有较高强度,但塑性低,用于曲轴、凸轮轴、齿轮、汽缸、缸套、轧辊、水泵轴、活塞环、摩擦片等零件	"QT"表示球墨铸铁,其后第一组数字表示抗拉强度值(MPa),第二组数字表示伸长率(%)
QT 700-2			
QT 600-2			
QT 500-5		具有较高强度和适当的强度,用于承受冲击负荷的零件	
QT 420-10			
QT 400-18			
3. 普通碳素结构钢(GB/T 700—2006)			
Q215	A级	金属结构件、拉杆、套圈、铆钉、螺栓、短轴、心轴、凸轮(载荷不大的)、垫圈;渗碳零件及焊接件	"Q"为碳素结构钢屈服点"屈"字的汉语拼音首位字母,后面数字表示屈服强度数值。如 Q235 表示碳素结构钢屈服强度为 235MPa
	B级		
Q235	A级	用于薄板工程构件,受力不大的机械零件、小轴、拉杆、套圈、汽缸、齿轮、螺栓、螺母、轮轴、楔、盖及焊接件	
	B级		新旧牌号对照:
	C级		Q215…A2(A2F)
	D级		Q235…A3
Q275		轴、轴销、刹车杆、螺栓、螺母、垫圈、连杆、齿轮以及其他强度较高的零件	Q275…A5
4. 优质碳素结构钢(GB/T 699—2015)			
08F		可塑性要求高的零件,如管子、垫圈、渗碳件、氰化件等;	牌号的两位数字表示平均含碳量,称碳的质量分数。45 号钢即表示碳的质量分数为 0.45%,表示平均含碳量为 0.45%。碳的质量分数≤0.25%的碳钢属低碳钢(渗碳钢);碳的质量分数在(0.25～0.6)%之间的碳钢属中碳钢(调制钢);碳的质量分数≥0.6%的碳钢属高碳钢。在牌号后加符号"F"表示沸腾钢
10		拉杆、卡头、垫圈、焊件;	
15		渗碳件、紧固件、冲模锻件、化工贮器;	
20		杆杆、轴套、钩、螺钉、渗碳件及氰化件;	
25		轴、辊子、连接器、紧固件中的螺栓、螺母;	
30		曲轴、转轴、轴销、连杆、横梁、星轮;	
40		曲轴、摇杆、拉杆、键、销、螺栓;	
45		齿轮、齿条、链轮、凸轮、轧辊、曲柄轴;	
50		齿轮、轴、联轴器、衬套、活塞销、链轮;	
55		活塞杆、轮轴、齿轮、不重要的弹簧;	
60		齿轮、连杆、扁弹簧、轧辊、偏心轮、轮圈、轮缘;	
65		偏心轮、弹簧圈、垫圈、调整片、偏心轴等;叶片弹簧、螺旋弹簧等	
16Mn		凸轮轴、拉杆、铰链、焊管、钢板;	锰的质量分数较高的钢,须加注化学元素符号"Mn"
20Mn		螺栓、传动螺杆、制动板、传动装置、转换拨叉;	
30Mn		万向联轴器、分配器、曲轴、高强度螺栓、螺母;	
40Mn		滑动滚子轴	
45Mn		承受磨损零件、摩擦片、转动滚子、齿轮、凸轮;	
50Mn		弹簧、发条;	
60Mn		弹簧环、弹簧垫圈	
65Mn			

续表

牌号	应用举例	说明
5. 合金结构钢（GB/T 3077—2015）		
15Cr 20Cr 30Cr 40Cr 45Cr 50Cr	渗碳齿轮、凸轮、活塞销、离合器； 较重要的渗碳件； 重要的调制零件，如轮轴、齿轮、摇杆、螺栓等； 较重要的调制零件，如齿轮、进气阀、辊子、轴等； 强度及耐磨性高的轴、齿轮、螺栓等； 重要的轴、齿轮、螺旋弹簧、止推环	钢中加入一定量的合金元素，提高了钢的力学性能和耐磨性，也提高了钢在热处理时的淬透性，保证金属在较大截面上获得好的力学性能。 铬钢、铬锰钢和铬锰钛钢都是常用的合金结构钢（GB/T 3077—1988）
15CrMn 20CrMn 40CrMn	垫圈、汽封套筒、齿轮、滑键拉钩、齿杆、偏心轮； 轴、轮轴、连杆、曲柄轴及其他高耐磨零件； 轴、齿轮	
18CrMnTi 30CrMnTi 40CrMnTi	汽车上重要渗碳钢，如齿轮等； 汽车、拖拉机上强度特高的渗碳齿轮； 强度高、耐磨性高的大齿轮、主轴等	
6. 碳素工具钢（GB/T 1298—2008）		
T7 T7A	能承受震动和冲击的工具，硬度适中时有较大的韧性。用于制造凿子、钻软岩石的钻头、冲击式打眼机钻头、大锤等	用"碳"或"T"后附以平均含碳量的千分数表示，有T7~T13。高级优质碳素工具钢须在牌号后加注"A"平均含碳量约为 0.7%~1.3%
T8 T8A	有足够的韧性和较高的硬度，用于制造能承受震动的工具，如钻中等硬度岩石的钻头、简单模子、冲头等	
7. 一般工程用铸造碳钢（GB/T 11352—2009）		
ZG200-400 ZG230-450 ZG270-500 ZG310-570 ZG340-650	要求韧性好的塑性零件，如机座、箱壳； 铸造平坦的零件，如机座、机盖、箱体、铁钻台，工作温度在450°以下的管路附件等，焊接性良好； 各种开头的机件，如飞轮、机架、联轴器等，焊接性能尚可； 各种开头的机件，如齿轮、齿圈、重负荷机架等； 起重、运输机中的齿轮、联轴器等中的机件	ZG230-450 表示工程用铸钢，屈服点为 230MPa，抗拉强度 450MPa

注：钢随着平均含碳量的上升，抗拉刚度、硬度增加，延伸率降低。

附表 6-2　非金属材料

材料名称	牌号	说明	应用举例
耐油石棉橡胶板		有厚度 0.4~3.0mm 的十种规格	供航空发动机用的煤油、润滑油及冷气系统结合处的密封衬垫材料
耐酸碱橡胶板	2030 2040	较高硬度 中等硬度	具有耐酸碱性能，在温度 -30~+60℃ 的 20% 浓度的酸碱液体中工作，用作冲制密封性能较好的垫圈
耐油橡胶板	3001 3002	较高硬度	可在一定温度的机油、变压器油、汽油等介质中工作，适用冲制各种形状的垫圈
耐热橡胶板	4001 4002	较高硬度 中等硬度	可在 -30~+100℃，且压力不大的条件下，于热空气中、蒸汽介质中工作，用作冲制各种垫圈和隔热垫板
酚醛层压板	3302-1 3302-2	3302-1 的机械性能比 3302-2 高	用结构材料及用以制造各种机械零件
聚四氟乙烯树脂	SFL-4~13	耐腐蚀、耐高温（+250℃），并具有一定的强度，能切削加工成各种零件	用于腐蚀介质中起密封和减磨作用，用作垫圈等

续表

材料名称	牌 号	说 明	应用举例
工业有机玻璃		耐盐酸、硫酸、草酸、烧碱、和纯碱等一般酸碱以及二氧化硫、臭氧等气体腐蚀	适用于耐腐蚀和需要透明的零件
油浸石棉盘根	YS 450	盘根形状分 F(方形)、Y(圆形)、N(扭制)三种，按需选用	适用于回转轴、往复活塞或阀门杆上作密封材料，介质为蒸汽、空气、工业用水、重质石油产品
橡胶石棉盘根	XS 450	该牌号盘根只有 F(方形)	适用于作蒸汽机、往复泵的活塞和阀门杆上作密封材料
工业用平面毛毡	112-44 232-36	厚度为 1~40mm。112-44 表示白色细毛块毡，密度为 $0.44g/cm^3$；232-36 表示灰色粗毛块毡，密度为 $0.36g/cm^3$	用作密封、防漏油、防震、缓冲衬垫等。按需要选用细毛、半粗毛、粗毛
软钢纸板		厚度为 0.5~3.0mm	用作密封连接处的密封垫片
尼龙	尼龙 6 尼龙 9 尼龙 66 尼龙 610 尼龙 1010	具有优良的机械强度和耐磨性。可以使用成形加工和切屑加工制造零件，尼龙粉末还可喷涂于各种零件表面提高耐磨性和密封性	广泛用作机械、化工及电气零件，例如：轴承、齿轮、凸轮、滚子、辊轴、泵叶轮、风扇叶轮、蜗轮、螺钉、螺母、垫圈、高压密封圈、阀座、输油管、储油容器等。尼龙粉末还可喷涂于各种零件表面
MC 尼龙(无填充)		强度特高	适用于制造大型齿轮、蜗轮、轴套、大型阀门密封面、导向环、导轨、滚动轴承保持架、船尾轴承、起重汽车吊索绞盘蜗轮、柴油发动机燃料泵齿轮、矿山铲掘机轴承、水压机立柱导套、大型轧钢机辊道轴瓦等
聚甲醛(均聚物)		具有良好的摩擦性能和抗磨损性能，尤其是优越的干摩擦性能	用于制造轴承、齿轮、凸轮、滚轮、辊子、阀门上的阀杆螺母、垫圈、法兰、垫片、泵叶轮、鼓风机叶片、弹簧、管道等
聚碳酸酯		具有高的冲击韧性和优异的尺寸稳定性	用于制造齿轮、蜗轮、蜗杆、齿条、凸轮、心轴、轴承、滑轮、铰链、传动链、螺栓、螺母、垫圈、铆钉、泵叶轮、汽车化油器部件、节流阀、各种外壳等

参 考 文 献

[1] 朱林林,顾凌云. 机械制图. 北京:北京理工大学出版社,2006.
[2] 王幼龙. 机械制图. 北京:高等教育出版社,2001.
[3] 邢邦圣. 机械制图. 北京:高等教育出版社,2000.
[4] 夏华生. 机械制图. 北京:高等教育出版社,2004.
[5] 朱林林,顾凌云. 机械制图. 北京:北京理工学出版社,2006.
[6] 史艳红,赵军. 机械制图. 郑州:河南科学技术出版社,2006.
[7] 高玉芬,卜桂玲. 机械制图. 大连:大连理工大学出版社,2005.
[8] 陆英,徐昆鹏. 机械图样的识读与绘制. 3版. 北京:化学工业出版社,2021.